房屋建筑标准强制性条文实施指南丛书

鉴定加固和维护分册

住房和城乡建设部强制性条文协调委员会
MOHURD Advisory Committee on Technical Regulations

U0288285

中国建筑工业出版社

图书在版编目（CIP）数据

房屋建筑标准强制性条文实施指南丛书. 鉴定加固和维护分册/住房和城乡建设部强制性条文协调委员会组织编写. —北京：中国建筑工业出版社，2017.5
ISBN 978-7-112-20289-8

Ⅰ.①房…　Ⅱ.①住…　Ⅲ.①建筑施工-标准-中国-指南②建筑物-修缮加固-标准-中国-指南　Ⅳ.①TU711-62②TU746-62

中国版本图书馆 CIP 数据核字（2017）第 011147 号

　　为使广大工程技术人员能够更好地理解、掌握和执行《工程建设标准强制性条文（房屋建筑部分）》（2013 年版）（以下简称《强制性条文》），并便于有关监管部门和监督机构有效展开监督管理工作，受住房和城乡建设部标准定额司委托，住房和城乡建设部强制性条文协调委员会组织编制了《房屋建筑标准强制性条文实施指南》（以下简称《实施指南》）丛书。

　　本书包括 6 部分内容，主要内容包括：强制性条文概论；结构安全性鉴定、抗震鉴定、结构加固、维护；附录。本书为《实施指南》系列丛书的"鉴定加固和维护分册"，共纳入强制性条文 167 条，涉及标准 17 本。其中，结构安全性鉴定篇的强制性条文 22 条，涉及标准 4 本；抗震鉴定篇的强制性条文 24 条，涉及标准 2 本；结构加固篇的强制性条文 115 条，涉及标准 10 本；维护篇的强制性条文 6 条，涉及标准 3 本。

　　本书是对房屋建筑标准有关强制性条文的权威解读，适合房屋建筑相关勘察、设计、施工、工程监理单位以及有关监督管理机构的专业技术人员和管理人员参考使用，亦可作为强制性条文的宣贯培训用书。

责任编辑：孙玉珍　何玮珂　丁洪良
责任设计：李志立
责任校对：李欣慰　张　颖

房屋建筑标准强制性条文实施指南丛书
鉴定加固和维护分册
住房和城乡建设部强制性条文协调委员会
＊
中国建筑工业出版社出版、发行（北京海淀三里河路 9 号）
各地新华书店、建筑书店经销
北京红光制版公司制版
北京建筑工业印刷厂印刷
＊
开本：787×1092 毫米　1/16　印张：16½　字数：397 千字
2017 年 4 月第一版　2017 年 4 月第一次印刷
定价：42.00 元
ISBN 978-7-112-20289-8
（29747）

房屋建筑标准强制性条文实施指南
丛书指导委员会

房屋建筑标准强制性条文实施指南
丛书组织委员会

鉴定加固和维护分册编委会

编制组：梁　坦　程绍革　高　迪　黎红兵

（以下按姓氏笔画为序）

卜良桃　刘兴远　李小阳　张　帆　陈大川　林文修

梁　爽　滕延京

审查组（按姓氏笔画为序）：

吴　体　邱小坛　周献祥　高小旺　唐曹明

前　言

　　为充分发挥工程建设强制性标准在贯彻国家方针政策、保证工程质量安全、维护社会公共利益等方面的引导和约束作用，进一步加强工程建设强制性标准的实施和监督工作，2013年，住房和城乡建设部标准定额司委托住房和城乡建设部强制性条文协调委员会（以下简称强条委）对现行工程建设国家标准、行业标准中的强制性条文进行了清理，并将清理后的强制性条文汇编成《工程建设标准强制性条文（房屋建筑部分）》（2013年版）（以下简称《强制性条文》）。

　　为使广大工程技术人员能够更好地理解、掌握和执行《强制性条文》，并便于有关监管部门和监督机构有效开展监督管理工作，受住房和城乡建设部标准定额司委托，强条委组织编制了《房屋建筑标准强制性条文实施指南》（以下简称《实施指南》）系列丛书。本书为《实施指南》系列丛书的鉴定加固和维护分册，针对《强制性条文》（2013年版）第八篇"鉴定加固和维护"及其后批准实施的与房屋建筑工程鉴定加固和维护直接相关的工程建设强制性条文进行编制。

一、编制概况

　　强制性条文的文字表达具有逻辑严谨、简练明确的特点，且只作规定而不述理由，对于执行者和监管者来说可能知其表易，而察其理难。编制《实施指南》的首要目的即是要准确诠释强制性条文的内涵，析其理、明其意，从而使执行者能够准确理解并有效实施强制性条文，使监管者能够准确理解并有效监督强制性条文的实施。为此，强条委秘书处统一部署，精心组织，邀请房屋建筑相关标准主要编写人员和房屋建筑标准化领域的权威专家，经过稿件撰写、汇总、修改、审查、校对等过程，历时两年编制成稿。

二、内容简述

　　本书包括六部分内容，各部分主要内容如下：

　　第1篇　强制性条文概论——全面介绍强制性条文发展历程，分析其属性和作用，并对强制性条文的编制管理、制定、实施和监督等方面作了系统阐述，以使读者对强制性条文有全面、清晰的了解和认识。

　　第2～5篇　结构安全性鉴定、抗震鉴定、结构加固、维护——本书的技术内容部分，对强制性条文逐条解析，提出实施要点，并按照统一的体例进行编制，即"强制性条文"、"技术要点说明"和"实施与检查"，部分强制性条文还辅以"实施细则"、"示例"或"案例"和"专题"。其中：

（1）"技术要点说明"主要包括条文规定的目的、依据、含义、强制实施的理由、相关标准规定（特别是相关强制性条文规定）以及注意事项等内容；

（2）"实施与检查"主要指为保证强制性条文有效执行和监督检查应采取的措施、操作程序和方法、检查程序和方法等，具体包括实施与检查的主体、行为以及实施与检查的内容、要求四个方面。本书中强制性条文的实施主体主要是勘察、设计单位，检查主体主要是监管部门和监督机构（如施工图审查单位），为避免重复，实施与检查的主体一般予以省略。

（3）"实施细则"、"示例"、"案例"或"专题"针对部分强制性条文给出，供读者参考，以便于读者更好地理解、掌握。

第6篇 附录——收录与建筑工程施工强制性条文实施和监督相关的行政法规、部门规章、强条委简介及有关文件，以便于读者查阅。

三、有关说明

1. 本书为《实施指南》系列丛书的鉴定加固和维护分册，共纳入强制性条文167条，涉及标准17本。其中，结构安全性鉴定篇的强制性条文22条，涉及标准4本；抗震鉴定篇的强制性条文24条，涉及标准2本；结构加固篇的强制性条文115条，涉及标准10本；维护篇的强制性条文6条，涉及标准3本。

2. 本书中强制性条文的收录原则如下：

（1）以《强制性条文》为基础，并对2015年12月31日前新发布标准中的强制性条文进行了补充或替换。

（2）对于处于修订中的标准，2015年12月31日前已经完成强制性条文审查的，按强条委的审查意见纳入了相关条文，并在文中注明，未经过强制性条文审查的，纳入其原有的强制性条文。

3. 本书中，某些对同一事物的规定且技术要点联系紧密的强制性条文，对其实施要点采取合并编写，以利于使用者更好地全面理解相关条文的含义。

4. 为使解释全面、详尽，个别强制性条文的实施要点涉及少量非强制性条文的内容，但这并不表示这些非强制性条文具有强制性，而是仅指这些非强制性条文与该强制性条文有相关性。

5. 本书中的强制性条文所在的国家标准、行业标准修订后，其新批准发布的强制性条文将替代《强制性条文》和本书中相应的内容。

6. 本书由强条委组织编制，是对房屋建筑标准有关强制性条文的权威解读，适合房屋建筑相关勘察、设计、施工、工程监理单位以及有关监督管理机构的专业技术人员和管理人员参考使用，亦可作为强制性条文的宣贯培训用书。但需要特别指出的是，除强制性条文之外，本书的其他内容并不具有强制性。

四、致谢

本书的编制工作得到了各标准主编单位、标准主要编写人员及有关专家的大力支持和帮助，住房和城乡建设部标准定额司、住房和城乡建设部标准定额研究所、中国建筑工业出版社有关负责同志也给予了具体指导。在本书付梓之际，诚挚地对有关单位、专家和有关人员表示感谢。

五、意见反馈

本书今后将适时修订。在本书使用过程中，如有意见或建议，请反馈至住房和城乡建设部强制性条文协调委员会秘书处（地址：北京市北三环东路 30 号 中国建筑科学研究院标准规范处；邮编：100013；E-mail：qtw@cabr.com.cn），以便修订完善。

住房和城乡建设部强制性条文协调委员会

2016 年 11 月

目 录

第一篇 强制性条文概论

第二篇 结构安全性鉴定

第三篇 抗 震 鉴 定

第四篇 结 构 加 固

第五篇　维　护

第六篇　附　录

第 一 篇

强制性条文概论

1 强制性条文发展历程

工程建设标准是为在工程建设领域内获得最佳秩序，对建设工程的勘察、规划、设计、施工、安装、验收、运营维护及管理等活动和结果需要协调统一的事项所制定的共同的、重复使用的技术依据和准则，对促进技术进步，保证工程安全、质量、环境和公众利益，实现最佳社会效益、经济效益、环境效益和最佳效率等，具有直接作用和重要意义。

工程建设标准在保障建设工程质量安全、保障人身安全和人体健康以及其他社会公共利益方面一直发挥着重要作用。具体就是通过行之有效的标准规范，特别是工程建设强制性标准，为建设工程实施安全防范措施、消除安全隐患提供统一的技术要求，以确保在现有的技术、管理条件下尽可能地保障建设工程质量安全，从而最大限度地保障建设工程的建造者、所有者、使用者和有关人员的人身安全、财产安全以及人体健康。

就强制性而言，我国工程建设标准经历了全部强制、《标准化法》意义上的强制性标准、强制性条文、全文强制标准的发展过程。1949～1989年，为标准全部强制阶段，我国标准化工作采用单一的强制性标准体制。1989～2000年，为标准分为强制性标准和推荐性标准阶段，我国标准化工作采用强制性标准和推荐性标准相结合的二元结构体制。2000年至今，强制性条文制度建立并发展，全文强制标准陆续编制发布，强制性标准表现为条文强制和全文强制两种形式。

1.1 强制性条文的产生

1988年和1989年先后发布的《中华人民共和国标准化法》（以下简称《标准化法》）、《中华人民共和国标准化法实施条例》规定：国家标准、行业标准分为强制性标准和推荐性标准；强制性标准，必须执行，推荐性标准，国家鼓励企业自愿采用。

1997年发布的《中华人民共和国建筑法》（以下简称《建筑法》）规定，建设、勘察、设计、施工和监理单位在建筑活动中，必须执行相关标准。尽管《标准化法》中明确将标准划分为强制性标准和推荐性标准，并对两者的执行提出了不同的要求，但在《标准化法》出台后9年才出台的《建筑法》并未响应这种划分，而是在条文中笼统地表述为"标准"。这种法律之间的不协调配套，使法律规范对技术标准的引用没有落实，更有将技术标准强制实施范围和内容扩大化的风险。

2000年国务院发布的《建设工程质量管理条例》（国务院令第279号）规定，建设单位、勘察单位、设计单位、施工单位、工程监理单位依法对建设工程质量负责，而且要求建设工程质量的责任主体必须严格执行工程建设强制性标准，并对有关责任主体违反工程建设强制性标准，降低建设工程质量提出了具体处罚规定。《建设工程质量管理条例》首次在法规层面提出工程建设强制性标准，并将其作为保障建设工程质量的重要措施和各方责任主体执行技术标准的标志。

2000 年 8 月，原建设部（现为住房和城乡建设部）发布与《建设工程质量管理条例》配套的《实施工程建设强制性标准监督规定》（建设部令第 81 号），规定从事新建、扩建、改建等工程建设活动，必须执行工程建设强制性标准，且明确"本规定所称工程建设强制性标准是指直接涉及工程质量、安全、卫生及环境保护等方面的工程建设标准强制性条文"，从而确立了强制性条文的法律地位，并对加强建设工程质量的管理和加强强制性标准（强制性条文）实施的监督作出了具体规定，明确了各方责任主体的职责。《实施工程建设强制性标准监督规定》首次明确界定"工程建设强制性标准"即指"工程建设标准强制性条文"，响应了《建设工程质量管理条例》中对执行工程建设强制性标准的规定。

《建设工程质量管理条例》对执行工程建设强制性标准作出了明确的、严格的规定，这对工程建设强制性标准的定义、范围、数量等，都提出了新的要求。当时，我国在施的各类工程建设强制性标准（按《标准化法》划分的强制性标准）多达 2700 余项，需要执行的标准条文超过 15 万条。在这些强制性标准的条文中，既有应强制的技术要求，也有在正常情况下可以选择执行的技术要求。如果不加区分地都予以严格执行，必然影响工程技术人员的积极性和创造性，阻碍新技术、新工艺、新材料的推广应用；如果不突出确实需要强制执行的技术要求，政府管理部门也将难以开展监督工作，必然影响标准作用的充分发挥。《实施工程建设强制性标准监督规定》明确"工程建设强制性标准"即指"工程建设标准强制性条文"，实际上是进一步限定了工程建设强制性标准的范围，并为实施《建设工程质量管理条例》开辟了道路。

原建设部（现为住房和城乡建设部）于 2000 年组织专家从已经批准的工程建设国家标准、行业标准中挑选带有"必须"和"应"规定的条文，对其中直接涉及工程质量、安全、卫生及环境保护和其他公众利益的条文进行摘录，形成了《工程建设标准强制性条文》2000 年版。《工程建设标准强制性条文》2000 年版共十五部分，包括城乡规划、城市建设、房屋建筑、工业建筑、水利工程、电力工程、信息工程、水运工程、公路工程、铁道工程、石油和化工建设工程、矿山工程、人防工程、广播电影电视工程和民航机场工程，覆盖了工程建设的各主要领域。

从 2000 年以来，在制修订工程建设标准时，对直接涉及工程质量、安全人民生命财产安全、人身健康、环境保护和其他公众利益，以及提高经济效益和社会效益等方面的条文经审查后作为强制性条文，并在标准发布公告中明确条文编号，在标准前言中加以说明，在标准正文中用黑体字标志。工程建设标准强制性条文（房屋建筑部分）咨询委员会（现为住房和城乡建设部强制性条文协调委员会）是房屋建筑（现扩展为房屋建筑、城乡规划、城镇建设）标准强制性条文的审查和管理机构。这种审查制度延续至今。

1.2 强制性条文的现状

随着强制性条文制度的确立及实施，工程建设强制性标准得以相对有序地发展。起初，强制性条文均来源于工程建设国家标准、行业标准，后来编制的地方标准中也开始出现强制性条文。相关标准制修订后还会出现新制订或修订的强制性条文，强制性条文不断推出和更新。

其后，对《工程建设标准强制性条文》各部分也陆续开展了修订工作。《工程建设标准强制性条文》（房屋建筑部分）先后出版了 2002 年版、2009 年版和 2013 年版。其他部分还有《工程建设标准强制性条文》（城乡规划部分）2013 年版，《工程建设标准强制性条文》（城镇建设部分）2013 年版，《工程建设标准强制性条文》（电力工程部分）2006 年版，《工程建设标准强制性条文》（水利部分）2010 年版，《工程建设标准强制性条文》（工业建筑部分）2012 年版。

截至 2013 年 6 月 30 日，房屋建筑、城乡规划、城镇建设领域现行工程建设标准、强制性标准和强制性条文情况如表 1.2 所示。

表 1.2　我国房屋建筑、城乡规划、城镇建设领域现行标准和强制性标准情况

	所属领域		
	房屋建筑	城乡规划	城镇建设
现行标准总数	482	27	251
其中，国标数量	227	22	97
行标数量	255	5	154
现行强制性标准总数	325	17	138
其中，国标数量	169	14	52
行标数量	156	3	86
强制性条文总数	3103	193	2180

2003 年，原建设部（现为住房和城乡建设部）组织开展了房屋建筑、城镇燃气、城市轨道交通技术法规的试点编制工作，继续推进工程建设标准体制改革。2005 年以来，原建设部（现为住房和城乡建设部）组织制订了一批全文强制标准，如《住宅建筑规范》GB 50368－2005、《城市轨道交通技术规范》GB 50490－2009、《城镇燃气技术规范》GB 50494－2009、《城镇给水排水技术规范》GB 50778－2012 等。

全文强制标准是主要依据现行相关标准，参照发达国家和地区技术法规制定原则，结合我国实际情况制定的全部条文为强制性条文的工程建设强制性标准。全文强制标准具有与国外技术法规相近的属性和特点。

截至目前，工程建设强制性标准具有两种表现形式：一是工程建设标准中以黑体字标志的必须严格执行的强制性条文，以及摘录现行标准中强制性条文形成的《工程建设标准强制性条文》汇编；二是以功能和性能要求为基础的全文强制标准，如《住宅建筑规范》GB 50368－2005。强制性条文和全文强制标准构成了我国目前的工程建设强制性标准体系。

1.3　强制性条文的不足

在工程建设强制性标准发展过程中，无论是强制性条文（含全文强制标准）编制、审查、发布，还是其实施及实施监督，一些不适应和不完善的地方逐渐暴露出来。主要有以

下几个方面：

（1）强制性条文散布于各本技术标准中，系统性不够，且可能存在重复、交叉甚至矛盾。目前，强制性条文由标准编制组提出，经标准审查会审查通过后，再由住房和城乡建设部强制性条文协调委员会审查。审查会专家多从技术层面把关，可较好地把握技术的成熟性和可操作性。但编制组和审查会专家可能对强制性条文的确定原则理解不深，或对相关标准的规定（特别是强制性条文）不熟悉，造成提交的强制性条文与相关标准强制性条文重复、交叉甚至矛盾。强制性条文之间内容交叉甚至矛盾则势必会造成实施者无所适从，不利于发挥标准的作用，更不利于保证质量和责任划分。

（2）强制性条文形成机制不能完全适应发展需要。强制性条文在不断充实的过程中，也存在强制性条文确定原则和方式、审查规则等方面不够完善的问题。由于强制性条文与非强制性条文界限不清，致使强制性条文的确定并不能完全遵循统一的、明确的、一贯的规则，也会造成强制性条文之间重复、交叉甚至矛盾。同时，由于标准制修订不同步和审查时限要求等因素，住房和城乡建设部强制性条文协调委员会有时也无法从总体上平衡，只能"被动"接受。这些都不能完全适应当前工程建设标准和经济社会发展的需求。

（3）以功能和性能要求为基础的全文强制标准的有效有序实施存在困难。住房和城乡建设部已陆续编制、发布一些以功能和性能要求为基础的全文强制标准，这为构建工程建设技术法规体系奠定了良好的基础。但由于未能在制度层面界定全文强制标准、强制性条文和非强制性条文的地位和关联关系，致使全文强制标准的实施和监督可能缺乏明确的技术依据和方法手段。这个问题在部分强制性条文中也同样存在。

总体来说，强制性条文的这些不足是由其形成机制造成的，是"与生俱来"的。这些问题的解决，有待于在标准化实践中进一步反映需求，有待于社会各界进一步凝聚共识，有待于工程建设标准体制进一步改革。

2　强制性条文的属性和作用

2.1　强制性条文的属性

强制性条文和全文强制标准一样，具有标准的一般属性和构成要素，同时具有现实的强制性。强制性是强制性条文最重要的属性。

我国《标准化法》和《标准化法实施条例》规定了强制性标准必须执行，《建筑法》规定了建筑活动应遵守有关标准规定，《建设工程质量管理条例》规定了必须严格执行工程建设强制性标准，《实施工程建设强制性标准监督规定》进一步明确"工程建设强制性标准"即指"工程建设标准强制性条文"。

由于法律、行政法规和部门规章的引用和对强制性标准的逐次界定，使强制性条文具有了强制执行的属性。换句话说，强制性条文的强制性是由法律、行政法规、部门规章联合赋予的。法律、行政法规规定应执行强制性标准，部门规章进一步明确强制性标准即强制性条文。

2.2　强制性条文的作用

（1）强制性条文是贯彻《建设工程质量管理条例》的重大制度安排

2000 年，国务院发布《建设工程质量管理条例》（以下简称《条例》）。这是国家在市场经济条件下，为建立新的建设工程质量管理制度和运行机制而制定的行政法规。《条例》对执行工程建设强制性标准作出了全面、严格的规定。这是迄今为止，国家对不执行强制性标准作出的最为严厉的行政管理规定，不执行强制性标准就是违法，就要受到相应的处罚。《条例》对强制性标准实施监督的严格规定，打破了主要依靠行政管理保证建设工程质量的传统习惯，赋予了强制性标准明确的法律地位，开始走上了行政管理和强制性标准并重的保证建设工程质量的道路。

《条例》为强制性标准的全面贯彻实施创造了极为有利的条件。《实施工程建设强制性标准监督规定》进一步明确强制性标准即强制性条文。由此，强制性条文制度正式建立和实施，为贯彻《条例》提供了有效的手段和措施，是一项意义重大、影响深远的制度安排。

（2）强制性条文对保证工程质量安全、规范建设市场具有重要作用

强制性条文是工程建设活动应遵守的基本技术要求，同时也是工程质量安全和建设市场监管的技术依据。强制性条文是直接涉及工程质量、安全、卫生及环境保护等方面的工程建设标准条文，对保证工程质量、安全至关重要。我国中央政府和地方政府开展的各次工程质量安全和建设市场监督执法检查，均将是否执行强制性标准作为一项重要内容。在事故调查中，不论对人为原因造成的，还是对在自然灾害中垮塌的建设工程，都要重点审

查有关单位贯彻执行强制性条文的情况，对违规者要追究法律责任。

据 2011 年全国建设工程质量安全执法监督检查情况的通报，住房和城乡建设部组织对全国 30 个省、自治区、直辖市（西藏自治区除外）进行了以保障性安居工程为主的建设工程质量安全监督执法检查，共抽查 233 项在建房屋建筑工程（包括保障性安居工程 214 项、商品住宅 11 项、公共建筑工程 8 项，总建筑面积约 366.3 万 m²）。从检查情况看，这次抽查的工程总体上能按照国家有关工程建设法律法规和强制性标准进行建设，大多数项目的参建各方质量行为比较规范，勘察设计和施工质量处于受控状态。但是，建设、勘察、设计、施工、监理等各方责任主体均不同程度存在质量安全问题，个别工程执行工程建设强制性技术标准的情况不容乐观。

另据来自于《中国建设报》的消息，2012 年全国施工图审查共查出违反强制性条款数量 290688 条次，施工图审查一次审查合格率仅为 44.9%。这不仅反映出勘察设计质量仍有待提高，还反映出施工图审查在保障工程质量方面成效显著，发挥了事前审查，及时发现、排除质量安全隐患，减少事故损失的作用。

与建设工程相关的质量事故和安全事故，虽然其表现形式和后果多种多样，但其中的一个重要原因都是违反标准的规定，特别是违反强制性条文的规定。只有严格贯彻执行工程建设标准，特别是强制性条文，才能保证建设工程的使用寿命，才能确保人民的生命财产安全，才能使工程建设投资发挥最好的效益。

（3）强制性条文是推进工程建设标准体制改革的关键步骤

工程建设标准是中央政府和地方政府从技术标准化的角度，为工程建设活动提供的技术规则，对引导和规范建设市场行为、保证工程质量安全具有重要的作用。我国现行的工程建设标准体制是强制性和推荐性相结合的体制，这一体制是《标准化法》所规定的。在建立和完善社会主义市场经济体制和应对加入 WTO 的新形势下，需要进行改革和完善，需要与时俱进。

世界上大多数国家对工程建设活动的技术控制，采取的是技术法规与技术标准相结合的管理体制。技术法规是强制性的，是把工程建设活动中的技术要求法制化，在工程建设活动中严格贯彻，不执行技术法规就是违法，就要受到相应的处罚。技术法规中引用的技术标准也应严格执行，而没有被技术法规引用的技术标准可自愿采用。这种技术法规与技术标准相结合的管理体制，由于技术法规的数量少、重点突出，因而执行起来也就明确、方便，不仅能够满足工程建设活动的技术需求，而且也不会给工程建设市场发展以及工程技术进步造成障碍。应当说，这对我国工程建设标准体制的改革具有现实的借鉴作用。

我国的法律规范体系中并没有"技术法规"这种法律文件。在我国工程建设技术领域直接形成技术法规、按照技术法规与技术标准相结合的体制运作，并不具备立法上的基础条件，尚需要不断研究、探索和实践，并在某些重要环节取得突破。强制性条文是工程建设标准体制改革的关键步骤，为探索建立适应中国国情的工程建设技术法规体系奠定了基础、积累了经验。可以预计，强制性条文内容的不断改造和完善，将会逐步成为我国工程建设技术法规的重要内容。

3 强制性条文制定

3.1 强制性条文管理部门和管理机构

目前，我国工程建设标准化管理部门和机构包括两部分：一是政府管理部门，包括负责全国工程建设标准化归口管理工作的国务院住房和城乡建设主管部门，负责本部门或本行业工程建设标准化工作的国务院有关主管部门，负责本行政区域工程建设标准化工作的省、市、县人民政府住房和城乡建设主管部门；二是非政府管理机构，即政府主管部门委托的负责工程建设标准化管理工作的机构。

由于强制性条文来源于各本工程建设标准，上述工程建设标准化管理部门和机构也同时承担着强制性条文的管理责任和具体工作。以下以房屋建筑标准强制性条文的管理为例，介绍其管理部门和管理机构。

2001 年 7 月，原建设部（现为住房和城乡建设部）发文《关于组建〈工程建设标准强制性条文〉（房屋建筑部分）咨询委员会的通知》（建办标［2001］33 号），批准成立了由中国建筑科学研究院牵头联合有关单位组建的《工程建设标准强制性条文》（房屋建筑部分）咨询委员会（以下简称咨询委员会），明确了咨询委员会负责协助建设部标准定额司管理房屋建筑强制性标准（强制性条文）。

2011 年，为适应住房城乡建设标准化管理需求，进一步增强标准化技术管理力度，保障标准的编制质量和水平，更好地发挥标准对住房城乡建设事业的支撑保障作用，住房和城乡建设部发文《关于调整住房和城乡建设部标准化技术支撑机构的通知》（建标［2011］98 号），批准成立了住房和城乡建设部强制性条文协调委员会（在原咨询委员会基础上重新组建，以下简称强条委），明确强条委是开展城乡规划、城乡建设和房屋建筑领域工程建设标准强制性条文管理工作的标准化技术支撑机构，负责对城乡规划、工程勘察与测量、建筑设计等二十个专业标准化技术委员会（以下简称专业标委会）提交的工程建设国家标准、行业标准，以及各地方建设行政主管部门或其委托机构报请备案的地方标准中的强制性条文进行审查，协助住房和城乡建设部对强制性条文进行日常管理和对强制性条文技术内容进行解释。

总体来说，住房和城乡建设部（标准定额司）是房屋建筑标准强制性条文的管理部门，强条委是房屋建筑等标准强制性条文的管理机构。在具体管理工作中，受住房和城乡建设部（标准定额司）委托，住房和城乡建设部标准定额研究所、各专业标委会在标准编制管理的有关环节中对强制性条文的确定发挥作用。

3.2 强制性条文制定程序

由于强制性条文来源于各本工程建设标准，是随着工程建设标准制修订过程确定的，其制定程序与工程建设标准基本相同。

根据住房和城乡建设部于 2011 年 12 月发布的《住房和城乡建设部标准编制工作流程（试行）》（建标标函［2011］151 号）和住房和城乡建设部强制性条文协调委员会于 2012 年 4 月发布的《强制性条文审查工作办法》（强条委［2012］3 号）的有关规定，城乡规划、城乡建设和房屋建筑领域工程建设标准中的强制性条文制定程序可总结如下：

（1）在标准征求意见阶段，标准主编单位（编制组）将标准（含拟定强制性条文）征求意见文件报送强条委秘书处，强条委秘书处组织反馈意见。

（2）在标准送审阶段，标准主编单位（编制组）向标准审查会议提交的标准送审文件中应明确提出拟定的强制性条文；标准审查会议上，标准审查专家委员会对标准主编单位（编制组）提出的拟定强制性条文进行专项审查，且审查会议纪要应包含强制性条文专项审查意见和具体建议。

（3）在标准报批阶段，标准主编单位（编制组）应按标准审查会议意见，对建议作为强制性条文的条文进行修改、完善，并报专业标委会进行初审；经专业标委会初审后，由专业标委会秘书处书面报请强条委审查；强条委秘书处进行形式审查，组织有关专家对强制性条文进行技术审查，并向专业标委会及主编单位出具强制性条文审查意见函；标准主编单位（编制组）应按照强条委的审查意见，对标准报批稿进行相应的修改、完善，在向住房和城乡建设部行文报送标准报批文件时，应随附强条委出具的强制性条文审查意见函。

3.3 强制性条文编写规定

根据住房和城乡建设部于 2008 年 10 月发布的《工程建设标准编写规定》（建标［2008］182 号）和住房和城乡建设部强制性条文协调委员会于 2012 年 4 月发布的《工程建设标准强制性条文编写规定》（强条委［2012］2 号），城乡规划、城乡建设和房屋建筑领域工程建设标准中的强制性条文编写规定可总结如下：

（1）工程建设国家标准和行业标准中直接涉及人民生命财产安全、人身健康、节能、节地、节水、节材、环境保护和其他公众利益，且必须严格执行的条文，应列为强制性条文，且采用黑体字标志。

（2）地方标准可按照强制性条文的确定原则，根据当地的气候、地理、资源、经济、文化特点等，制定有针对性的强制性条文。

（3）强制性条文应是完整的条。

（4）强制性条文中不应引用非强制性条文的内容。

（5）强制性条文必须编写条文说明，且必须表述作为强制性条文的理由。

（6）强制性条文的内容表达应完整准确，文字表达应逻辑严谨、简练明确，不得模棱两可。

（7）强制性条文应具有相对稳定性。相应标准修订时，标准中强制性条文的调整应经论证。

（8）强制性条文之间应协调一致，不得相互抵触。

（9）强制性条文应具有可操作性。强制性条文可以是定量的要求，也可以是定性的规定。定量或定性应准确，并应有充分的依据。

（10）对争议较大且未取得一致意见的标准条文，不应列为强制性条文。

（11）行业标准中的强制性条文不得与国家标准中的强制性条文相抵触。

（12）地方标准中的强制性条文不得与国家标准、行业标准中的强制性条文相抵触。

4　强制性条文实施与监督

标准化工作的任务是制定标准、组织实施标准和对标准的实施进行监督。制定标准是标准化工作的前提，实施标准是标准化工作的目的，对标准的实施进行监督是标准化工作的手段。加强工程建设标准（尤其是强制性条文）的实施与监督，使工程建设各阶段各环节正确理解、准确执行工程建设标准（尤其是强制性条文），是工程建设标准化工作的重要任务。

《标准化法》规定，强制性标准，必须执行。《建设工程质量管理条例》、《实施工程建设强制性标准监督规定》等行政法规、部门规章从不同角度对实施工程建设标准和对标准实施进行监督作了或原则、或具体的规定。

由于强制性条文依附于各本工程建设标准，强制性条文不是工程建设活动的唯一技术依据，实施强制性条文也不是保证工程质量安全的充分条件。现行强制性标准中没有列为强制性条文的内容，是非强制监督执行的内容，但是，如果因为没有执行这些技术规定而造成了工程质量安全方面的隐患或事故，同样应追究责任。也就是说，只要违反强制性条文就要追究责任并实施处罚；违反强制性标准中非强制性条文的规定，如果造成工程质量安全方面的隐患或事故才会追究责任。

4.1　相关法律、法规及规章的规定

（一）《标准化法》、《标准化法实施条例》

《标准化法》、《标准化法实施条例》对标准的实施与监督都作出了明确规定：

（1）强制性标准实施

强制性标准，必须执行。不符合强制性标准的产品，禁止生产、销售和进口。

（2）实施监督部门及职责

国务院标准化行政主管部门统一负责全国标准实施的监督。国务院有关行政主管部门分工负责本部门、本行业的标准实施的监督。省、自治区、直辖市标准化行政主管部门统一负责本行政区域内的标准实施的监督。省、自治区、直辖市人民政府有关行政主管部门分工负责本行政区域内本部门、本行业的标准实施的监督。市、县标准化行政主管部门和有关行政主管部门，按照省、自治区、直辖市人民政府规定的各自的职责，负责本行政区域内的标准实施的监督。

（二）《建筑法》

《建筑法》第三条规定：建筑活动应当确保建筑工程质量和安全，符合国家的建设工程安全标准。该法分别对建设单位、勘察单位、设计单位、施工企业和工程监理单位实施标准的责任，以及对主管部门的监管责任作了具体规定。

（1）建设单位

建设单位不得以任何理由，要求建筑设计单位或者建筑施工企业在工程设计或者施工作业中，违反法律、行政法规和建筑工程质量、安全标准，降低工程质量。建筑设计单位和建筑施工企业对建设单位违反前款规定提出的降低工程质量的要求，应当予以拒绝。

建设单位违反本法规定，要求建筑设计单位或者建筑施工企业违反建筑工程质量、安全标准，降低工程质量的，责令改正，可以处以罚款；构成犯罪的，依法追究刑事责任。

（2）勘察、设计单位

建筑工程设计应当符合按照国家规定制定的建筑安全规程和技术规范，保证工程的安全性能。

建筑工程的勘察、设计单位必须对其勘察、设计的质量负责。勘察、设计文件应当符合有关法律、行政法规的规定和建筑工程质量、安全标准、建筑工程勘察、设计技术规范以及合同的约定。设计文件选用的建筑材料、建筑构配件和设备，应当注明其规格、型号、性能等技术指标，其质量要求必须符合国家规定的标准。

建筑设计单位不按照建筑工程质量、安全标准进行设计的，责令改正，处以罚款；造成工程质量事故的，责令停业整顿，降低资质等级或者吊销资质证书，没收违法所得，并处罚款；造成损失的，承担赔偿责任；构成犯罪的，依法追究刑事责任。

（3）施工单位

建筑施工企业和作业人员在施工过程中，应当遵守有关安全生产的法律、法规和建筑行业安全规章、规程，不得违章指挥或者违章作业。

建筑施工企业对工程的施工质量负责。建筑施工企业必须按照工程设计图纸和施工技术标准施工，不得偷工减料。

交付竣工验收的建筑工程，必须符合规定的建筑工程质量标准，有完整的工程技术经济资料和经签署的工程保修书，并具备国家规定的其他竣工条件。

建筑施工企业在施工中偷工减料的，使用不合格的建筑材料、建筑构配件和设备的，或者有其他不按照工程设计图纸或者施工技术标准施工的行为的，责令改正，处以罚款；情节严重的，责令停业整顿，降低资质等级或者吊销资质证书；造成建筑工程质量不符合规定的质量标准的，负责返工、修理，并赔偿因此造成的损失；构成犯罪的，依法追究刑事责任。

（4）监理单位

建筑工程监理应当依照法律、行政法规及有关的技术标准、设计文件和建筑工程承包合同，对承包单位在施工质量、建设工期和建设资金使用等方面，代表建设单位实施监督。工程监理人员认为工程施工不符合工程设计要求、施工技术标准和合同约定的，有权要求建筑施工企业改正。工程监理人员发现工程设计不符合建筑工程质量标准或者合同约定的质量要求的，应当报告建设单位要求设计单位改正。

（5）主管部门

国务院建设行政主管部门对全国的建筑活动实施统一监督管理。

（三）《建设工程质量管理条例》

《建设工程质量管理条例》第三条规定，建设单位、勘察单位、设计单位、施工单位、工程监理单位依法对建设工程质量负责。《建设工程质量管理条例》对标准实施与监督的规定，是按照不同的责任主体作出的。

（1）建设单位

建设单位不得明示或者暗示设计单位或者施工单位违反工程建设强制性标准，降低建设工程质量。

违反本条例规定，建设单位有下列行为之一的，责令改正，处 20 万元以上 50 万元以下的罚款：……（三）明示或者暗示设计单位或者施工单位违反工程建设强制性标准，降低工程质量的。

（2）勘察、设计单位

勘察、设计单位必须按照工程建设强制性标准进行勘察、设计，并对其勘察、设计的质量负责。

设计单位在设计文件中选用的建筑材料、建筑构配件和设备，应当注明规格、型号、性能等技术指标，其质量要求必须符合国家规定的标准。

违反本条例规定，有下列行为之一的，责令改正，处 10 万元以上 30 万元以下的罚款：（一）勘察单位未按照工程建设强制性标准进行勘察的；……（四）设计单位未按照工程建设强制性标准进行设计的。有前款所列行为，造成重大工程质量事故的，责令停业整顿，降低资质等级；情节严重的，吊销资质证书；造成损失的，依法承担赔偿责任。

（3）施工单位

施工单位必须按照工程设计图纸和施工技术标准施工，不得擅自修改工程设计，不得偷工减料。

施工单位必须按照工程设计要求、施工技术标准和合同约定，对建筑材料、建筑构配件、设备和商品混凝土进行检验，检验应当有书面记录和专人签字；未经检验或者检验不合格的，不得使用。

违反本条例规定，施工单位在施工中偷工减料的，使用不合格的建筑材料、建筑构配件和设备的，或者有不按照工程设计图纸或者施工技术标准施工的其他行为的，责令改正，处工程合同价款 2％以上 4％以下的罚款；造成建设工程质量不符合规定的质量标准的，负责返工、修理，并赔偿因此造成的损失；情节严重的，责令停业整顿，降低资质等级或者吊销资质证书。

（4）工程监理单位

工程监理单位应当依照法律、法规以及有关技术标准、设计文件和建设工程承包合同，代表建设单位对施工质量实施监理，并对施工质量承担监理责任。

监理工程师应当按照工程监理规范的要求，采取旁站、巡视和平行检验等形式，对建设工程实施监理。

（5）主管部门

国务院建设行政主管部门和国务院铁路、交通、水利等有关部门应当加强对有关建设工程质量的法律、法规和强制性标准执行情况的监督检查。

县级以上地方人民政府建设行政主管部门和其他有关部门应当加强对有关建设工程质量的法律、法规和强制性标准执行情况的监督检查。

（四）《实施工程建设强制性标准监督规定》

《实施工程建设强制性标准监督规定》进一步完善了工程建设标准化法律规范体系，并奠定了强制性条文的法律基础。《实施工程建设强制性标准监督规定》规定，在中华人民共和国境内从事新建、扩建、改建等工程建设活动，必须执行工程建设强制性标准；本规定所称工程建设强制性标准是指直接涉及工程质量、安全、卫生及环境保护等方面的工程建设标准强制性条文。

《实施工程建设强制性标准监督规定》对工程建设强制性标准的实施监督作了全面的规定，其主要内容包括：

（1）监管部门及职责

国务院建设行政主管部门负责全国实施工程建设强制性标准的监督管理工作。国务院有关行政主管部门按照国务院的职能分工负责实施工程建设强制性标准的监督管理工作。县级以上地方人民政府建设行政主管部门负责本行政区域内实施工程建设强制性标准的监督管理工作。

（2）监督机构及职责

建设项目规划审查机关应当对工程建设规划阶段执行强制性标准的情况实施监督。施工图设计文件审查单位应当对工程建设勘察、设计阶段执行强制性标准的情况实施监督。建筑安全监督管理机构应当对工程建设施工阶段执行施工安全强制性标准的情况实施监督。工程质量监督机构应当对工程建设施工、监理、验收等阶段执行强制性标准的情况实施监督。

工程建设标准批准部门应当定期对建设项目规划审查机关、施工图设计文件审查单位、建筑安全监督管理机构、工程质量监督机构实施强制性标准的监督进行检查，对监督不力的单位和个人，给予通报批评，建议有关部门处理。工程建设标准批准部门应当对工程项目执行强制性标准情况进行监督检查。

（3）监督检查方式

工程建设强制性标准实施监督检查可以采取重点检查、抽查和专项检查的方式。

（4）监督检查内容

强制性标准监督检查的内容包括：

1）有关工程技术人员是否熟悉、掌握强制性标准；

2）工程项目的规划、勘察、设计、施工、验收等是否符合强制性标准的规定；

3）工程项目采用的材料、设备是否符合强制性标准的规定；

4）工程项目的安全、质量是否符合强制性标准的规定；

5）工程中采用的导则、指南、手册、计算机软件的内容是否符合强制性标准的规定。

4.2　强制性条文的实施

实施工程建设标准，是将工程建设标准的规定，借助宣贯培训、解释等措施，在工程建设活动全过程中贯彻执行的行为。标准实施是标准化工作的重要任务。没有标准实施这一环节，就不可能发挥标准的作用。强制性条文是随着所依附的工程建设标准的实施而得以贯彻执行的。

（一）强制性条文宣贯培训

开展标准宣贯培训工作是确保工程建设标准得到贯彻执行的重要步骤，是促进正确理解、全面贯彻、有效执行工程建设标准的重要手段。工程建设标准作为我国建设工程规划、勘察、设计、施工及质量验收的重要依据，具有很强的政策性、技术性和经济性，尤其是强制性标准（强制性条文）还在落实国家方针政策、保证工程质量安全、维护人民群众利益等方面具有引导约束作用。《实施工程建设强制性标准监督规定》规定，工程技术人员应当参加有关工程建设强制性标准的培训，并可以计入继续教育学时。只有做好工程建设标准，特别是强制性标准（强制性条文）的宣贯培训，才能使社会周知、使用者掌握、工程建设中贯彻，从而最终发挥工程建设标准，尤其是强制性标准（强制性条文）的作用。

（二）强制性条文解释

开展标准解释工作是有效实施工程建设标准的重要措施，也是组织实施标准的重要内容之一。工程建设标准解释是指具有标准解释权的部门（单位）按照解释权限和工作程序，对标准规定的依据、涵义以及适用条件等所作的书面说明。

2014 年 5 月，住房和城乡建设部发布《工程建设标准解释管理办法》（建标〔2014〕65 号）。该办法规定，标准解释应按照"谁批准、谁解释"的原则，做到科学、准确、公正、规范；标准解释由标准批准部门负责；对涉及强制性条文的，标准批准部门可指定有关单位出具意见，并做出标准解释。

为协助主管部门做好强制性条文的解释工作，强条委制定了《强制性条文解释工作办法》（强条委〔2012〕4 号），其主要内容包括：

（1）强条委秘书处负责组织执行主管部门下达的强制性条文解释任务。

（2）强条委秘书处负责组织相关人员或成立专题工作组开展相关强制性条文具体技术内容的解释。

（3）对强制性条文的解释，应出具强制性条文解释函。起草强制性条文解释函时，应当深入调查研究，对主要技术内容做出具体解释，并进行论证。

（4）强制性条文解释函的解释内容应以条文规定为依据，不得扩展或延伸条文规定，并应做到措辞准确、逻辑严密，与相关强制性条文协调统一。

（5）强条委委员和秘书处成员不得以强条委或个人名义对强制性条文进行解释。

（三）强制性条文贯彻执行

强制性条文必须执行。所有工程建设活动的参与者都应当熟悉、掌握和遵守强制性条文。

强制性条文得到贯彻执行，取决于三个要素：强制性条文的权威性、公众的强制性条文意识、对执行强制性条文的监督。这三个要素相互支撑，缺一不可。强制性条文的权威性在于其制定程序符合公开透明、协商一致的基本原则，以保障国家安全、防止欺诈、保护人体健康和人身财产安全、保护动植物的生命和健康、保护环境为确定原则，由政府部门颁布，由国家强制力保证实施。使用者执行强制性条文以后，将会有明显的效果或效益，也会使得大家自觉遵守执行。公众的强制性条文意识，主要靠自觉学习，深刻理解强制性条文的目的、作用和意义，并通过宣贯培训和解释等手段，真正掌握并贯彻执行强制性条文。对执行强制性条文的监督，是指强制性条文实施监管部门和监督机构，按照有关法律、法规和规章的规定，对强制性条文执行情况进行的监督管理工作。

4.3 强制性条文实施的监督

对强制性条文的实施进行监督，是保证强制性条文得到实施或准确实施的重要手段。有效的监督可以保证强制性条文的实施，从而确保实现强制性条文的作用和效益。

随着《标准化法》、《标准化法实施条例》、《建筑法》、《建设工程质量管理条例》和《实施工程建设强制性标准监督规定》等相关法律规范陆续出台，施工图设计文件审查制度、建设工程质量安全监督检查制度和竣工验收备案制度建立，工程建设强制性标准（强制性条文）的实施监管逐步走上法制化轨道。工程建设强制性标准（强制性条文）实施监管制度的建立和运行，为我国经济社会发展起到促安全、保质量、促环保、保节能、增效益的重要作用。

（一）施工图设计文件审查制度

施工图设计文件审查（以下简称施工图审查）是指由建设主管部门或其认定的审查机构，对勘察设计施工图是否符合国家有关法律、法规和工程建设强制性标准等内容进行的审查，要求强制执行。

《建设工程质量管理条例》和《建设工程勘察设计管理条例》规定，施工图设计文件未经审查批准的，不得使用。为配合两个《条例》的贯彻实施，2004 年，原建设部（现为住房和城乡建设部）制定并发布《房屋建筑和市政基础设施工程施工图设计文件审查管理办法》（建设部令第 134 号）。该办法对施工图审查提出了明确要求和具体规定，施工图设计文件审查制度由此建立。2013 年 4 月，新修订的《房屋建筑和市政基础设施工程施工图设计文件审查管理办法》（住房和城乡建设部令第 134 号）发布，自 2013 年 8 月 1 日起施行。

严把施工图审查关，是保证工程建设标准特别是强制性条文贯彻执行的重要手段。设立施工图审查制度，其目的是运用行政和技术并重手段，加强建设工程质量安全事前监督管理，力求使建设工程勘察设计中存在的质量安全问题在进入工程施工之前得以发现并及时纠正，从而排除各种隐患，避免建设工程质量安全事故的发生。

（二）建设工程质量安全监督检查制度

《建设工程质量管理条例》规定：国家实行建设工程质量监督管理制度。国务院建设行政主管部门对全国的建设工程质量实施统一监督管理。国务院铁路、交通、水利等有关部门按照国务院规定的职责分工，负责对全国的有关专业建设工程质量的监督管理。国务院建设行政主管部门和国务院铁路、交通、水利等有关部门应当加强对有关建设工程质量的法律、法规和强制性标准执行情况的监督检查。

《建设工程安全生产管理条例》规定：国务院建设行政主管部门对全国的建设工程安全生产实施监督管理。国务院铁路、交通、水利等有关部门按照国务院规定的职责分工，负责有关专业建设工程安全生产的监督管理。

上述两个条例规定了建设工程质量安全监督检查的部门职责、机构设置、监督检查重点、监督检查措施，建立了我国建设工程质量安全监督检查制度，为我国建设工程质量安全监督检查实现制度化、常态化奠定了基础。

近年来，住房和城乡建设部每两年开展一次"全国建设工程质量监督执法检查"，每年开展一次"全国住房城乡建设领域节能减排专项监督检查建筑节能检查"，工程建设强制性标准（强制性条文）一直是监督检查的重点内容。此外，各地方也按照国家的相关要求，建立了施工质量安全监督检查制度。各级建设行政主管部门均设立了质量安全监督机构，重点针对施工过程中是否违反工程建设强制性标准（强制性条文）情况进行监督检查，有效地促进了工程建设强制性标准（强制性条文）的实施。

（三）竣工验收备案制度

《建设工程质量管理条例》规定：建设单位应当自建设工程竣工验收合格之日起 15 日内，将建设工程竣工验收报告和规划、公安消防、环保等部门出具的认可文件或者准许使用文件报建设行政主管部门或者其他有关部门备案。建设行政主管部门或者其他有关部门发现建设单位在竣工验收过程中有违反国家有关建设工程质量管理规定行为的，责令停止使用，重新组织竣工验收。

为了加强房屋建筑和市政基础设施工程质量的管理，根据《建设工程质量管理条例》规定，住房和城乡建设部修改并于 2009 年 10 月发布《房屋建筑工程和市政基础设施工程竣工验收备案管理办法》（住房和城乡建设部令第 2 号），对工程建设竣工验收备案工作提出了明确要求，建立了房屋建筑工程和市政基础设施工程竣工验收备案管理制度。各地根据地方特点，也相继建立了较完善的工程建设竣工备案制度，并明确要求各级工程建设管理部门（机构）认真核查工程建设竣工备案资料，特别是施工图设计文件审查意见、设计变更、隐蔽工程检查记录（资料）等，对没有按规定进行审查或审查合格后又进行重大设计变更的不予备案，责令其进行整改，将工程中存在的安全隐患消灭在投入使用之前。

建设工程竣工验收制度的形成，使得项目报建—施工图审查—核发施工许可证—工程质量安全监督检查—竣工验收与备案形成闭合的工程建设（项目）管理链。以上任一环节有问题，均不能进入下一环节。在这个闭合的管理链的各个环节中，工程建设建筑强制性标准（强制性条文）的实施监督均是重点内容。

4.4　违反强制性条文的处罚

《实施工程建设强制性标准监督规定》对参与工程建设活动各方责任主体违反强制性条文的处罚，以及对建设行政主管部门和有关人员玩忽职守等行为的处罚，作了具体的规定。这些规定与《建设工程质量管理条例》是一致的。

（1）检举、控告和投诉

任何单位和个人对违反工程建设强制性标准的行为有权向建设行政主管部门或者有关部门检举、控告、投诉。

（2）建设单位

建设单位有下列行为之一的，责令改正，并处以 20 万元以上 50 万元以下的罚款：

（一）明示或者暗示施工单位使用不合格的建筑材料、建筑构配件和设备；

（二）明示或暗示设计单位或施工单位违反建设工程强制性标准，降低工程质量的。

（3）勘察、设计单位

勘察、设计单位违反工程建设强制性标准进行勘察、设计的，责令改正，并处以10万元以上30万元以下的罚款。

有前款行为，造成工程质量事故的，责令停业整顿，降低资质等级；情节严重的，吊销资质证书；造成损失的，依法承担赔偿责任。

（4）施工单位

施工单位违反工程建设强制性标准的，责令改正，处工程合同价款2%以上4%以下的罚款；造成建设工程质量不符合规定的质量标准的，负责返工、返修，并赔偿因此造成的损失；情节严重的，责令停业整顿，降低资质等级或者吊销资质证书。

（5）工程监理单位

工程监理单位违反工程建设强制性标准规定，将不合格的建设工程以及建筑材料、建筑构配件和设备按照合格签字的，责令改正，处50万元以上100万元以下的罚款，降低资质等级或者吊销资质证书；有违法所得的，予以没收；造成损失的，承担连带赔偿责任。

（6）事故责任单位和责任人

违反工程建设强制性标准造成工程质量、安全隐患或者工程事故的，按照《建设工程质量管理条例》有关规定，对事故责任单位和责任人进行处罚。

（7）建设行政主管部门和有关人员

建设行政主管部门和有关行政主管部门工作人员，玩忽职守、滥用职权、徇私舞弊的，给予行政处分；构成犯罪的，依法追究刑事责任。

第 二 篇

结构安全性鉴定

5　概　述

5.1　总　体　情　况

结构安全性鉴定篇分为概述、结构构件、地基基础和危险房屋共四章，共涉及 4 项标准、22 条强制性条文（表 5.1）。

表 5.1　结构安全性鉴定篇涉及的标准及强条数汇总表

序号	标准名称	标准编号	强制性条文数量
1	《古建筑木结构维护与加固技术规范》	GB 50165－92	4
2	《民用建筑可靠性鉴定标准》	GB 50292－2015	8
3	《建筑边坡工程鉴定与加固技术规范》	GB 50843－2013	4
4	《危险房屋鉴定标准》	JGJ 125－2016	6

5.2　主　要　内　容

按内容大体可分为以下三类：

1. 结构构件

《民用建筑可靠性鉴定标准》GB 50292 根据《建筑结构可靠度设计统一标准》GB 50068 的可靠性分析原理和本标准统一制定的分级原则，分别对混凝土结构、钢结构、砌体结构和木结构构件承载能力安全性等级的评定作出了规定，包含了主要构件及节点、连接和一般构件。

要确保结构或构件的安全，除应保证构件承载能力能够满足要求外，结构构造的安全性也极为重要。因此《民用建筑可靠性鉴定标准》GB 50292 设置了对结构构造安全性的检查项目，分别对混凝土结构、钢结构、砌体结构和木结构的构造安全性评级作出了规定。

由于古建筑木结构的实际使用年限远远超过设计使用年限，因此，《古建筑木结构维护与加固技术规范》GB 50165 将古建筑木结构按照其承重体系完好程度及工作状态划分为不同的可靠性类别，并对古建筑可靠性等级进行评定。为了让古建筑能够更好地保存，也要求对古建筑从整体到局部进行详细的检查。

2. 地基基础

主要针对建筑边坡工程的鉴定。鉴定时，应符合《混凝土结构加固设计规范》GB 50367、《建筑边坡工程技术规范》GB 50330、《建筑基坑工程监测技术规范》GB 50497、《工程测量规范》GB 50026 等标准中的相关规定，并注意与《建筑边坡工程鉴定与加固技术规范》GB 50843 中相关条文配套执行，包括该规范中的一些非强制性条文，如第 9.2.4、9.2.5、9.2.6、9.2.7 条等。

3. 危险房屋

房屋危险性鉴定必须确定鉴定内容和危险限值，《危险房屋鉴定标准》JGJ 125 对现场应重点检查的内容和部位以及可能出现的损坏特征作了规定；提出在地基危险状态及基础和上部结构构件危险性判定时，应综合分析构件的关联影响；并规定危房鉴定应采用"两阶段"的鉴定程序。

需要注意的是，现代建筑安全性鉴定的要求按现行规范的可靠度水平执行，属于可靠性鉴定，不同于古建筑的鉴定，也不同于建筑结构的抗震鉴定。古建筑木结构的安全性鉴定是供维修管理和经费优选排序之用，即使可靠性类别较高，仍需对检查发现的残损点进行维修。

5.3　其　他　说　明

每本规范的强制性条文是在该规范的完整体系中列出的，相关条款是执行该强制性内容的必要充分条件，所以在有关强制性条文的技术要点说明中列出了执行该强制性条文的相关条款，但这些条款并未列入强制性执行内容。如果错误使用了该相关条款，以致达不到强制性条文执行要求，应视为不满足该强制性条款要求。

6 结构构件

6.1 混凝土结构构件

《民用建筑可靠性鉴定标准》GB 50292－2015

5.2.2 当按承载能力评定混凝土结构构件的安全性等级时，应按表 5.2.2 的规定分别评定每一验算项目的等级，并应取其中最低等级作为该构件承载能力的安全性等级。混凝土结构倾覆、滑移、疲劳的验算，应按国家现行相关规范进行。

表 5.2.2 按承载能力评定混凝土结构构件安全性等级

构件类别	安全性等级			
	a_u级	b_u级	c_u级	d_u级
主要构件及节点、连接	$R/(\gamma_0 S) \geqslant 1.00$	$R/(\gamma_0 S) \geqslant 0.95$	$R/(\gamma_0 S) \geqslant 0.90$	$R/(\gamma_0 S) < 0.90$
一般构件	$R/(\gamma_0 S) \geqslant 1.00$	$R/(\gamma_0 S) \geqslant 0.90$	$R/(\gamma_0 S) \geqslant 0.85$	$R/(\gamma_0 S) < 0.85$

【技术要点说明】

混凝土结构构件承载能力验算分级标准，是根据《建筑结构可靠度设计统一标准》GB 50068－2001 的可靠性分析原理和本标准统一制定的分级原则（集中说明于本标准第5.1.1 条）确定的，其优点是能与《建筑结构可靠度设计统一标准》规定的两种质量界限挂钩，并与设计采用的目标可靠指标接轨。以下是第 5.1.1 条条文说明：

1. 关于安全性检查项目的分级原则

本标准的安全性检查项目分为两类：一是承载能力验算项目；二是承载状态调查实测项目。本标准从统一给定的安全性等级含义出发，分别采用了下列分级原则：

（1）按承载能力验算结果评级的分级原则

根据本标准的规定，结构构件的验算应在详细调查工程质量的基础上按现行设计规范进行。这也就要求其分级应以《建筑结构可靠度设计统一标准》GB 50068 规定的可靠指标为基础，来确定安全性等级的界限。结构构件的安全度（可靠度）除与设计的作用（荷载）、材料性能取值及结构抗力计算的精确度有关外，还与工程质量有着密切关系。《建筑结构可靠度设计统一标准》GB 50068 以结构的目标可靠指标来表征设计对结构可靠度的要求，并根据可靠指标与材料和构件质量之间的近似函数关系，提出了设计要求的质量水平。从可靠指标的计算公式可知，当荷载效应的统计参数为已知时，可靠指标是材料或构件强度均值及其标准差的函数。因此，设计要求的材料和构件的质量水平，可以根据结构构件的目标可靠指标来确定。

《建筑结构可靠度设计统一标准》GB 50068 规定了两种质量界限，即设计要求的质量和下限质量，前者为材料和构件的质量应达到或高于目标可靠指标要求的期望值。由于目标可靠指标是根据我国材料和构件性能的统计参数的平均值校准得到的，因此，它所代表的质量水平相当于全国平均水平，实际的材料和构件性能可能在此质量水平上下波动。为使结构构件达到设计所预期的可靠度，其波动的下限应予规定。与此相应，工程质量也不得低于规定的质量下限。《建筑结构可靠度设计统一标准》GB 50068 的质量下限是按目标可靠指标减 0.25 确定的。此值相当于其失效概率运算值上升半个数量级。

基于以上考虑，并结合安全性分级的物理内涵，本标准对这类检查项目评级，采取了下列分级原则：

a_u 级——符合现行规范对目标可靠指标 β_0 的要求，实物完好，其验算表征为 $R/(\gamma_0 S) \geqslant 1$；分级标准表述为：安全性符合本标准对 a_u 级的要求，不必采取措施。

b_u 级——略低于现行规范对风的要求，但尚可达到或超过相当于工程质量下限的可靠度水平。即可靠指标 $\beta \geqslant \beta_0 - 0.25$，此时，实物状况可能比 a_u 级稍差，但仍可继续使用，验算表征为 $1 > R/(\gamma_0 S) \geqslant 0.95$；分级标准表述为：安全性略低于本标准对 a_u 级的要求，尚不显著影响承载，可不采取措施。

c_u 级——不符合现行规范对 β_0 的要求，其可靠指标下降已超过工程质量下限，但未达到随时有破坏可能的程度，因此，其可靠指标 β 的下浮可按构件的失效概率增大一个数量级估计，即下浮至下列区间内：

$$\beta_0 - 0.25 > \beta \geqslant \beta_0 - 0.5$$

此时，构件的安全性等级比现行规范要求的下降了一个档次。显然，对承载能力有不容忽视的影响。对于这种情况，验算表征为 $0.95 > R/(\gamma_0 S) \geqslant 0.9$；分级标准表述为：安全性不符合本标准对 a_u 级的要求，显著影响构件承载，应采取措施。

d_u 级——严重不符合现行规范对 β_0 的要求，其可靠指标的下降已超过 0.5，这意味着失效概率大幅度提高，实物可能处于濒临危险的状态。此时，验算表征为 $R/(\gamma_0 S) < 0.9$；分级标准表述为：安全性极不符合本标准对 a_u 级的要求，已严重影响构件承载，必须立即采取措施（如临时支顶并停止使用等），才能防止事故的发生。

从以上所述可知，由于采用了按《建筑结构可靠度设计统一标准》GB 50068 规定的目标可靠指标和两种质量界限来划分承载能力验算项目的安全性等级，不仅较好地处理了可靠性鉴定标准与《建筑结构可靠度设计统一标准》GB 50068（以下简称《统一标准》）接轨与协调的问题，而且更重要的是避免了单纯依靠专家投票决定分级界限所带来的概念不清和可靠性尺度不一致的缺陷。

另外，值得指出的是，由于结构构件的可靠指标与失效概率具有相应的函数关系，因此，这种分级方法也体现了当前国际上所提倡的安全性鉴定分级与结构失效概率相联系的原则，并且首先在我国的可靠性鉴定标准中得到了实际的应用。

（2）按承载状态调查实测结果评级的分级原则

对建筑物进行安全性鉴定，除需验算其承载能力外，尚需通过调查实测，评估其承载状态的安全性，才能全面地作出鉴定结论。为此，要根据实际需要设置这类检查项目。例如：

1）结构构造的检查评定

因为合理的结构构造与正确的连接方式，始终是结构可靠传力的最重要保证。倘若构造不当或连接欠妥，势必大大影响结构构件的正常承载，甚至使之丧失承载功能。因而它具有与结构构件本身承载能力验算同等的重要性，显然应列为安全性鉴定的检查项目。

2）不适于构件承载的位移或裂缝的检查评定

这类位移（或裂缝）相当于《统一标准》中所述的"不适于继续承载的变形（或裂缝）"，它已不属于承重结构使用性（适用性和耐久性）所考虑的问题范畴。正如《统一标准》所指出的：此时结构构件虽未达到最大承载能力，但已彻底不能使用，故也应视为已达到承载能力极限状态的情况。由之可见，同样应列为安全性鉴定的检查项目。

3）结构的荷载试验

众所周知，通过建筑物的荷载试验，能对其安全性作出较准确的鉴定，显然应列为安全性鉴定的检查项目，但由于这样的试验要受到结构现有条件、场地、时间与经费的限制，因而一般仅在必要而可能时才进行。

对上述检查项目，本标准采用了下列分级原则：

① 当鉴定结果符合本标准根据现行标准规范规定和已建成建筑物必须考虑的问题（如性能退化、环境条件改变等）所提出的安全性要求时，可评为 a_u 级。这也就是本标准第 3.3.1 条分级标准中提到的"符合本标准对 a_u 级要求"的含义。

② 当鉴定结果遇到下列情况之一时，应降为 b_u 级；

a. 尚符合本标准的安全性要求，但实物外观稍差，经鉴定人员认定，不宜评为 a_u 级者。

b. 虽略不符合本标准的安全性要求，但符合原标准规范的安全性要求，且外观状态正常者。

③ 当鉴定结果不符合本标准对 a_u 级的安全性要求，且不能引用降为 b_u 级的条款时，应评为 c_u 级。

④ 当鉴定结果极不符合本标准对 a_u 级的安全性要求时，应评为 d_u 级。此定语"极"的含义是指该鉴定对象的承载已处于临近破坏的状态。若不立即采取支顶等应急措施，可能危及生命财产安全。

根据上述分级原则制定的具体评级标准，分别由本章第 4.2 节~第 4.5 节给出。这里需要进一步指出的是，c_u 级与 d_u 级的分界线，虽然是根据有关科研成果和工程鉴定经验，在组织专家论证的基础上制定的，但由于这两个等级均属需要采取措施的等级，且其区别仅在于危险程度的不同；即：c_u 级意味着尚不至于立即发生危险，可有较充分的时间进行加固修复；而 d_u 级则意味着随时可能发生危险，必须立即采取支顶、卸载等应急措施，才能为加固修复工作争取到时间。因此，在结构构造与受力情况复杂的民用建筑中，若对每一检查项目均硬性地划分 c_u 级与 d_u 级的界限，而不给予鉴定人员以灵活掌握处理的权限，则有可能导致某些检查项目评级出现偏差。为了解决这个问题，本标准对部分检查项目的评级标准，改为仅给出定级范围，至于具体取 c_u 级还是 d_u 级，则允许由鉴定人员根据现场分析、判断所确定的实际严重程度作出决定。

2. 关于单个构件安全性等级的确定原则

单个构件安全性等级的确定，取决于其检查项目所评的等级，最简单的情况是：被鉴定构件的每一检查项目的等级均相同。此时，项目的等级便是构件的安全性等级。但在不少情况下，构件各检查项目所评定的等级并不相同，此时，便需制定一个统一的定级原则，才能唯一地确定被鉴定构件的安全性等级。

在民用建筑中，考虑到其可靠性鉴定被划分为安全性鉴定和使用性鉴定后，在安全性检查项目之间已无主次之分，且每一安全性检查项目所对应的均是承载能力极限状态的具体标志之一。在这种情况下，不论被鉴定构件拥有多少个安全性检查项目，但只要其中有一等级最低的项目低于 b_u 级（例如 c_u 级或 d_u 级），便表明该构件的承载功能，至少在所检查的标志上已处于失效状态。由此可见，该项目的评定结果所反映的是鉴定构件承载的安全性或不安全性，因此，本标准采用了按最低等级项目确定单个构件安全性等级的定级原则。这也就是所谓的"最小值原则"。尽管有个别意见认为，采用这一原则过于稳健，但就构件这一层次而言，显然是合理的。

【实施与检查】

本条对混凝土结构构件承载能力安全性等级的评定作出了规定，包含了主要构件及节点、连接和一般构件。

实施本条时，首先应根据本标准及国家现行相关标准的要求区分重要结构、一般结构、主要构件、一般构件的基本概念，然后按照现行国家标准《建筑结构可靠度设计统一标准》GB 50068 确定其结构重要性系数。最后对结构构件及其节点、连接等的抗力设计值和承载力极限状态下作用组合的效应设计值进行比较，以结合本标准要求确定构件的承载能力安全性等级。

对混凝土结构构件，除需对主要构件及节点、连接和一般构件承载能力进行验算外，还应按国家现行标准对其结构或构件的倾覆、滑移、疲劳等进行验算，按各项目的验算评级结果，取其中最低一级作为该构件（含节点连接）的安全性等级。

5.2.3 当按构造评定混凝土结构构件的安全性等级时，应按表 5.2.3 的规定分别评定每个检查项目的等级，并应取其中最低等级作为该构件构造的安全性等级。

表 5.2.3　按构造评定的混凝土结构构件安全性等级

检查项目	a_u级或b_u级	c_u级或d_u级
结构构造	结构、构件的构造合理，符合国家现行相关规范要求	结构、构件的构造不当，或有明显缺陷，不符合国家现行相关规范要求
连接或节点构造	连接方式正确，构造符合国家现行相关规范要求，无缺陷，或仅有局部的表面缺陷，工作无异常	连接方式不当，构造有明显缺陷，已导致焊缝或螺栓等发生变形、滑移、局部拉脱、剪坏或裂缝
受力预埋件	构造合理，受力可靠，无变形、滑移、松动或其他损坏	构造有明显缺陷，已导致预埋件发生变形、滑移、松动或其他损坏

【技术要点说明】

本条对混凝土结构的构造安全性评级作出了规定。大量的工程鉴定经验表明，即使结构构件的承载能力验算结果符合本标准对安全性要求，但若构造不当仍然可导致构件或其连接的工作性能恶化，以致最终危及结构承载的安全。因此，有必要设置此重要的检查项目，对结构构造的安全性进行检查与评定。

　　另外，从表5.2.3可看出，在构造安全性的评定标准中，只给出 b_u 级与 c_u 级之间的界限，而未给出 a_u 级与 b_u 级以及 c_u 级与 d_u 级之间的界限。之所以作这样的处理，除了由于 a_u 级与 b_u 级之间以及 c_u 级与 d_u 级之间，只有程度的差别外，还因为构造问题比较复杂，而又经常遇到原设计、施工图纸资料多已缺失，且检查实测只能探明其部分细节的情况。此时，必须结合其实际工作状态进行分析判断，才能有把握地确定其安全性等级。因此，作出应由鉴定人员根据现场观测到的实际情况进行判断的规定。

【实施与检查】

　　大量工程实践证明，要确保结构或构件的安全，除应保证构件承载能力能够满足要求外，结构构造的安全性也是极为重要的。对混凝土结构，实施时应从结构构造、连接构造、受力预埋件三方面，根据本标准表5.2.3中不同等级所对应的构造好坏程度分别进行评定，并取最低一级作为其构造安全性等级。

6.2　钢　结　构　构　件

《民用建筑可靠性鉴定标准》GB 50292－2015

5.3.2　当按承载能力评定钢结构构件的安全性等级时，应按表5.3.2的规定分别评定每一验算项目的等级，并应取其中最低等级作为该构件承载能力的安全性等级。钢结构倾覆、滑移、疲劳、脆断的验算，应按国家现行相关规范的规定进行；节点、连接域的验算应包括其板件和连接的验算

表5.3.2　按承载能力评定的钢结构构件安全性等级

构件类别	安全性等级			
	a_u 级	b_u 级	c_u 级	d_u 级
主要构件及节点、连接域	$R/(\gamma_0 S) \geqslant 1.00$	$R/(\gamma_0 S) \geqslant 0.95$	$R/(\gamma_0 S) \geqslant 0.90$	$R/(\gamma_0 S) < 0.90$ 或当构件或连接出现脆性断裂、疲劳开裂或局部失稳变形迹象时
一般构件	$R/(\gamma_0 S) \geqslant 1.00$	$R/(\gamma_0 S) \geqslant 0.90$	$R/(\gamma_0 S) \geqslant 0.85$	$R/(\gamma_0 S) < 0.85$ 或当构件或连接出现脆性断裂、疲劳开裂或局部失稳变形迹象时

【技术要点说明】

　　本条对钢结构构件承载能力安全性等级的评定作出了规定，包含了主要构件及节点、连接和一般构件。钢结构构件（含节点、连接）承载能力验算分级标准的制定原则，已集中阐述于本标准第5.1.1条。可详细阅读该条的条文说明，本条不再重复。这里需要指出的是，对已有钢结构建筑的承载能力验算，在确定其抗力时，除应考虑材料性能和结构构件的实际情况外，尚应充分考虑缺陷、损伤、腐蚀、施工偏差和过大变形等因素的影响，应特别注意钢结构平面内、外的稳定性。因为钢结构对这些因素的作用很敏感，而原设计所针对的待建结构，是不考虑这些因素的。

【实施与检查】

实施本条时，首先应根据本标准及国家现行相关标准的要求区分重要结构、一般结构、主要构件、一般构件的基本概念，然后按照现行国家标准《建筑结构可靠度设计统一标准》GB 50068 确定其结构重要性系数。最后对结构构件及其节点、连接等的抗力设计值和承载力极限状态下作用组合的效应设计值进行比较，以结合本标准要求确定构件的承载能力安全性等级。

对钢结构构件，除需对主要构件及节点、连接域和一般构件承载能力进行验算外，还应按国家现行标准对其结构或构件的倾覆、滑移、疲劳等进行验算，并按各项目的验算评级结果，取其中最低一级作为该构件（含节点连接）的安全性等级。考虑到钢结构材料及其构件受力性能的特殊性，当构件或连接出现脆性断裂、疲劳开裂或局部失稳变形迹象时，应直接定为 d_u 级。

5.3.3 当按构造评定钢结构构件的安全性等级时，应按表 5.3.3 的规定分别评定每个检查项目的等级，并应取其中最低等级作为该构件构造的安全性等级。

表 5.3.3 按构造评定的钢结构构件安全性等级

检查项目	安全性等级	
	a_u 级或 b_u 级	c_u 级或 d_u 级
构件构造	构件组成形式、长细比或高跨比、宽厚比或高厚比等符合国家现行相关规范规定；无缺陷，或仅有局部表面缺陷；工作无异常	构件组成形式、长细比或高跨比、宽厚比或高厚比等不符合国家现行相关规范规定；存在明显缺陷，已影响或显著影响正常工作
节点、连接构造	节点构造、连接方式正确，符合国家现行相关规范规定；构造无缺陷或仅有局部的表面缺陷，工作无异常	节点构造、连接方式不当，不符合国家现行相关规范规定；构造有明显缺陷，已影响或显著影响正常工作

注：1 构造缺陷包括施工遗留的缺陷：对焊缝缺陷系指夹渣、气泡、咬边、烧穿、漏焊、少焊、未焊透以及焊脚尺寸不足等；对铆钉或螺栓缺陷系指漏铆、漏栓、错位、错排及掉头等；其他施工遗留的缺陷根据实际情况确定；

　　2 节点、连接构造的局部表面缺陷包括焊缝表面质量稍差、焊缝尺寸稍有不足、连接板位置稍有偏差等；节点、连接构造的明显缺陷包括焊接部位有裂纹，部分螺栓或铆钉有松动、变形、断裂、脱落或节点板、连接板、铸件有裂纹或显著变形等。

【技术要点说明】

本条对钢结构的构造安全性评级作出了规定。在钢结构的安全事故中，由于构件构造或节点连接构造不当而引起的各种破坏（如失稳以及过度应力集中、次应力所造成的破坏等）占有相当的比例，这是因为在任何情况下，构造的正确性与可靠性是钢结构构件保持正常承载能力的最重要保证；一旦构造（特别是节点连接构造）出了严重问题，便会直接危及结构构件的安全。为此，将它们列为与承载能力验算同等重要的检查项目。与此同时，考虑到钢结构构件的构造与节点、连接构造在概念与形式上的不同，故本条将节点、连接构造的评定内容单独列出，分别进行安全性评级。

【实施与检查】

对钢结构,实施时应从构件构造和节点、连接构造两方面,根据本标准表5.3.3中不同等级所对应的构造有无不当及其不当程度分别进行评定,并取最低一级作为其构造安全性等级。

6.3 砌体结构构件

《民用建筑可靠性鉴定标准》GB 50292 - 2015

5.4.2 当按承载能力评定砌体结构构件的安全性等级时,应按表5.4.2的规定分别评定每一验算项目的等级,并应取其中最低等级作为该构件承载能力的安全性等级。砌体结构倾覆、滑移、漂浮的验算,应按国家现行相关规范的规定进行。

表 5.4.2 按承载能力评定的砌体构件安全性等级

构件类别	安全性等级			
	a_u级	b_u级	c_u级	d_u级
主要构件及连接	$R/(\gamma_0 S) \geq 1.00$	$R/(\gamma_0 S) \geq 0.95$	$R/(\gamma_0 S) \geq 0.90$	$R/(\gamma_0 S) < 0.90$
一般构件	$R/(\gamma_0 S) \geq 1.00$	$R/(\gamma_0 S) \geq 0.90$	$R/(\gamma_0 S) \geq 0.85$	$R/(\gamma_0 S) < 0.85$

【技术要点说明】

本条对砌体结构构件承载能力安全性等级的评定作出了规定,包含了主要构件及节点、连接和一般构件。砌体结构构件承载能力分级标准的制定原则,是根据《建筑结构可靠度设计统一标准》GB 50068对各类结构可靠度设计的统一规定编制的,已集中详述于本标准第5.1.1条的条文说明,本条不再重复。这里需要指出的是,本条规定的砌体构件承载能力评定标准,经过近14年工程实践的检验表明,该分级标准是合理、可行的。此次修订本标准所做的复核工作也证实了这一点。因此予以保留,但应注意的是有些老砌体结构,由于当年建造时尚无设计规范可依,且构造方式各异,其构件的承载能力验算可能有困难。对这种情况,必须进行专门论证。

【实施与检查】

实施本条时,首先应根据本标准及国家现行相关标准的要求区分重要结构、一般结构、主要构件、一般构件的基本概念,然后按照现行国家标准《建筑结构可靠度设计统一标准》GB5 0068确定其结构重要性系数。最后对结构构件及其节点、连接等的抗力设计值和承载力极限状态下作用组合的效应设计值进行比较,以结合本标准要求确定构件的承载能力安全性等级。

对砌体结构构件,除需对其主要构件及连接和一般构件承载能力进行验算外,还应按国家现行标准对其结构或构件的倾覆、滑移、漂浮等进行验算,并按各项目的验算评级结果,取其中最低一级作为其安全性等级。考虑到砌体强度对砌体结构或构件受力性能的影响,当砌体材料的最低强度等级不符合原设计当时应执行的国家标准《砌体结构设计规范》GB 50003的要求时,应直接定为c_u级。

5.4.3　当按连接及构造评定砌体结构构件的安全性等级时，应按表 5.4.3 的规定分别评定每个检查项目的等级，并应取其中最低等级作为该构件的安全性等级。

表 5.4.3　按连接及构造评定砌体结构构件安全性等级

检查项目	安全性等级	
	a_u 级或 b_u 级	c_u 级或 d_u 级
墙、柱的高厚比	符合国家现行相关规范的规定	不符合国家现行相关规范的规定，且已超过国家标准《砌体结构设计规范》GB 50003 规定限值的 10%
连接及构造	连接及砌筑方式正确，构造符合国家现行相关规范要求，无缺陷或仅有局部的表面缺陷，工作无异常	连接及砌筑方式不当，构造有严重缺陷，已导致构件或连接部位开裂、变形、位移、松动，或已造成其他损坏

注：1　构件支承长度的检查与评定包含在"连接及构造"的项目中；
　　2　构造缺陷包括施工遗留的缺陷。

【技术要点说明】

本条对砌体结构的构造安全性评级作出了规定。关于承重结构构造安全性鉴定的重要性及其评级的制定问题，已在本标准第 5.2.3 条的说明中做了阐述。这里仅就表 5.4.3 中对墙、柱高厚比所作的规定说明如下：

长期以来的工程实践表明，当砌体高厚比过大时，将很容易诱发墙、柱产生意外的破坏。因此，对砌体高厚比的要求，一直作为保证墙、柱安全承载的主要构造措施而被列入设计规范。但许多试算和试验结果也表明，砌体的高厚比虽是影响墙、柱安全的因素之一，但其敏感性不如其他因素，不至于一超出允许值，便出现危及安全的情况。据此，本标准作如下处理：

1. 将墙、柱的高厚比列为构造安全性鉴定的主要内容之一。

2. 考虑到高厚比的量化限值有一定模糊性，故在 b_u 级与 c_u 级界限的划分上，略为放宽。有关专家认为，根据过去经验，以是否超过现行设计规范允许高厚比的 10% 来划分较为合适。

【实施与检查】

对砌体结构，实施时应从墙、柱高厚比与连接和构造两方面，根据本标准表 5.4.3 中不同等级所对应的构造有无不当及其不当程度分别进行评定，并取最低一级作为其构造安全性等级。对于砌体结构构件，其支承长度的检查与评定应包含在"连接及构造"的项目中，构造缺陷还应包括施工质量缺陷。

6.4　木 结 构 构 件

《民用建筑可靠性鉴定标准》GB 50292-2015

5.5.2　当按承载能力评定木结构构件及其连接的安全性等级时，应按表 5.5.2 的规定分别评定每一验算项目的等级，并应取其中最低等级作为该构件承载能力的安全性等级。

表 5.5.2 按承载能力评定木结构构件及其连接安全性等级

构件类别	安全性等级			
	a_u 级	b_u 级	c_u 级	d_u 级
主要构件及连接	$R/(\gamma_0 S) \geqslant 1.0$	$R/(\gamma_0 S) \geqslant 0.95$	$R/(\gamma_0 S) \geqslant 0.90$	$R/(\gamma_0 S) < 0.90$
一般构件	$R/(\gamma_0 S) \geqslant 1.0$	$R/(\gamma_0 S) \geqslant 0.90$	$R/(\gamma_0 S) \geqslant 0.85$	$R/(\gamma_0 S) < 0.85$

【技术要点说明】

本条对木结构构件承载能力安全性等级的评定作出了规定，包含了主要构件及节点、连接和一般构件。木结构构件及其连接的承载能力分级标准的制定原则，与前述三类材料结构一致，已集中阐述于本标准第 5.1.1 条的说明，不再重复。这里需要指出的是，对木结构而言，虽然其构造的合理性、可靠性往往起着控制安全的作用，但考虑到我国的木结构主要用于桁架，其上下弦杆、端节点和受拉接头的承载能力是否符合安全性要求，仍然是设计必须验算的重要项目。不少工程实例表明，由于这些构件或连接的失效所引起的破坏、坍塌事故，一直占有相当大的比重；况且目前从国外引进的规格材新型木房屋，还需要使用木柱，这就更说明了承载能力验算与评定的重要性。

【实施与检查】

实施本条时，首先应根据本标准及国家现行相关标准的要求区分重要结构、一般结构、主要构件、一般构件的基本概念，然后按照现行国家标准《建筑结构可靠度设计统一标准》GB 50068 确定其结构重要性系数。最后对结构构件及其节点、连接等的抗力设计值和承载力极限状态下作用组合的效应设计值进行比较，以结合本标准要求确定构件的承载能力安全性等级。

对木结构构件，只需对其主要构件及连接和一般构件承载能力进行验算后，分别评定每一构件（含节点连接）的安全性等级即可。

5.5.3 当按构造评定木结构构件的安全性等级时，应按表 5.5.3 的规定分别评定每个检查项目的等级，并应取其中最低等级作为该构件构造的安全性等级。

表 5.5.3 按构造评定木结构构件安全性等级

检查项目	安全性等级	
	a_u 级或 b_u 级	c_u 级或 d_u 级
构件构造	构件长细比或高跨比、截面高宽比等符合国家现行设计规范的规定；无缺陷、损伤，或仅有局部表面缺陷；工作无异常	构件长细比或高跨比、截面高宽比等不符合国家现行设计规范的规定；存在明显缺陷或损伤；已影响或显著影响正常工作
节点、连接构造	节点、连接方式正确，构造符合国家现行设计规范规定；无缺陷，或仅有局部的表面缺陷；通风良好；工作无异常	节点、连接方式不当，构造有明显缺陷、通风不良，已导致连接松弛变形、滑移、沿剪面开裂或其他损坏

注：构件支承长度检查结果不参加评定，当存在问题时，需在鉴定报告中说明，并提出处理意见。

【技术要点说明】

本条对木结构的构造安全性评级作出了规定。在木结构的安全事故中，由于构件构造或节点连接构造不当所引起的各种破坏，如构件失稳、缺口应力集中、连接劈裂、桁架端节点剪坏或其封闭部位腐朽等占有很大的比例。这是因为在任何情况下，结构构造的正确性与可靠性总是木结构构件保持正常承载能力的最重要保证；一旦构造出了严重问题，便会直接危及结构整体安全。为此，将它与承载能力验算并列为同等重要的检查项目。

【实施与检查】

对木结构，实施时应从构件构造和节点、连接构造两方面，根据本标准表5.5.3中不同等级所对应的构造有无不当及其不当程度分别进行评定，并取最低一级作为其构造安全性等级。对于木结构构件，其支承长度检查结果不参加评定，但若有问题，应在鉴定报告中说明，并提出处理意见。

6.5　古建筑木结构

《古建筑木结构维护与加固技术规范》GB 50165-92

4.1.4　古建筑的可靠性鉴定，应按下列规定分为四类：

Ⅰ类建筑　　　承重结构中原有的残损点均已得到正确处理，尚未发现新的残损点或残损征兆。

Ⅱ类建筑　　　承重结构中原先已修补加固的残损点，有个别需要重新处理；新近发现的若干残损迹象需要进一步观察和处理，但不影响建筑物的安全和使用。

Ⅲ类建筑　　　承重结构中关键部位的残损点或其组合已影响结构安全和正常使用，有必要采取加固或修理措施，但尚不致立即发生危险。

Ⅳ类建筑　　　承重结构的局部或整体已处于危险状态，随时可能发生意外事故，必须立即采取抢修措施。

【技术要点说明】

为了便于掌握古建筑结构的总体情况和便于采取相应的保护与维护对策，有必要根据结构可靠性的综合评定结果，将不同残损程度的建筑物予以分别对待，根据国内外经验，一般多划分为三～四类，个别划分为五类。经组织有关专家论证，一致认为对于古建筑结构，按其现状的综合评定结果分为四类，较为适当可行。因为四个类别，实际上蕴含着7个等级概念（参见表6.5-1），不仅易于调整评定过程中的不同意见，而且更能使有限的维护与加固资金得到有计划、有重点的使用。

表6.5-1　可靠性分类的直观概念

承重体系工作状态	正常		基本正常		有问题		有严重问题
可靠性类别	Ⅰ		Ⅱ		Ⅲ		Ⅳ
评定过程意见调整	Ⅰ	Ⅰ⁻	Ⅱ	Ⅱ⁻	Ⅲ	Ⅲ⁻	Ⅳ
处理意见	正常保养	同左，但有个别部位需加强保养	加强保养	同左，但有个别部位需要采取措施	要采取措施	同左，但有个别部位需立即采取措施	需立即采取措施

　　将古建筑木结构按照其承重体系完好程度及工作状态划分为不同的可靠性类别，针对不同类别采取对应的措施。一方面可以直观地判断古建筑处于何种工作状态，另一方面针对不同可靠性类别的古建筑采取不同的加固措施可以使得加固过程中古建筑的损害程度降低，同时节约资源。

4.1.7　木构架整体性的检查及评定，应按表 4.1.7 进行。

表 4.1.7　木构架整体性的检查和评定

项次	检查项目	检查内容	残损点评定界限	
			抬梁式	穿斗式
1	整体倾斜	(1) 沿构架平面的倾斜量 Δ_1	$\Delta_1 > H_0/120$ 或 $\Delta_1 > 120$mm	$\Delta_1 > H_0/100$ 或 $\Delta_1 > 150$mm
		(2) 垂直构架平面的倾斜量 Δ_2	$\Delta_2 > H_0/240$ 或 $\Delta_2 > 60$mm	$\Delta_1 > H_0/200$ 或 $\Delta_1 > 75$mm
2	局部倾斜	柱头与柱脚的相对位移 Δ	$\Delta > H/90$	$\Delta > H/75$
3	构架间的连系	纵向连枋及其连系构件现状	已残缺或连接已松动	
4	梁、柱间的连系（包括柱、枋间，柱、檩间的连系）	拉结情况及榫卯现状	无拉结，榫头拔出卯口的长度超过榫头长度的	
			2/5	1/2
5	榫卯完好程度	材质	榫卯已腐朽、虫蛀	
		其他损坏	已劈裂或断裂	
		横纹压缩变形	压缩量超过 4mm	

　　注：表中 H_0 为木构架总高；H 为柱高。

【技术要点说明】

　　对本条需要说明以下两点：

　　1. 木材的腐朽、虫蛀对承重结构危害极大，在可靠性鉴定中应予重视。特别是在梁、柱连接部位，若有仍在发展的腐朽、虫蛀迹象，应该把连接部位视为正在恶化的残损点进行处理。

　　2. 梁枋、柱连接的榫头拔出卯口一定程度，就会改变该节点的受力状态，并使之趋于恶化。因此，在一般危房鉴定中，把榫头拔出卯口的长度超过榫头全长的 1/2 时视为危险点。本规范从残损点概念出发，将界限值划在榫头全长的 2/5 处，这从古建筑的保护要求来衡量，是比较稳妥可行的。

【实施与检查】

　　由于古建筑木结构使用年限较为久远，能够保存至今实属不易。在其使用过程中，古建筑大到整体框架、小到局部构件或多或少的存在部分残损。为了让古建能够更好的保存，有必要对古建筑从整体到局部进行详细的检查，根据检查结果对古建筑进行评定。

　　参与古建筑可靠性检查的相关人员，应具备古建筑设计、建造、施工、维护等相关方面的知识。

4.1.18 古建筑木构架出现下列情况之一时，其可靠性鉴定，应根据实际情况判为Ⅲ类或Ⅳ类建筑：

1 主要承重构件，如大梁、檐柱、金柱等有破坏迹象，并将引起其他构件的连锁破坏。

2 大梁与承重柱的连接节点的传力已处于危险状态。

3 多处出现严重的残损点，且分布有规律，或集中出现。

4 在虫害严重地区，发现木构架多处有新的蛀孔，或未见蛀孔，但发现有蛀虫成群活动。

4.1.19 在承重体系可靠性鉴定中，出现下列情况，应判为Ⅳ类建筑：

1 多榀木构架出现严重的残损点，其组合可能导致建筑物，或其中某区段的坍塌。

2 建筑物已朝某一方向倾斜，且观测记录表明，其发展速度正在加快。

【技术要点说明】

第4.1.18条和第4.1.19条是针对古建筑承重体系可靠性鉴定可能遇到的情况而作出的原则指导与必要的规定。由于古建筑木结构的实际使用年限远远超过50年，在长远的使用过程中，大到整体构架、小到局部构件会或多或少存在残损。为了更完好地保存古建筑，有必要对古建筑可靠性等级进行评定。特别是对于可靠性较差的Ⅲ类或Ⅳ类建筑，更应对其残损进行修复、加固，以保持古建筑的整体性和完好性。

对不同可靠性类别的古建筑，检查评定标准不同。可靠性等级越低，检查范围越广泛，检查内容越细致。

【实施与检查】

为使评定工作得到顺利进行，这里需要强调两点：

1. 应区别对待已处于稳定状态的残损点与情况正在恶化的残损点。因为前者只要没有其他残损点引起的组合效应，一般不会在短期内危及承重结构安全。而后者却可能发生问题。因此，在评定中，应对其危险性有充分的估计，不能和一般残损点一概而论。

2. 对承重体系可靠性鉴定，应着重从总体的情况是否稳定进行考虑，倘若只是局部问题，且能迅速妥善处理，而不影响整体，便不宜降低整个承重体系的类别。这样做的好处是能使有限的资金和力量集中用在最需要的地方。

7　地基基础

《建筑边坡工程鉴定与加固技术规范》GB 50843-2013

3.1.3　加固后的边坡工程应进行正常维护，当改变其用途和使用条件时应进行边坡工程安全性鉴定。

【技术要点说明】

边坡工程加固是在建设单位提供的地质条件、使用条件、使用环境及用途目标等前提条件下进行的边坡加固。当其用途和使用条件发生变化，如边坡坡顶地面使用荷载增大、坡顶建筑荷载超过原边坡支护结构荷载允许值、边坡高度增高、排水系统失效等，会造成边坡工程整体安全性的改变，因此，当边坡工程用途和使用条件发生变化时，应对边坡工程在新条件下的安全性进行鉴定，以便根据具体情况进行处理。

边坡加固后，在新环境条件下，应保持其设计特有的地质条件、使用环境及使用限制条件，且应进行正常维护、维修，达到或满足加固后边坡工程的用途和使用条件。例如对排水系统、坡面绿化等的维护，对支护结构的局部表面损伤进行维护等，故对加固后的既有建筑边坡工程，应明确指出正常维护、维修的项目，并明确建筑边坡工程的用途和使用条件。

此条规定与《混凝土结构加固设计规范》GB 50367-2013 中的第 3.1.8 条的规定是一致的。

应该指出的是：无论是新设计的还是加固后的边坡工程均应进行正常维护、维修，当改变其用途和使用条件时均应进行边坡工程安全性鉴定。这与《混凝土结构设计规范》GB 50010-2010 中第 3.1.7 条强条的要求是一致的。

【实施与检查】

当既有建筑边坡工程加固竣工后，建设单位应建立明确的边坡工程定期检查、维护和维修计划，明确应禁止的行为，由建设单位通过物业管理公司的管理保证本条规定的顺利执行。

设计单位在设计文件中对既有建筑边坡工程应明确指出正常维护、维修的项目，明确边坡工程正常使用年限、荷载使用限制条件、使用环境条件及相应保障条件（如边坡排水系统、坡面防护与绿化等），并明确建筑边坡工程的用途。

施工图设计文件审查单位应对既有建筑边坡工程加固后的用途和使用条件进行审查，核查其用途和使用条件是否可以实现；建设项目规划审查机关、建筑安全监督管理机构、工程质量监督机构在既有建筑边坡工程加固竣工后，核查建设单位是否按本条规定明确标识了建筑边坡工程的用途和使用条件，否则对既有建筑边坡工程加固项目不予以备案。

当使用方确有必要改变建筑边坡的用途和使用条件，应委托有资质的鉴定单位对改变后的建筑边坡工程安全性进行鉴定。

在实际把握、控制和使用该强条时，有些人认为当改变建筑边坡工程的用途和使用条件时，并不一定需要对边坡工程安全性进行鉴定，如有些工程行为对边坡工程安全性起有利作用（如降低边坡高度、减少坡顶荷载等）时，可不进行边坡工程安全性鉴定，这些认识从学术上可以接受，但从工程建设角度考虑，不可以接受。原因是：一是谁（哪个单位、机构或行政主管部门）来确认改变建筑边坡工程的用途和使用条件后能保证建筑边坡工程的安全，谁承担由此产生的法律责任；二是放开口子，使规范相关规定容易产生混淆，使有些单位违规操作有空可钻，人为因素造成的建筑边坡工程事故比比皆是与此有关，因此，无论改变建筑边坡工程的用途和使用条件对边坡工程安全性的影响是有利的还是不利的，在设计使用年限内未经技术鉴定或设计许可，均不允许。

4.1.1 既有边坡工程加固前应进行边坡加固工程勘察。

【技术要点说明】

边坡加固工程勘察是边坡加固设计和鉴定的基本依据，为了满足既有边坡加固工程的需要，加固设计前应进行边坡工程勘察。当既有边坡工程无勘察资料，或原勘察资料不能满足工程鉴定需要时，边坡工程鉴定前应进行工程勘察。

原边坡勘察资料经复核、验证后能满足边坡工程鉴定与加固设计需要时，可经具有相应资质的勘察单位确认后使用。

边坡加固工程勘察与边坡工程鉴定是相互补充完善的，既有边坡工程多数情况已存在既有支护结构，支护结构的有效抗力经鉴定后，才能得到确认；同时边坡工程鉴定，需检测复核勘察文件提供的岩土参数是否准确、有效；因此，本规范中的4.1.2条、第4.3.3条、第4.3.4条、第4.4.5条有配套规定。

【实施与检查】

当既有建筑边坡工程需要加固时，建设单位应委托有相应资质的勘察单位对既有建筑边坡工程场地进行勘察，提供符合本规范要求的，经具有相应资质的施工图审查机构审查合格的边坡加固工程勘察文件，为既有建筑边坡工程鉴定和加固提供地质依据。同时，建设单位应协调勘察单位与鉴定单位的勘察、检测成果的信息交换，鉴定单位在缺少边坡工程基础勘察资料时不应开展既有建筑边坡工程鉴定工作。

设计单位对既有建筑边坡工程进行加固设计时，必须获得既有建筑边坡工程勘察文件；否则，不得进行既有建筑边坡工程的加固设计。

建设项目规划审查机关在规划审查时，发现建设单位未按规定提供边坡加固工程勘察审查合格文件及合格的施工图时，不得通过规划审查和审批；施工图设计文件审查单位审查时，发现建设单位未按规定提供边坡加固工程勘察审查合格文件时，不得审查施工图，建筑安全监督管理机构、工程质量监督机构未获得有效的既有建筑边坡工程加固设计图前，不得发放加固边坡工程的施工许可证。

该条实际应用中容易出现的问题是：边坡加固工程或抢险工程有补充勘察文件，但补充勘察文件深度不满足《建筑边坡工程鉴定与加固技术规范》GB 50843-2013 的要求，即对既有支护结构的有效抗力提供的作用对边坡工程安全性的影响不予反映，而只是满足《建筑边坡工程技术规范》GB 50330-2013 边坡工程勘察要求，致使补充勘察对边坡工程加固设计的指导价值得不到充分体现，按补充勘察报告计算结果，既有边坡工程早已垮塌，这与工程实际不符。具体讲补充勘察报告未按《建筑边坡工程技术规范》GB 50330 - 2013 中的第 4.4.3 条、第 4.3.4 条和第 4.4.5 条执行，举如下案例说明。

【案例】

工程概况

某环境边坡治理工程全长约 550m，位于拟建场地西北侧、西南侧及南侧红线附近。组成该边坡的主要成分为杂填土、红黏土及少量强风化岩溶角砾岩。坡顶周围管网密集，坡脚为拟建建筑，地下车库距坡脚不小于 5m，坡顶为现状标高，坡底原设计标高约为 432.50m～427.80m，该土质边坡设计坡高约 6.7m～17m，治理工程安全等级为一级，合理使用年限为 50 年。支护结构基本完工时间后不久，受持续降雨影响，坡顶道路出现了不同程度的裂缝、下陷及岩土体空洞等险情，其中一段桩板挡墙出现了较大的水平位移和竖向沉降，建设方随即展开了回填反压抢险作业（见图 7-1）；为了明确该段支护结构的安全性，建设单位委托原地勘单位对该段边坡进行补充勘察，委托鉴定单位对该段支护结构进行安全性鉴定。

(a)　　　　　　　　　　　　　　　　　(b)

图 7-1　建筑边坡工程险情情况

(a) 支护结构冠梁下沉、坡顶裂缝；(b) 变形段反压抢险施工

补勘报告分析

边坡（挡墙）变形段及两端有影响的地段，总长约 100m，根据前期勘察及本次补充勘察查明，该段边坡以挖方土质边坡为主，边坡坡体主要由素填土、红黏土、盐溶角砾岩组成，其中素填土一般厚度 1m～3m，最大厚度 7.1m，红黏土一般厚度 10m～15m，最大厚度 16.8m，盐溶角砾岩 0～3m。边坡高 16m～18m，倾向 90°～120°，填土底面平缓，不具备整体滑移的地形条件；红黏土与下伏强风化盐溶角砾岩界面凹凸交错，镶嵌咬合，不具备沿岩土界面滑移的地形、地层条件。边坡可能产生沿土体内部的圆弧滑移，选代表性剖面自动搜索最危险滑动面，稳定系数 $F_s = 0.42～0.64 < 1.00$，不稳定，以最远处地面裂缝为滑裂面入口搜索最危险滑裂面，稳定系数 $F_s = 0.723～1.026$，不稳定～欠稳定。综合判定变形段挡墙范围边坡为挖方土质边坡，边坡稳定受坡体土层内部强度控制，破坏模式为岩土体内部圆弧滑动，边坡支挡结构应能支挡土体沿圆弧滑动剩余下滑力。根据边坡挡墙施工图、挡墙施工记录，该段边坡（挡墙）采用锚拉桩板墙支挡，墙顶高程 446m～448m，墙底高程 430m，由于桩前与-1F 间保留土体垮塌，实际桩前平场高程约 423m。

变形段边坡（挡墙）的主要变形有三类：①顶外侧地面可见裂缝最远处距挡墙垂直距

离 37m，裂缝断续呈缓弧形，长约 60m，可见宽度 1cm～3cm，可见深度 10～50cm；②紧邻边坡（挡墙）顶的南山路路面出现不同程度的开裂、下沉，最大沉降达 15cm；③锚拉桩板墙墙顶水平位移累计达 59mm。边坡顶地面开裂、下沉始于支护结构施工过程中，当时锚拉桩板墙桩孔开挖深至 18m 左右，桩孔内约 10m 高的护壁坍塌，造成坡顶路面开裂下沉，对桩孔进行回填后变形停止，后采用机械旋挖对该段桩孔重新开挖时，路面再次开裂下沉，桩孔灌注后，地面变形终止。由此可见坡顶地面变形形成于桩板挡墙施工期间且多在降雨期间，而此时边坡尚未开挖，因此初步分析边坡（挡墙）地面沉降、开裂与抗滑桩施工有关，根据现场调查、施工单位介绍，在该段边坡桩孔施工期间，部分桩孔揭露的红黏土中裂隙水较丰富，桩孔中一夜最大积水深度可达 4m，因桩孔截面较大，开挖及完成一级护壁约 3 天，侧壁红黏土经裂隙水浸润、浸泡易垮塌，上一级护壁后向开挖面流土，在护壁外形成空洞，雨季随地表水下渗、径流使得桩侧空洞发展贯通后塌陷，致使路面局部失去支撑下沉开裂，2013 年 9 月 6 日大雨期间，挡墙西侧 3m～4m 处土体中出现的长约 15m，宽 5m，深 5m～8m 塌陷土洞，采用混凝土填塞浇筑后，随后的两天降雨中，地面变形未见发展，且地面变形的程度均与以该土洞为中心向外扩张的趋势吻合。根据桩板墙顶变形监测记录，场地平整至挡墙前设计高程之前的半年时间内，桩顶累计水平位移稳定 25mm～30mm 之间，而在挡墙开挖至地下室高程 423m 后，桩板墙顶水平位移按 1mm/d 的速率持续增加，至加固鉴定时，累计变形已达 59mm，桩前岩土体开挖至 423m，致使挡墙临空面加大、桩嵌固端不足，导致挡墙顶水平位移超过警戒值。

由上述分析可知：边坡（挡墙）顶地面变形，主要因桩孔施工流土形成的土洞塌陷而致，地面物探也表明场地范围未见土洞、溶洞，靠近抗滑桩一侧 0～11m 深度范围存在松散土体，而钻探查明该范围以红黏土为主，推测该部分松散体为土洞塌陷后的红黏土。因此必须对变形范围的松散土体、孔洞、空隙进行可靠治理，控制地表变形，建议：重点加强桩侧范围灌浆，确保施工流土形成的空洞被可靠填塞、充填；在地表变形范围注浆加固，填塞土体裂隙、松散土体。

结论与处理建议

1. 挡墙顶水平位移超警戒值是由于挡墙实际高度超过设计高度、桩嵌固深度不足，必须对变形段边坡（挡墙）支挡结构进行加固，建议：在已建锚拉桩板墙前或后采用嵌岩抗滑桩加固，或在原抗滑桩嵌固端范围加设桩间预应力锚索对变形挡墙进行加固，边坡支挡结构加固工程以中等风化带白云质石灰岩作为持力层。

2. 本次补充勘察范围的变形段边坡（挡墙）的变形主要为边坡（挡墙）顶地面开裂、沉降和挡墙顶水平位移，地面变形主要因桩孔施工流土形成的土洞在雨季发展、连通塌陷而致，建议重点加强桩侧范围灌浆，确保施工流土形成的空洞被可靠填塞、充填，在地表变形范围注浆加固，填塞土体裂隙、松散土体；挡墙顶水平位移则是由于挡墙前实际高程低于设计高程，致使边坡实际高度大于设计高度、桩嵌固深度不足，必须进行可靠加固，建议在已建桩板墙前或后采用嵌岩抗滑桩加固，或在原抗滑桩嵌固端范围加设桩间预应力锚索对变形挡墙进行加固，边坡支挡结构加固工程以中等风化带白云质石灰岩作为持力层，采用（钻）挖孔嵌岩桩基础。相邻基础底面高差应满足规范要求。嵌岩桩的嵌岩深度满足《建筑桩基技术规范》JGJ 94 - 2008 规范要求。

5.1.1 既有边坡工程加固前应进行边坡工程鉴定。

【技术要点说明】

既有边坡加固工程的加固设计不仅建立在边坡加固工程勘察的基础上，同时还依赖于边坡工程鉴定报告中提供的原有支护结构、构件现有状态、安全性等级等基本技术条件，特别是对原有支护结构有效抗力的判定，否则，既有边坡加固工程设计缺少设计依据，难以在经济、安全的前提下保证加固后边坡工程的安全，因此，既有建筑边坡工程加固设计前，建设单位应提供符合本规范要求的既有建筑边坡工程鉴定报告，否则设计单位不得进行既有建筑边坡工程的加固设计。

【实施与检查】

当既有建筑边坡工程需要加固时，建设单位应委托有资质的鉴定单位对既有建筑边坡工程当前的安全状态进行鉴定，并要求鉴定单位按本规范的相关规定进行既有建筑边坡工程安全性鉴定，且提供相应的鉴定报告。当既有建筑边坡工程完全失效、无任何支护作用，或实际支护结构已报废时，建设单位对既有建筑边坡工程应按新建建筑边坡工程的要求和国家现行相关标准、规范的规定进行报建和设计。

既有建筑边坡工程加固设计前，建设单位应提供符合本规范要求的既有建筑边坡工程鉴定报告，否则设计单位不得进行既有建筑边坡工程的加固设计。

施工图设计文件审查单位审查时发现建设单位未按规定提供边坡加固工程的鉴定报告时，不得审查边坡工程加固设计施工图。

建设项目规划审查机关未获得有效的既有建筑边坡工程加固设计图前，应禁止既有建筑边坡工程加固项目的审批

建筑安全监督管理机构、工程质量监督机构发现建设单位未按规定提供边坡加固工程鉴定报告，且未获得有效的既有建筑边坡工程加固设计图前，不得发放加固边坡工程的施工许可证。

对于既有建筑边坡工程的应急抢险加固工作应通过专家论证等特殊方式，及时开展既有建筑边坡工程的抢险、加固工作，事后应完善有关程序；对条件允许的既有建筑边坡加固工程仍应按本条规定执行。

实际应用本条时应注意与本规范第4.1.1条强条的配合，同时注意与本条强条配套的条款第4.3.4条、第C.0.4条易被工程技术人员忽略。在鉴定边坡工程稳定性时，第C.0.4条的依据是第4.3.4条，而此条的执行在鉴定机构、地勘机构因工程技术人员的理解不到位，致使边坡工程安全性鉴定往往不到位，甚至使鉴定工作流于形式。第C.0.4条和第4.3.4条原文如下：

C.0.4 应根据鉴定单元整体变形迹象、大小、稳定性验算结果及当地工程实际经验，综合评定鉴定单元整体稳定性，且鉴定单元整体稳定性评级应符合下列规定：

1 已经出现整体稳定性破坏的或已有重大安全事故迹象的鉴定单元，其稳定性评级按本规范第C.0.2条规定执行；

2 当鉴定单元及其影响范围内的岩土体、建筑物无变形、裂缝等异常现象时，可结合当地工程经验和建设年代，将其稳定性评定为 A_{su} 级或 B_{su} 级；

3 当鉴定单元及其影响范围内的岩土体、建筑物有变形、裂缝等异常现象，但无破

坏迹象时，其稳定性评定等级应符合本规范表 C.0.4 的规定。

表 C.0.4　鉴定单元整体稳定性评级表

稳定性系数	$\geqslant 1.00F_{st}$	$\geqslant 0.96F_{st}$且$<1.00F_{st}$	$\geqslant 0.93F_{st}$且$<0.96F_{st}$	$<0.93F_{st}$
评定等级	A_{su}	B_{su}	C_{su}	D_{su}

注：F_{st}为对应鉴定单元整体稳定安全系数。

4.3.4　存在原有支护结构有效抗力作用时的边坡稳定性可按本规范附录 A 提供的方法进行计算。其他情况的稳定性验算应符合现行国家标准《岩土工程勘察规范》GB 50021 和《建筑边坡工程技术规范》GB 50330 的有关规定。

9.1.1　边坡进行加固施工，对被保护对象可能引发较大变形或危害时，应对加固的边坡及被保护对象进行监测。

【技术要点说明】

边坡加固设计文件应对边坡加固施工方法和施工措施进行约定，当所选边坡加固工程施工方法或加固施工过程中预测加固施工产生的边坡变形将对坡顶或坡底既有建筑物安全有危害时，应引起设计、施工、监理和建设单位的高度重视，及时对其可能威胁的保护对象采取保护措施，且必须对加固措施的有效性进行监测量控，预防灾害、工程事故的发生及避免产生不良社会影响；因此，对既有建筑边坡工程进行加固施工前，设计单位应明确指出可能被危害的保护对象，并给出具体监测项目要求。

上述技术要求本质上与《建筑边坡工程技术规范》GB 50330－2013 中第 19.1.1 条强条的要求是一致，该条原文如下：

19.1.1　边坡塌滑区有重要建（构）筑物的一级边坡工程的施工时必须对坡顶水平位移、垂直位移、地表裂缝和坡顶建（构）筑物变形进行监测。

对于临时性土质基坑边坡，其监测要求也可按《建筑基坑工程监测技术规范》GB 50497－2009 的要求选择监测项目，测点布置及监测频率，但预警值及预警的控制应符合《建筑边坡工程鉴定与加固技术规范》GB 50843－2013 的规定。

【实施与检查】

设计单位在加固设计文件中应明确加固施工的基本要求及预防施工期间边坡变形危害被保护对象的技术措施，同时明确可能被危害的保护对象及其监控项目、监测频率及预警指标。

施工图设计文件审查单位审查时应重点审查设计文件是否明确了边坡加固施工方法及临时保护措施，是否明确了可能被危害的保护对象及相应的监控技术指标，当发现建筑边坡加固工程设计文件设计深度不满足强制性条文及相应条文的规定时，应要求加固设计单位对设计文件进行修改，否则不得审查通过边坡工程加固设计文件。

建设单位应按边坡加固设计文件的技术要求，委托相应的监测机构、施工单位或有关单位对边坡加固工程被保护对象进行监测，承担相应的监测费用，且履行相应的监督责任。

建筑边坡工程加固施工单位应按图施工（含临时性安全措施的施工），建设单位应承担相应的施工费用，且进行必要的监测量控；当施工涉及"危险性较大的分部分项工程"

时，建设单位应要求施工单位按《危险性较大的分部分项工程安全管理办法》（住房和城乡建设部，建质〔2009〕87号）的规定，编制安全专项施工方案，并在施工中按"安全专项施工方案"检查、落实施工安全措施。

监理单位应严格检查施工单位的"边坡加固施工组织设计"，发现施工时涉及"危险性较大的分部分项工程"时，应要求施工单位按《危险性较大的分部分项工程安全管理办法》（住房和城乡建设部，建质〔2009〕87号）的规定，编制安全专项施工方案，并在施工中严格按"安全专项施工方案"的要求检查、落实安全措施；否则，监理单位应发停工令。此外，监理单位应监督、检查边坡加固工程是否按加固设计文件要求进行被保护对象及边坡变形监测，当发现有关单位未按"建筑边坡加固工程变形监测方案"进行变形监测时，应要求相关监测单位履行监测责任，必要时应发停工整改令。

建筑安全监督管理机构应检查建筑边坡工程是否涉及"危险性较大的分部分项工程"，当涉及此问题时，应监督施工单位按规定编制安全专项施工方案，否则，应禁止边坡加固工程的施工；在边坡加固施工期间，应履行安全监督职责，未按要求落实本条工作时应禁止既有建筑边坡工程加固项目的施工。

工程质量监督机构应监督、检查边坡加固施工质量验收相关程序是否符合设计文件及国家现行有关标准、规范的规定，当发现边坡加固工程施工质量不合格时，应要求相关单位进行整改，施工质量不合格危机边坡加固工程及被保护对象安全时，应要求施工单位停止施工。

边坡加固工程实际监测工作，应注意预防出现以下情况：①加固设计文件无边坡监测规定；②加固设计文件有边坡变形要求，但无监测项目、测点布置、监测频率及预警值的具体规定；③有边坡加固工程监测队伍，但监测频次不满足要求；④监测测点布置不符合规范规定；⑤监测设备测量精度不满足要求；⑥预警值的控制缺少技术和科学依据等。

实际上在边坡加固施工或新建边坡施工中，一般可在《建筑边坡工程鉴定与加固技术规范》GB 50843-2013中选用如下主要条文配套使用。

9.2.4 变形观测点的布置应符合现行国家标准《工程测量规范》GB 50026和《建筑基坑工程监测技术规范》GB 50497的有关规定。

9.2.5 与加固边坡工程相邻的独立建筑物的变形监测应符合下列规定：

1 设置4个以上的观测点，监测建筑物的沉降与水平位移变化情况；

2 设置不应少于2个观测断面的监测系统，监测建筑物整体倾斜变化情况；

3 建筑物已出现裂缝时，应根据裂缝分布情况，选择适当数量的控制性裂缝，对其长度、宽度、深度和发展方向的变化情况进行监测。

9.2.6 边坡坡顶背后塌滑区范围内的地面变形观测宜符合下列规定：

1 选择2条以上的典型地裂缝观测裂缝长度、宽度、深度和发展方向的变化情况；

2 选择2条以上测线，每条测线不应少于3个控制测点，监测地表面位移变化规律。

9.2.7 边坡工程临空面、支护结构体的变形监测应符合下列规定：

1 监测总断面数量不宜少于3个，且在边坡长度20m范围内至少应有一个监测断面；

　　2　每个监测断面测点数不宜少于 3 点；

　　3　坡顶水平位移监测总点数不应少于 3 点；

　　4　预估边坡变形最大的部位应有变形监测点。

　　9.2.10　当设置水文观测孔，监测地下水、渗水和降雨对边坡加固工程的影响时，观测孔的设置数量和位置应符合现行国家标准《岩土工程勘察规范》GB 50021 的规定。

　　9.2.11　边坡加固施工初期，监测宜每天一次，且根据监测结果调整监测时间及频率。

【示例】

　　该示例是第 4.1.1 条案例排危加固的继续，要了解工程情况，可看前例。

　　监测目的

　　1. 在边坡挡墙及后延公路发生较大变形时，准确掌握边坡挡墙的变形情况，在抢险措施实施过程中，及时发现变形趋势，以便有关单位采取或变更抢险加固措施。

　　2. 对既有边坡挡墙变形进行监测，以便及时全面地了解该边坡工程的变化情况，为该工程的安全使用提供技术保障。

　　3. 为施工参数、预估发展趋势、确保工程质量及周边环境的安全使用提供实时数据，是优化设计、施工的主要手段。

　　4. 为理论验证提供对比数据，为优化施工方案提供依据。

　　监测依据

　　1. 项目环境挡墙施工设计图；

　　2. 补勘资料；

　　3.《建筑地基基础设计规范》GB 50007－2011；

　　4.《建筑基坑工程监测技术规范》GB 50497－2009；

　　5.《建筑变形测量规范》JGJ 8－2007；

　　6.《工程测量规范》GB 50026－2007；

　　7.《国家一、二等水准测量规范》GB/T 12897－2006；

　　8. 双方签订的基坑监测技术合同。

　　监测内容

　　依据《建筑变形测量规范》JGJ 8－2007，结合项目环境挡墙施工设计图的安全设计要求以及挡墙边坡工程目前具体情况，把该挡墙分为应急抢险段和稳定段两类，并确定对该边坡工程进行以下监测：

　　1. 边坡挡墙顶部的水平位移；

　　2. 边坡挡墙顶部的沉降。

　　监测仪器

表 7-1　监测仪器性能

序号	设备名称	规格型号	自编号	精度	数量	基本功能	产地
1	精密电子水准仪	DNA03	Q-167	0.3mm/km	1 台	水准测量	瑞士
2	全站仪	LeicaTS06-2	Q-083	2＋2ppm，2 级	1 台	角度、距离测量	瑞士

1. 监测时间

依据相关规范要求及边坡现状，监测性质为抢险应急监测；监测时间为，挡墙变化速率变缓或稳定后停止监测。

2. 监测频率及次数

监测频率及次数按照委托方的要求，双方约定为：委托方委托一次，检测中心进行一次监测，共计进行了 5 次监测。

监测精度

按《建筑变形测量规范》JGJ 8 - 2007 第 3.0.4 之规定，以二级变形测量等级进行监测。

表 7-2　监测精度情况

变形测量级别	沉降观测	位移观测	主要适用范围
	观测点测站高差中误差（mm）	观测点坐标中误差（mm）	
二级	±0.5	±3.0	地基基础设计为甲、乙级的建筑的变形测量；场地滑坡测量；重要管线的变形测量；地下工程施工及运营中变形测量；大型市政桥梁变形测量等

注：1　观测点测站高差中误差，系指水准测量的测站高差中误差或静力水准测量、电磁波测距三角高程测量中相邻观测点相应测段间等价的相对高差中误差；

2　观测点坐标中误差，系指观测点相对测站点（工作基点）的坐标中误差、坐标差中误差以及等价的观测点相对基准线的偏差值中误差、建筑或构件相对底部固定点的水平位移分量中误差；

3　观测点点位中误差为观测点坐标中误差的 $\sqrt{2}$ 倍。

监测情况

1. 水平位移监测

（1）水平位移监测方法

在基准点上（或工作基点）设站，采用极坐标法或前方交会法，按二级变形观测要求建立独立坐标系观测监测点的坐标值。

极坐标法一测站的测量原理：

1）将全站仪照准零方向标，用目镜十字丝对准基准点后置零；

2）顺时针方向旋转照准部后精确照准第一个观测点，测量并记录水平角和距离；

3）顺时针方向旋转照准部后精确照准第二个观测点，按②条的方法读水平角和距离；顺时针方向旋转照准部依次进行三、四、……、n 方向的观测，最后闭合至零方向；

4）纵转望远镜逆时针方向旋转照准部后，精确照准平面基准点，按②条的方法读水平角和距离；

5）逆时针旋转照准部，按上半测回观测的相反次序依次观测至零方向；

以上操作为一测回。

当方位数不多于 3 个时，可不归零。当方位总数超过 6 个时，可分两组观测。每组至少应该包括两个共同方向（其中一个为共同零方向），其两组共同方位角值之差，不应该大于本等级测角中误差。分组观测最后结果，按等权分组观测进行测站平差。

根据观测的角度和距离，按极坐标法进行坐标计算。

6）观测限差及技术要求

① 水平角观测测回数：DJ1 仪器，6 测回；DJ2 仪器，9 测回；

② 方向观测法限差

表 7-3　方向观测法限差（″）

仪器类型	两次照准目标读数差	半测回归零差	一测回内 2C 互差	同一方位值各测回互差
DJ2	6	8	13	8
DJ1	4	5	9	5

注：当照准方向的垂直角超过±3°，该方向的 2C 互差可按同一观测时间段内相邻测回进行比较，其差值仍按表中规定。

③ 全组合法测角限差

表 7-4　全组合法测角限差（″）

仪器类型	两次照准目标读数差	上下半测回角度互差	同一方位值各测回互差
DJ2	6	10	8
DJ1	4	6	5

④ 电磁波测距技术要求

表 7-5　电磁波测距技术要求

级别	仪器精度 (mm)	每边测回数		一测回读数间较差限值 (mm)	单程测绘间较差限值 (mm)	气象数据测定的最小读数		往返或时段间较差限值
		往	返			温度（℃）	气压（mmHg）	
二级	≤3	4	4	3	5.0	0.2	0.5	$\sqrt{2}(a+b\cdot D\cdot 10^{-6})$

注：1　仪器精度等级系指根据仪器标称精度（$a+b\cdot D\cdot 10^{-6}$），以相应级别的平均边长 D 代入计算的测距中误差划分；

2　一测回是指照准目标一次，读数 4 次的过程；

3　时段是指侧边的时间段，如上午、下午、和不同的白天。可采用不同时段观测代替往返观测。

（2）水平位移监测点的埋设

边坡挡墙顶部的水平位移和竖向位移监测点应沿围护墙的周边布置，围护墙周边中部、阳角处、伸缩缝两侧应布置监测点，监测点间距不宜大于 20m，监测点宜设置在冠梁上（变形观测点点位布置示意见图 7-2）。

JK1♯ 和 JK2♯ 监测点采用在挡墙冠梁上粘贴反射片的方式埋设；其余监测点埋设时用冲击钻在冠梁上钻孔，然后放入顶端刻有"十"字长 150mm、直径 12mm 的预制标识，四周用水泥浆填实，标识露出地面 50mm。

表 7-6　边坡挡墙变形监测点埋设位置与抗滑桩对照表

监测点号	抗滑桩号	监测点号	抗滑桩号	监测点号	抗滑桩号	监测点号	抗滑桩号
JK3♯	G15	JK13♯	F17	JK23♯	B7	JK33♯	E11
JK4♯	G12	JK14♯	F17-F16	JK24♯	C24	JK34♯	E9
JK5♯	G9	JK15♯	F13	JK25♯	C19	JK35♯	E6
JK6♯	G8	JK16♯	F10	JK26♯	C16	JK36♯	E3
JK7♯	G7	JK17♯	F6	JK27♯	C14	JK37♯	E1
JK8♯	I4	JK18♯	F2	JK28♯	C12	JK38♯	D10
JK9♯	I1-G1	JK19♯	E16	JK29♯	C9	JK39♯	D7
JK10♯	G1	JK20♯	C28	JK30♯	C8	JK40♯	D5
JK11♯	F20	JK21♯	B12	JK31♯	C6	JK41♯	D1
JK12♯	F18	JK22♯	B8	JK32♯	E13	—	—

(a)　　　　　　　　　　　　(b)

图 7-2　监测边坡现场情况

（a）现场及周边环境；（b）挡墙变形监测

监测数据分析

本次观测完毕后，对观测数据进行了数据处理。在平差计算前，核对和复查了外业观测成果与起算数据的正确性，验算了各项限差，在确认全部符合规定要求后，进行计算；把计算所得数据与上一次及首次观测的数据进行比较整理成表格。

1. 水平位移分析

（1）根据边坡挡墙的平面线形，把每次的实测坐标分段进行坐标分解；根据边坡挡墙的变化特性，将各坐标分解成顺挡墙方向和垂直于方向；

（2）挡墙的分段情况和分解方法

JK1♯-JK2♯段：以 JK1♯监测点和 JK2♯监测点的连线为顺挡墙方向，并且 JK1♯监测点→JK2♯监测点为顺挡墙正值方向；垂直于上述两点连线为垂直于挡墙方向，并且指临空面为垂直于挡墙正值方向。

JK3♯-JK9♯段：以 JK3♯监测点和 JK9♯监测点的连线为顺挡墙方向，并且 JK3♯监测点→JK9♯监测点为顺挡墙正值方向；垂直于上述两点连线为垂直于挡墙方向，并且指临空面为垂直于挡墙正值方向。

JK10#-JK14#段：以 JK10#监测点和 JK14#监测点的连线为顺挡墙方向，并且 JK10#监测点→JK14#监测点为顺挡墙正值方向；垂直于上述两点连线为垂直于挡墙方向，并且指临空面为垂直于挡墙正值方向。

JK15#-JK17#段：以 JK15#监测点和 JK17#监测点的连线为顺挡墙方向，并且 JK15#监测点→JK17#监测点为顺挡墙正值方向；垂直于上述两点连线为垂直于挡墙方向，并且指临空面为垂直于挡墙正值方向。

JK18#-JK21#段：以 JK18#监测点和 JK21#监测点的连线为顺挡墙方向，并且 JK18#监测点→JK921#监测点为顺挡墙正值方向；垂直于上述两点连线为垂直于挡墙方向，并且指临空面为垂直于挡墙正值方向。

JK22#-JK24#段：以 JK22#监测点和 JK24#监测点的连线为顺挡墙方向，并且 JK22#监测点→JK24#监测点为顺挡墙正值方向；垂直于上述两点连线为垂直于挡墙方向，并且指临空面为垂直于挡墙正值方向。

JK25#-JK36#段：以 JK25#监测点和 JK36#监测点的连线为顺挡墙方向，并且 JK25#监测点→JK36#监测点为顺挡墙正值方向；垂直于上述两点连线为垂直于挡墙方向，并且指临空面为垂直于挡墙正值方向。

JK37#-JK41#段：以 JK37#监测点和 JK41#监测点的连线为顺挡墙方向，并且 JK37#监测点→JK41#监测点为顺挡墙正值方向；垂直于上述两点连线为垂直于挡墙方向，并且指临空面为垂直于挡墙正值方向。

2. 沉降分析

通过对沉降数据计算处理，测量结果满足精度要求；通过对沉降数据的分析，认为在 2013.9.12～2013.9.19 周期内，各段边坡挡墙沉降无异常变化；在 2013.9.20～2013.10.8 周期内，应急抢险段边坡挡墙中 JK7#至 JK16#共计 10 个监测点（挡墙长度 80m 左右），均向下发生变化，其中最大值为 JK10#监测点变化 2.65mm、最小值为 JK14#监测点变化 0.65mm；其余各段边坡挡墙沉降无异常变化。

监测结论

本次为应急抢险监测报告，主要提供 2013.9.12～2013.10.8 期间的水平位移和沉降监测数据及现场巡视踏勘情况。

根据监测数据及现场巡视踏勘情况综合分析表明：

1. 在 2013.9.12～2013.9.19 周期内，所监测的各段基坑边坡水平位移和沉降未发现异常情况；

2. 在 2013.9.20～2013.10.8 周期内，应急抢险段水平位移和沉降数据分别反映该段边坡挡墙顶部有向挡墙临空方向变化的趋势、挡墙顶部有中间下沉和两端抬起变化的现象；应急抢险段水平位移和沉降的曲线图上得出，挡墙顶部变化位移量曲线和速率有增大迹象；其余各段边坡挡墙未发现异常情况；但由于监测周期较短，无法判断边坡挡墙是否达到稳定状态（图 7-3）；

3. 建议应继续对本边坡挡墙进行变形监测，并加大变形监测频率、安排专人进行日常每天巡视检查等措施。

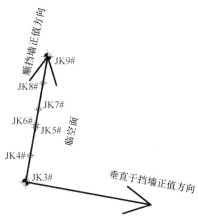

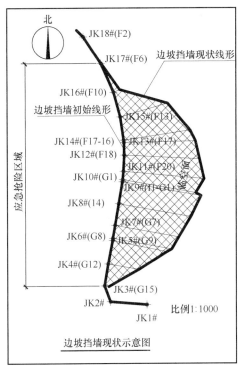

序号	监测点号	抗滑桩号	边坡挡墙临空方向变化累计变化值(mm)
1	JK3	G15	2.3
2	JK4	G12	16.5
3	JK5	G9	28.9
4	JK6	G8	31.3
5	JK7	G7	33.8
6	JK8	I4	38.2
7	JK9	I1—G1	41.6
8	JK10	G1	37.8
9	JK11	F20	42.2
10	JK12	F18	39.3
11	JK13	F17	37.3
12	JK14	F17—F16	35
13	JK15	F13	25.6
14	JK16	F10	3.8
15	JK17	F6	0.1
备注：临空方向累计变化值为正值时，表示临空面移动，反之相反。			

图 7-3　边坡挡墙应急抢险段水平位移现状示意图

8 危险房屋

《危险房屋鉴定标准》JGJ 125 - 2016

5.3.2 砌体结构构件检查应包括下列主要内容:

    1 查明不同类型构件的构造连接部位状况;

    2 查明纵横墙交接处的斜向或竖向裂缝状况;

    3 查明承重墙体的变形、裂缝和拆改状况;

    4 查明拱脚裂缝和位移状况,以及圈梁和构造柱的完损情况;

    5 确定裂缝宽度、长度、深度、走向、数量及分布,并应观测裂缝的发展趋势。

【技术要点说明】

    本条对砌体结构构件危险性鉴定现场应重点检查的内容作出了规定,包含了构件、节点连接、构造措施及损坏特征等,特别是砌体结构构件的裂缝应重点检查。

【实施与检查】

    实施该条时,首先应根据本标准及国家现行相关标准的要求区分各类型的承重构件、节点连接及构造措施,然后针对已出现的损坏现状进行重点检查和分析,避免遗漏,影响鉴定结论。

    对砌体结构构件,除了检查承重墙等主要承重构件的损坏外,还应加强对构造连接部位损坏的检查。对于构件本身,应重点检查变形情况及裂缝宽度、长度、深度、走向、数量及其分布等状况,并应观测裂缝的发展趋势;对构造连接部位,应重点检查搁置点的搭接长度、构造连接的可靠性、连接点的开裂和变形情况等。

5.4.2 混凝土结构构件检查应包括下列主要内容:

    1 查明墙、柱、梁、板及屋架的受力裂缝和钢筋锈蚀状况;

    2 查明柱根和柱顶的裂缝状况;

    3 查明屋架倾斜以及支撑系统的稳定性情况。

【技术要点说明】

    本条对混凝土结构构件危险性鉴定现场应重点检查的内容作出了规定,包含了构件、节点连接、构造措施及损坏特征等,重点应关注构件开裂及变形等内容,对屋架等还应关注整体稳定性。

【实施与检查】

    实施该条时,首先应根据本标准及国家现行相关标准的要求区分各类型的承重构件、节点连接及构造措施,然后针对已出现的损坏现状进行重点检查和分析,避免遗漏,影响鉴定结论。

    对混凝土结构构件,除应检查裂缝的状态外,还应重点分辨裂缝的性质,区别受力裂缝和非受力裂缝、有害裂缝和无害裂缝,对受力裂缝和有害裂缝应在鉴定时进行重点分析和准确判断。对于混凝土构件中，屋架及支撑系统工作状态的鉴定，在以构件为单元进行鉴定的同时，还应考虑各构件间的联系性和结构整体的系统稳定性，将构件鉴定与体系鉴定相结合。

5.5.2 木结构构件检查应包括下列主要内容：

1 查明腐朽、虫蛀、木材缺陷、节点连接、构造缺陷、下挠变形及偏心失稳情况；

2 查明木屋架端节点受剪面裂缝状况；

3 查明屋架的平面外变形及屋盖支撑系统稳定性情况。

【技术要点说明】

本条对木结构构件危险性鉴定现场应重点检查的内容作出了规定，包含了构件、节点连接、构造措施及损坏特征等，重点关注木构件的缺陷及变形情况，对屋架系统应重点关注整体稳定性。

【实施与检查】

对木结构构件，除应检查腐朽、虫蛀、木材缺陷等常见的损坏外，还应重点加强对节点连接、构造缺陷、下挠变形、偏心失稳等缺陷的检查。对于木屋架及屋盖支撑系统，除了各木构件单元的危险性鉴定外，还应从系统的角度出发重点分析屋架及支撑系统的整体稳定性。

5.6.2 钢结构构件检查应包括下列主要内容：

1 查明各连接节点的焊缝、螺栓、铆钉状况；

2 查明钢柱与梁的连接形式以及支撑杆件、柱脚与基础连接部位的损坏情况；

3 查明钢屋架杆件弯曲、截面扭曲、节点板弯折状况和钢屋架挠度、侧向倾斜等偏差状况。

【技术要点说明】

本条对钢结构构件危险性鉴定现场应重点检查的内容作出了规定，包含了构件、节点连接、构造措施及损坏特征等，重点关注钢结构构件连接部位的损坏情况、构件及整体的稳定性。

【实施与检查】

对于钢结构构件，应从构造连接、构件变形等方面着手，重点检查焊缝、螺栓、铆钉等连接部位的损坏现状和各构件在平面内、平面外的变形情况。同时，还应检查钢结构构件的稳定性以及由构件组成的系统的整体的稳定性。

6.2.2 在地基、基础、上部结构构件危险性呈关联状态时，应联系结构的关联性判定其影响范围。

【技术要点说明】

该条对危险房屋鉴定时构件的关联性进行了规定，突出了构件不仅仅是作为单个构件独立存在，而是属于结构体系的一部分，当单个危险构件承载力失效或无法正常工作时，有可能对相邻的其他非危险构件造成影响，从而使得局部或整体的结构体系受到威胁，因此需将单个危险构件与整个结构体系联系起来进行综合判断。该条内容是危险房屋鉴定的主要原则之一。

【实施与检查】

对属于结构体系组成部分的单个构件,当其判定为危险构件时,不能仅仅考虑其自身为危险构件,而不考虑其关联构件,这样往往容易造成漏判;同样,也不能因为其自身为危险构件,而将其关联构件均判为危险构件,这样将导致误判。因此,在鉴定时,应根据危险构件的危险性及其关联度,具体情况具体分析,合理确定关联危险构件及范围。

6.2.3 房屋危险性等级鉴定应符合下列规定:

1 在第一阶段地基危险性鉴定中,当地基评定为危险状态时,应将房屋评定为D级;

2 当地基评定为非危险状态时,应在第二阶段鉴定中,综合评定房屋基础及上部结构(含地下室)的状况后作出判断。

【技术要点说明】

该条对危险房屋鉴定时的程序进行了规定,按两阶段进行鉴定是综合评定方法实施的基础。

对地基进行危险性鉴定时,主要通过房屋的沉降监测和倾斜测量数据来判断地基的变化趋势,同时应结合房屋上部结构因沉降和倾斜变形引起的异常反应来进行间接判断。若条件允许,可根据相关的地质勘查报告资料进行地基承载力验算,从而对地基的状态分析获取更准确的评判依据。

对基础和上部结构(含地下室)进行危险性鉴定时,首先应对基础层、上部结构(含地下室)各楼层的危险构件综合比例分别进行计算,并分别评定各楼层的危险性等级,然后再计算整体结构的危险构件综合比例,最后根据上述条件综合分析确定整幢房屋的危险性等级。

【实施与检查】

实施该条时,首先将房屋分成地基和基础及上部结构(含地下室)两个组成部分,然后对地基的危险状态进行鉴定,当地基为危险状态时,可直接评定房屋为D级(整幢危房),当地基为非危险状态时,再进行基础及上部结构(含地下室)的危险性鉴定,并根据其鉴定结果判定房屋的危险性等级。

第 三 篇

抗 震 鉴 定

9　概　述

《建筑抗震鉴定标准》GB 50023－2009 中的强制性条文是保证房屋建筑结构抗震鉴定质量必须遵守的最主要规定。主要特点是从建筑物抗震鉴定的需要出发，强调鉴定的程序、检查的项目和综合抗震能力评定结论的提出，使强制性条文更具有指导性。

在执行抗震鉴定强制性条文的过程中，应系统掌握《建筑抗震鉴定标准》GB 50023，全面理解强制性条文的准确内涵。为此，需要注意以下几点：

（1）现有建筑抗震鉴定的对象是设防烈度、设防类别偏低的建筑，不考虑地震作用时，其安全性一般是符合可靠性鉴定要求的，允许可靠指标降低 0.25，当降低 0.5 时则需要进行构件加固。

（2）抗震鉴定强调从综合抗震能力的评定来决定是否需要进行抗震加固，抗震鉴定的设防目标依据后续使用年限的不同而有所区别，当后续使用年限为 50 年时，应具有与新建建筑工程抗震设计规范相当的设防目标；当后续使用年限少于 50 年时则略低。因此，不应将抗震鉴定与新建建筑的抗震设计混淆。

9.1　总　体　情　况

抗震鉴定篇分为概述，设防分类依据，一般规定，房屋抗震鉴定，古建筑木结构等 5 章，共涉及 2 项标准，24 条强制性条文，详见表 9.1-1：

表 9.1-1　抗震鉴定篇涉及标准及强制性条文汇总表

序号	标准名称	标准编号	强制性条文数量
1	《建筑抗震鉴定标准》	GB 50023－2009	21
2	《古建筑木结构维护与加固技术规范》	GB 50165－92	3

9.2　主　要　内　容

本篇强制性条文按设防分类依据，一般规定，房屋抗震鉴定，古建筑木结构等四个方面进行分类，其主要内容包括：

1. 设防分类依据

《建筑抗震鉴定标准》GB 50023－2009 第 1.0.3 条：抗震鉴定的设防标准。

2. 一般规定

《建筑抗震鉴定标准》GB 50023－2009 第 3.0.1 条：抗震鉴定的程序和鉴定报告的基本内容；第 3.0.4 条：第一级鉴定的基本要求；第 4.1.2、4.1.3、4.1.4、4.2.4 条：场地地基抗震鉴定要点。

3. 房屋抗震鉴定

《建筑抗震鉴定标准》GB 50023-2009 第 5.1.2、5.1.4、5.1.5 条：砌体房屋的检查要点、逐级鉴定项目；第 5.2.12 条：砌体房屋的综合抗震能力评定；第 6.1.2、6.1.4、6.1.5、6.3.1 条：钢筋混凝土房屋的检查要点、逐级鉴定的项目；第 6.2.10 条：钢筋混凝土房屋的综合抗震能力评定；第 7.1.2、7.1.4、7.1.5 条：内框架房屋和底层框架房屋的检查要点、逐级鉴定项目和综合抗震能力评定；第 9.1.2、9.1.5 条：空旷房屋的检查要点、逐级鉴定项目和综合抗震能力评定。

4. 古建筑木结构

《古建筑木结构维护与加固技术规范》GB 50165-92 第 4.1.2 条：古建筑木结构抗震设防及鉴定基本规定；第 4.2.2 条：古建筑木结构抗震构造鉴定规定；第 4.2.3 条：古建筑木结构抗震能力验算规定。

10 设防分类依据

《建筑抗震鉴定标准》GB 50023－2009

1.0.3 现有建筑应按现行国家标准《建筑工程抗震设防分类标准》GB 50223 分为四类，其抗震措施核查和抗震验算的综合鉴定应符合下列要求：

1 丙类，应按本地区设防烈度的要求核查其抗震措施并进行抗震验算。

2 乙类，6～8 度应按比本地区设防烈度提高一度的要求核查其抗震措施，9 度时应适当提高要求；抗震验算应按不低于本地区设防烈度的要求采用。

3 甲类，应经专门研究按不低于乙类的要求核查其抗震措施，抗震验算应按高于本地区设防烈度的要求采用。

4 丁类，7～9 度时，应允许按比本地区设防烈度降低一度的要求核查其抗震措施，抗震验算应允许比本地区设防烈度适当降低要求；6 度时应允许不作抗震鉴定。

注：本标准中，甲类、乙类、丙类、丁类，分别为现行国家标准《建筑工程抗震设防分类标准》GB 50223 特殊设防类、重点设防类、标准设防类、适度设防类的简称。

【技术要点说明】

在我国，现有建筑的抗震鉴定所依据的抗震设防烈度和建筑抗震设防类别的划分，均与新建建筑相同，引用而不重复条文，请参见《建筑工程抗震设防分类标准》GB 50223－2008 的规定。但抗震鉴定在设防标准方面，考虑到需要抗震鉴定的现有房屋建筑数量较多，加固的范围和加固技术的难度较大，从减轻地震灾害的总目标出发，按国家制定的抗震防灾政策，抗震鉴定的要求与新建建筑抗震设计的角度有所不同，一般情况，乙类提高一度检查已经有的抗震措施。与设计规范的规定相同，有三种情况属于例外：①地基抗液化措施，对乙类不采用提高一度的方法而直接给出规定；②对于规模很小的变电站、泵房等工业建筑，采用抗震性能较好的结构材料时，仍可按丙类的要求检查结构体系和抗震措施；③场地类别的影响，在鉴定标准3.0.6条有专门规定。

【实施与检查】

抗震鉴定意见书中，应明确房屋抗震鉴定的设防烈度、抗震设防类别。由于"现有建筑"抗震安全性的评估不同于新建建筑的抗震设计，在本条的实施中，应注意以下问题：

1. 必须明确需要进行抗震鉴定的"现有建筑"，在不遭受地震影响时，一般仍在正常使用，主要包括三类，第一类是使用年限在设计基准期内且设防烈度不变，但原规定的抗震设防类别提高的建筑；第二类是虽然抗震设防类别不变，但现行的区划图设防烈度提高后又使之可能不符合相应设防要求的建筑；第三类是设防类别和设防烈度同时提高的建筑。

2. 对新建建筑，抗震安全性评估属于判断房屋的设计和施工是否符合抗震设计及施工规范要求的质量要求，尤其是应符合现行国家标准《建筑抗震设计规范》GB 50011 的要求；对现有建筑，抗震安全性评估是从抗震承载力和抗震构造两方面的综合来判断结构实际具有的抗御地震灾害的能力。

3. 现有建筑增层时的抗震鉴定，情况复杂，本标准未作规定。对现有建筑进行装修和提高使用功能的改造时，若不增加房屋层数，应按鉴定标准的要求进行抗震鉴定，并确定结构改造的可能性；若进行加层改造，一般说来，加层的要求应高于现有建筑鉴定而接近或达到新建工程的要求，此时可以采用综合抗震能力鉴定的原则，但不能直接套用抗震鉴定标准的具体要求。

4. 不得按本标准的规定进行新建工程的抗震设计，或作为新建工程未执行设计规范的借口。

11 一般规定

《建筑抗震鉴定标准》GB 50023-2009

3.0.1 现有建筑的抗震鉴定应包括下列内容及要求：

1 搜集建筑的勘察报告、施工和竣工验收的相关原始资料；当资料不全时，应根据鉴定的需要进行补充实测。

2 调查建筑现状与原始资料相符合的程度、施工质量和维护状况，发现相关的非抗震缺陷。

3 根据各类建筑结构的特点、结构布置、构造和抗震承载力等因素，采用相应的逐级鉴定方法，进行综合抗震能力分析。

4 对现有建筑整体抗震性能做出评价，对符合抗震鉴定要求的建筑应说明其后续使用年限，对不符合抗震鉴定要求的建筑提出相应的抗震减灾对策和处理意见。

【技术要点说明】

抗震鉴定系对现有建筑物是否存在不利于抗震的构造缺陷和各种损伤进行系统的"诊断"，因而必须对其需要包括的基本内容、步骤、要求和鉴定结论作出统一的规定，并要求强制执行，才能达到规范抗震鉴定工作，提高鉴定工作质量，确保鉴定结论的可靠性。

关于建筑现状的调查，主要有三方面的内容：①建筑的使用状况与原设计或竣工时有无不同；②建筑存在的缺陷是否仍属于"现状良好"的范围，需从结构受力的角度，检查结构的使用与原设计有无明显的变化；③检测结构材料的实际强度等级。

"现状良好"是对现有建筑现状调查的重要概念，涉及施工质量和维修情况。它是介于完好无损和有局部损伤需要补强、修复二者之间的一种概念。抗震鉴定时要求建筑的现状良好，即建筑外观不存在危及安全的缺陷，现存的质量缺陷属于正常维修范围之内。

早期的抗震鉴定及加固，偏重于对单个构件、部件的鉴定，而缺乏对总体抗震性能的判断，只要某部位不符合抗震要求，就认为该部位需要加固处理，因而不仅增加了房屋的加固量，甚至在加固后还形成了新薄弱环节，致使结构的抗震安全性仍无保证。例如，天津市某三层框架厂房，在1976年7月唐山地震后加固时缺乏整体观点，局部加固后使底层形成新的明显薄弱层，以致在同年11月的宁河地震中倒塌。因此，要强调对整个结构总体上所具有抗震能力的判断。综合抗震能力的定义，见本标准第2.1.5条；逐级鉴定方法，见本标准第3.0.3条。

在抗震鉴定中，将构件分成具有整体影响和仅有局部影响两大类，予以区别对待。前者以组成主体结构的主要承重构件及其连接为主，不符合抗震要求时有可能引起连锁反应，对结构综合抗震能力的影响较大，采用"体系影响系数"来表示；后者指次要构件、非承重构件，附属构件和非必需的承重构件（如悬挑阳台、过街楼、出屋面小楼等），不符合抗震要求时只影响结构的局部，有时只需结合维修加固处理，采用"局部影响系数"

来表示。

对建筑结构抗震鉴定的结果，按本标准第 3.0.7 条统一规定为五个等级：合格、维修、加固、改变用途和更新。要求根据建筑的实际情况，结合使用要求、城市规划和加固难易等因素的分析，通过技术经济比较，提出综合的抗震减灾对策。

●合格：指符合抗震要求，即现有建筑所具有的整体抗震能力可达到标准规定的设防目标，不需进行加固，应明确给出其合理的后续使用年限。

●维修：指结合维修处理。适用于仅有少数次要部位局部不符合抗震要求的情况。例如，房屋上仅有无锚固的女儿墙超高，可在屋面防水层、保温层翻修时一并处理，但需采取临时性防灾措施。

●加固：指有加固价值的建筑。大致包括：①无地震作用时能正常使用；②建筑虽已存在质量问题，但能通过加固使其达到抗震要求；③建筑因使用年久或其他原因（如腐蚀等），抗侧力体系的承载力降低，但楼盖或支撑系统尚可利用；④建筑各局部缺陷虽多，但易于加固或能够加固。

●改变用途：指改变使用功能。包括：将生产车间、公共建筑改为不引起次生灾害的仓库，将使用荷载大的多层房屋改为使用荷载小的次要房屋等。

改变使用功能后的建筑，仍应采取适当的加固措施，以达到该类建筑的抗震要求。

●更新：指无加固价值而仍有使用需要的建筑，或计划近期拆迁的不符合抗震要求的建筑，需采取应急措施。例如：在单层房屋内设防护支架；将烟囱、水塔周围划为危险区；拆除建筑上的装饰物、危险物及卸载等。

【实施与检查】

抗震鉴定是一项技术要求较高的工作，应注意以下几点：

1. 要尽可能收集鉴定所需的现有资料；当资料不全时，应做必要的实测——达到满足鉴定的需要。

2. 抗震鉴定必须对工程的设计、施工及现状进行全面的调查。结构构件实际达到的材料强度指标必须由现场实测得到，不得直接采用原设计指标。

3. 鉴定后必须形成完整的抗震鉴定技术文件，作为加固决策依据。对不符合抗震要求的工程，必须对存在的缺陷作出原因分析，提出相应的处理意见，包括加固方案和应急减灾措施等。该加固方案应确实可行，成为加固设计的依据。

4. 现有房屋建筑是否符合抗震鉴定的要求，必须以综合抗震能力作为衡量指标。即从抗震构造和抗震承载力两个方面进行综合。当结构现有抗震承载力较高时，除了保证结构整体性所需的构造外，延性方面的构造鉴定要求可稍低些；反之，当结构现有的抗震承载力较低，则可用较高的延性构造要求予以弥补。

3.0.4　现有建筑宏观控制和构造鉴定的基本内容及要求，应符合下列规定：

1　当建筑的平立面、质量、刚度分布和墙体等抗侧力构件的布置在平面内明显不对称时，应进行地震扭转效应不利影响的分析；当结构竖向构件上下不连续或刚度沿高度分布突变时，应找出薄弱部位并按相应的要求鉴定。

2　检查结构体系，应找出其破坏会导致整个体系丧失抗震能力或丧失对重力的承载能力的部件或构件；当房屋有错层或不同类型结构体系相连时，应提高其相应部位的抗震鉴定要求。

3 应检查结构构件材料实际达到的强度等级；当低于规定的最低要求时，应提出采取相应的抗震减灾对策。

【技术要点说明】

房屋的抗震鉴定，一般分为两级。第一级以宏观控制和构造鉴定为主进行整体抗震能力的综合评定，第二级以抗震验算为主结合构造影响进行整体抗震能力的综合评定。当第一级鉴定通过时，则不需要进行第二级鉴定。因此，第一级鉴定十分重要。

抗震鉴定时宏观控制的概念性要求，主要概括为房屋高度、构件材料强度、建筑平面立面布置、抗侧力构件（如墙体等）布置、结构体系、构件变形能力、连接的可靠性、非结构的影响和场地、地基等方面。其中最关键的是对规则性和结构体系的鉴定要求，故选为强制性条文。

规则与复杂的划分，包含沿高度方面和沿平面方面诸多因素的综合要求，与新建建筑抗震设计的划分方法相同，可参见《建筑抗震设计规范》GB 50011 第3章的说明。

抗震鉴定对结构体系合理性的要求，除了结构布置的规则性判别外，还有下列内容：

1. 竖向构件上下不连续，如抽柱、抽梁或抗震墙不落地等，使地震作用的传递途径发生变化，则需提高有关部位的鉴定要求。

2. 要注意部分结构或构件破坏导致整个体系丧失抗震能力或丧失承担重力荷载的可能性。

3. 当同一房屋单元不同的结构类型相连，如部分为框架，部分为砌体，而框架梁直接支承在砌体结构上。由于各部分动力特性不一致，相连部分受力复杂，要考虑相互间的不利影响。

4. 房屋端部有楼梯间、过街楼或砌体房屋有通长悬挑阳台，要考虑局部地震作用效应增大的不利影响。

【实施与检查】

关于规则性。现有建筑的"规则性"是客观存在的，遇到不规则、复杂的建筑，抗震鉴定需要采用专门的手段来判断抗震安全性，并注意提高相关部位的鉴定要求。明显不对称时，应进行地震扭转效应的不利分析；竖向分布有突变时，应找出薄弱部位。

关于结构体系的合理性。抗震鉴定时，检查现有建筑的结构体系是否合理，可对其抗震性能的优劣有初步的判断。

4.1.2 对建造于危险地段的现有建筑，应结合规划更新（迁离）；暂时不能更新的，应进行专门研究，并采取应急的安全措施。

4.1.3 7～9度时，建筑场地为条状突出山嘴、高耸孤立山丘、非岩石和强风化岩石陡坡、河岸和边坡的边缘等不利地段，应对其地震稳定性、地基滑移及对建筑的可能危害进行评估；非岩石和强风化岩石斜坡的坡度及建筑场地与坡脚的高差均较大时，应估算局部地形导致其地震影响增大的后果。

4.1.4 建筑场地有液化侧向扩展且距常时水线 100m 范围内，应判明液化后土体流滑与开裂的危险。

4.2.4 存在软弱土、饱和砂土和饱和粉土的地基基础，应根据烈度、场地类别、建筑现状和基础类型，进行液化、震陷及抗震承载力的两级鉴定。符合第一级鉴定的规定时，应评为地基符合抗震鉴定要求，不再进行第二级鉴定。

静载下已出现严重缺陷的地基基础，应同时审核其静载下的承载力。

【技术要点说明】

4.1.2～4.1.4，4.2.4 条，地震造成建筑的破坏，除地震动直接引起的结构破坏外，还有场地地基的原因，诸如：地基不均匀沉陷，砂性土（饱和砂土和饱和粉土）液化，滑坡，地表错动和地裂，局部地形地貌的放大作用等。地基和场地是相互联系又有明显差别的两个概念。"地基"是指直接承受基础和上部结构重力的地表下一定深度范围内的土壤或岩石，只是场地的一个组成部分。

房屋建筑的地震震害表明，液化、软土震陷、不均匀地基的差异沉降等，一般不会导致建筑的坍塌或丧失使用价值，而且地基基础的鉴定和处理的难度较大。因此，现有房屋抗震鉴定时，除了危险地段外，要求对场地和地基基础进行鉴定的范围较小，纳入强制性条文的内容更少。

当设防烈度为 8 度和 9 度，且建筑场地为条状突出山嘴、高耸孤立山丘、非岩石和强风化岩石陡坡、河岸和边坡的边缘等不利地段时，地震下可能因岩土失稳造成灾害，如滑坡、崩塌、地裂、地陷等，其波及面广，对建筑物危害的严重性也往往较重，需要重视。

当存在饱和砂性土时，若一旦查明属于倾斜液化土层（1°～5°），在地震时可能产生大面积的土体滑动（侧向扩展）；在现代河道、古河道或海滨地区，通常宽度达 50m～100m 或更大，其长度达数百米，甚至 2km～3km，易造成一系列地裂缝或地面的永久性水平、垂直位移，其上的建筑与生命线工程或拉断或倒塌，破坏很大。

对液化判别，可借助于设计规范的两级判别法，即初判和再判，予以简化。一旦属于液化土，应确定地基的液化等级，根据液化等级和建筑抗震设防分类，选择合适的处理措施，包括地基处理和对上部结构采取加强整体性的相应措施等。

【实施与检查】

1. 不利地段上场地震害的评估，只在 7～9 度抗震设防时才需要进行。

2. 倾斜液化面的危害评估，强调了有临空面的情况。

12　房屋抗震鉴定

12.1　砌　体　房　屋

《建筑抗震鉴定标准》GB 50023－2009

5.1.2　现有多层砌体房屋抗震鉴定时，房屋的高度和层数、抗震墙的厚度和间距、墙体实际达到的砂浆强度等级和砌筑质量、墙体交接处的连接以及女儿墙、楼梯间和出屋面烟囱等易引起倒塌伤人的部位应重点检查；7～9度时，尚应检查墙体布置的规则性，检查楼、屋盖处的圈梁，楼、屋盖与墙体的连接构造等。

5.1.4　现有砌体房屋的抗震鉴定，应按房屋高度和层数、结构体系的合理性、墙体材料的实际强度、房屋整体性连接构造的可靠性、局部易损易倒部位自身及其与主体结构连接构造的可靠性以及墙体抗震承载力的综合分析，对整幢房屋的抗震能力进行鉴定。

　　当砌体房屋层数超过规定时，应评为不满足抗震鉴定要求；当仅有出入口和人流通道处的女儿墙、出屋面烟囱等不符合规定时，应评为局部不满足抗震鉴定要求。

5.1.5　A类砌体房屋应进行综合抗震能力的两级鉴定。在第一级鉴定中，墙体抗震承载力应依据纵、横墙间距进行简化验算，当符合第一级鉴定的各项规定时，应评为满足抗震鉴定要求；不符合第一级鉴定要求时，除有明确规定的情况外，应在第二级鉴定中采用综合抗震能力指数的方法，计入构造影响做出判断。

　　B类砌体房屋，在整体性连接构造的检查中尚应包括构造柱的设置情况；墙体抗震承载力应采用现行国家标准《建筑抗震设计规范》GB 50011的底部剪力法等方法进行验算，或按照A类砌体房屋计入构造影响进行综合抗震能力的评定。

【技术要点说明】

　　5.1.2、5.1.4、5.1.5条，砌体房屋的抗震性能比钢筋混凝土房屋差，在强烈地震中破坏严重，但也从中积累了极丰富的震害资料，为抗震鉴定与加固提供了充分的依据。

　　多层砌体房屋在6度时就有震害，需要重点检查的项目是：高度、层数、抗震墙厚度、横墙最大间距、墙体砌筑质量、墙体连接处以及女儿墙等出屋面小建筑的连接；7度时，除按6度检查外，还需要检查墙体与楼盖的连接、圈梁和构造柱设置等；8度和9度时，还需要增加规则性和楼盖类型的检查等。

　　多层砌体房屋的抗震能力主要取决于墙体的抗震承载力，即取决于两个主轴方向上分别计算的墙体（包括承重墙和自承重墙）截面面积和墙体的平均正压力。由于砌体墙本身是脆性的，多层砌体房屋的变形能力，主要取决于结构体系的合理性和房屋的整体性连接，包括墙体与墙体的连接、楼盖与墙体的连接等，承重墙体的局部尺寸也有一定的影响。

根据6～11度区总数7000多幢的多层砖房震害的统计分析,当最弱墙段的抗震强度安全系数不小于开裂临界值时,房屋基本完好;当最弱墙段的抗震强度安全系数小于开裂临界值,但最弱楼层各墙段的平均抗震强度安全系数不小于开裂临界值时,房屋为轻微损坏;当最弱楼层各墙段的平均抗震强度安全系数小于开裂临界值,但大于开裂临界值的60%时,房屋为中等破坏;当多数楼层各墙段的平均抗震强度安全系数小于开裂临界值,但均大于倒塌临界值时,房屋为严重破坏;最弱墙段的抗震强度安全系数小于倒塌临界值时,则局部倒塌;最弱楼层承重墙的平均抗震强度安全系数小于倒塌临界值时,房屋全毁。

因此,考虑到现有多层砖砌体房屋在一个地区、一个时期内具有建筑风格、平面布置、材料性能大致相同的特点,可以根据震害经验,引入"砖房综合抗震能力"的概念,将承重墙体、次要墙体、附属构件、楼盖和屋盖整体性及各种连接的鉴定要求归纳起来,形成分级鉴定的实用方法。从结构体系、整体性连接、局部构造和抗震承载力等方面,运用"筛选"的方法,进行分级鉴定。

这个筛选的中心思想是:先选出抗震构造较好同时墙体抗震承载力高的房屋,视为综合抗震能力高的房屋;再选出抗震构造较好而墙体抗震承载力较高的房屋,视为综合抗震能力稍次的房屋;然后选出抗震构造略有缺陷但墙体抗震承载力尚高的房屋,视为综合抗震能力次的房屋;最后选出仅局部构造有缺陷但该部位墙体的抗震承载力很高的房屋,视为综合抗震能力仍满足鉴定要求的房屋。

多层砌体房屋第一级鉴定的重点是筛选出抗震构造较好同时墙体抗震承载力高的房屋。对于不同的后续使用年限、抗震设防烈度,构造较好和承载力高的衡量尺度是不同的,但鉴定的内容均包括房屋高度和层数、结构体系、构件材料强度、结构连接的整体性、易损部位的构造以及纵横向墙体数量等四个部分。2009年版的相关条文是:

1. 房屋高度和层数的检查。对A类,列于5.2.1条;对于B类,列于5.3.1条。

2. 结构体系评定。对于A类,按5.2.2条检查刚性体系、高宽比和规则性;对于B类,按5.3.3条检查横墙间距、高宽比和规则性。

对符合刚性体系的A类多层砌体房屋,可先检查整体性连接和易引起局部倒塌部位,当二者均符合要求时,则直接按房屋的宽度、横墙间距和砌筑砂浆强度等级,查承载力验算表判断是否满足抗震要求,不再进行墙体面积率的计算。整体性连接、易局部倒塌部位或查表不满足时,一般需经过第二级鉴定才能判断是否满足抗震要求。对非刚性体系的多层砌体房屋,只检查整体性连接和易局部倒塌部位,并需进行第二级鉴定。

刚性体系是抗震鉴定中可采用简化方法进行抗震承载力验算的前提。它不同于静力设计的刚性方案;其最大横墙间距的规定也比抗震设计规范的要求严格。现有的A类多层砌体房屋,其抗震横墙的间距、楼盖和屋盖平面内的刚度以及房屋的高宽比,多数可满足刚性体系的要求。鉴定时重点是墙体对称布置和错层判断。

3. 材料实际强度测定要求。对A类,列于5.2.3条;对于B类,列于5.3.4条。

砌体的承载力取决于砌筑质量和材料实际达到的强度,而不是原设计的材料强度。砌体材料强度的测定方法,可分为原位法和取样法两大类。应分别按有关的检测标准进行检测。抗震鉴定时,通常采用原位测量法。材料实际强度抽查的构件数量,可按《民用建筑可靠性鉴定标准》GB 50292-1999 第 4.1.6 条的要求执行。检测时，还可采用观察、手捏的方法初步判别砂浆强度：M0，手捏无强度；M0.4，手捏强度低；M1，能捏碎；M2.5，不易捏碎。并且，尚需根据砌筑质量，如砂浆不饱满、干砖上墙或砂浆冻结等，将检测值适当调整。

4. 整体性连接检查。对于 A 类，按第 5.2.4 条检查墙与墙体、墙与楼屋盖、圈梁布置，乙类设防尚需检查构造柱布置；对于 B 类，按第 5.3.5～5.3.9 条检查墙与墙体、墙与楼屋盖、圈梁和构造柱布置。

根据震害经验的总结，多层砌体房屋的整体性主要取决于纵横墙交接处的连接、楼屋盖及其与墙体的连接、圈梁布置和构造等，乙类设防或 B 类砖房还需要检查构造柱布置。一般情况，当不符合要求时应在第二级鉴定中用整体影响系数综合处理。

5. 易损部位的检查。对于 A 类，列于第 5.2.6～5.2.8 条；对于 B 类，列于第 5.3.10～5.3.11 条。

多层砌体房屋遭遇地震时，局部尺寸较小的墙段和墙垛、出屋面的女儿墙和楼电梯间、悬挑的走廊、阳台和雨篷、房屋端部的楼梯间等部位容易损坏，虽不致引起整个房屋的倒塌，但可能造成人员伤亡或局部破坏。这些局部构造不符合抗震鉴定要求时，一般在第二级鉴定时采用局部影响系数综合处理。

6. 简化的抗震承载力验算。对于 A 类，按 5.2.9 条查表检查横墙间距和房屋进深；对于 B 类，也可查 5.3.13 条的条文说明的表检查横墙间距和房屋进深。

【实施与检查】

1. 应注意丙类设防与乙类设防在房屋高度、结构体系、整体性连接上的不同要求。

2. 应处理好第一级鉴定与第二级鉴定的关系。第一级鉴定通过的现有房屋，可不再进行第二级鉴定。

3. 材料实际强度的数值，不得采用原设计强度。

4. 钢筋混凝土构造柱与圈梁形成对砖墙的分割和包围，既增加砖墙的延性又增加房屋的整体性。但考虑到现有的 A 类多层砌体房屋大多无钢筋混凝土构造柱，故按丙类设防抗震鉴定时对构造柱不做要求，按乙类设防时要求也低于 B 类多层砌体房屋。

5. 当第一级各项鉴定要求中，仅局部构造不符合要求时，可不经第二级鉴定而直接要求结合日常维修予以处理。

5.2.12 A 类砌体房屋的楼层平均抗震能力指数、楼层综合抗震能力指数和墙段综合抗震能力指数应按房屋的纵横两个方向分别计算。当最弱楼层平均抗震能力指数、最弱楼层综合抗震能力指数或最弱墙段综合抗震能力指数大于等于 1.0 时，应评定为满足抗震鉴定要求；当小于 1.0 时，应要求对房屋采取加固或其他相应措施。

【技术要点说明】

A 类多层砖砌体房屋的第二级鉴定分四种方法：平均抗震能力指数法、综合抗震能力指数法、墙段抗震能力指数法和设计规范方法，分别适用于不同的情况。

多层砖房的抗震计算，设计规范要求采用底部剪力法计算地震作用及其效应，并验算不利墙段的受剪承载力。抗震鉴定时，抗震承载力验算一般采用两个主轴方向的墙体面积率指数计算，并按具体情况分别为最弱楼层的面积率指数和最弱墙段的面积率指数进行验算。综合抗震能力的分析，系利用墙体面积率与体系影响系数、局部影响系数的乘积——综合抗震能力指数来衡量。

方法一：平均抗震能力指数法

平均抗震能力指数法适用于刚性体系且整体性连接及易局部倒塌部位满足第一级鉴定要求而房屋宽度或横墙间距略大的砌体房屋。它又称为二（甲）级鉴定。高宽比、横墙间距符合刚性体系要求，即实测的结构基本振型符合剪切变形为主的特征，若其墙体连接、楼盖支承长度、圈梁设置等整体性连接良好，房屋局部尺寸、楼梯间、出屋面小屋、女儿墙、隔墙等易引起局部倒塌部位的构造均符合基本要求时，根据大量的计算分析，可直接按本标准表5.2.9所列纵横两方向横墙间距 L、房屋宽度 B 和砌筑砂浆实际强度等级来判断。当 L 和 B 符合要求时则通过第一级鉴定；当横墙间距或房屋宽度不符合时，可采用平均抗震能力指数进行第二级鉴定，只要平均抗震能力指数 β_i 大于1.0，则第二级鉴定通过。

方法二：楼层综合抗震能力指数和墙段综合抗震能力指数

楼层综合抗震能力指数法适用于非刚性体系以及刚性体系中整体性连接及易局部倒塌部位不满足第一级鉴定要求的砌体房屋。它又称为二（乙）级鉴定。

墙段抗震能力指数法适用于综合抗震能力指数不满足要求，但仅横墙间距过大或易局部倒塌部位不满足第一级鉴定要求的砌体房屋。它又称为二（丙）级鉴定。

综合抗震能力指数由体系影响系数、局部影响系数和墙体平均抗震能力指数的乘积得到，其中的体系影响系数和局部影响系数，主要见第5.2.14条。例如，高宽比、抗震横墙间距和平立面不规则超过第一级鉴定的结构体系要求时，体系影响系数 ψ_1 取 0.75～0.90；楼盖构件支承长度和圈梁设置等不符合第一级鉴定的整体性连接要求时，体系影响系数 ψ_1 取 0.70～0.90；墙体的局部尺寸和楼梯间等易引起局部倒塌部位的构造不符合第一级的要求时，局部影响系数 ψ_2 取 0.70～0.95。

【实施与检查】

1. 对墙体面积率较高的多层砖房，虽然有些构造不符合第一级鉴定的要求，但只要楼层综合抗震能力指数 β_{ci} 符合要求，或最弱墙体的综合抗震能力指数 β_{cij} 符合要求，则该砌体房屋仍可不加固。

2. 墙体面积率验算是墙体抗震承载力验算的简化方法，有一定适用范围，超出该范围时应采用设计规范的方法验算。

12.2 钢筋混凝土房屋

《建筑抗震鉴定标准》GB 50023 - 2009

6.1.2 现有钢筋混凝土房屋的抗震鉴定，应依据其设防烈度重点检查下列薄弱部位：

1 6度时，应检查局部易掉落伤人的构件、部件以及楼梯间非结构构件的连接构造。

2 7度时，除应按第1款检查外，尚应检查梁柱节点的连接方式、框架跨数及不同结构体系之间的连接构造。

3　8、9度时，除应按第1、2款检查外，尚应检查梁、柱的配筋，材料强度，各构件间的连接，结构体型的规则性，短柱分布，使用荷载的大小和分布等。

6.1.4　现有钢筋混凝土房屋的抗震鉴定，应按结构体系的合理性、结构构件材料的实际强度、结构构件的纵向钢筋和横向箍筋的配置和构件连接的可靠性、填充墙等与主体结构的拉结构造以及构件抗震承载力的综合分析，对整幢房屋的抗震能力进行鉴定。

当梁柱节点构造和框架跨数不符合规定时，应评为不满足抗震鉴定要求；当仅有出入口、人流通道处的填充墙不符合规定时，应评为局部不满足抗震鉴定要求。

6.1.5　A类钢筋混凝土房屋应进行综合抗震能力两级鉴定。当符合第一级鉴定的各项规定时，除9度外应允许不进行抗震验算而评为满足抗震鉴定要求；不符合第一级鉴定要求和9度时，除有明确规定的情况外，应在第二级鉴定中采用屈服强度系数和综合抗震能力指数的方法做出判断。

B类钢筋混凝土房屋应根据所属的抗震等级进行结构布置和构造检查，并应通过内力调整进行抗震承载力验算；或按照A类钢筋混凝土房屋计入构造影响对综合抗震能力进行评定。

6.3.1　现有B类钢筋混凝土房屋的抗震鉴定，应表6.3.1确定鉴定时所采用的抗震等级，并按其所属抗震等级的要求核查抗震构造措施。

表6.3.1　钢筋混凝土结构的抗震等级

结构类型		烈　　度							
		6度		7度		8度			9度
框架结构	房屋高度（m）	≤25	>25	≤35	>35	≤35	>35		≤25
	框架	四	三	三	二	二	一		一
框架-抗震墙结构	房屋高度（m）	≤50	>50	≤60	>60	<50	50～80	>80	≤25	>25
	框架	四	三	三	三	三	二	一	二	一
	抗震墙	三		二		二	一		一	
抗震墙结构	房屋高度（m）	≤60	>60	≤80	>80	<35	35～80	>80	≤25	>25
	一般抗震墙	四	三	三	二	二	二	一	二	一
	有框支层的落地抗震墙底部加强部位	三	二	二	一	一	不宜采用	不应采用		
	框支层框架	三	二	二	一	二	一			

注：乙类设防时，抗震等级应提高一度查表。

【技术要点说明】

6.1.2、6.1.4、6.1.5、6.3.1条，我国现有钢筋混凝土房屋的震害调查总结表明：6、7度时主体结构基本完好；损坏以女儿墙和填充墙为主，8、9度时，框架的主体结构有破坏，但不规则结构震害加重。据此，明确规定不同设防烈度下的检查重点，以便在现有房屋原始资料不全时确定所需补充实测的内容。

类似于多层砌体房屋，对钢筋混凝土房屋的抗震鉴定，将结构体系、构件材料强度、构造配筋、局部构造和构件承载力等方面的鉴定要求归纳起来，进行"综合抗震能力"的分级鉴定，其中的 A 类钢筋混凝土房屋，主要是 10 层以下现浇或装配整体式的框架结构。

2009 版对两级鉴定的相关规定如下：

结构体系的鉴定，主要包括节点连接方式和规则性的判别。A 类房屋列于 6.2.1 条，B 类房屋列于 6.3.2 条。

针对现有建筑的情况，强调连接方式和砌体混合承重的鉴定要求。不符合要求时在第二级鉴定中用体系影响系数综合评定。

1. 连接方式主要指刚接和铰接，以及梁端底面纵筋的锚固。未考虑抗震设防的框架结构，往往按横向框架纵向连系梁进行设计，梁端底面的纵筋不符合锚固长度的要求。

2. 单跨框架不利于抗震是公认的，鉴定明确要求，乙类设防的框架不应为单跨。

3. 当框架结构与砌体结构毗邻且共同承重时，砌体部分因侧移刚度大而分担了框架的一部分地震作用，受力状态与单一的砌体结构不同；框架部分也因二者侧移的协调而在连接部位形成附加内力。抗震鉴定时要作为不规则结构对待。

关于构件材料强度检测。混凝土结构构件实际达到的材料强度偏低，则抗震承载力不足。A 类房屋的要求见 6.2.2 条；B 类房屋的要求见 6.3.3 条。

整体性连接构造的鉴定：

1. A 类按 6.2.3～6.2.6 条分两种情况检查。第一种情况，6 度和 7 度 Ⅰ、Ⅱ 类场地时，只判断是否满足非抗震设计要求。第二种情况，7 度 Ⅲ、Ⅳ 类场地和 8、9 度时，要检查纵筋、箍筋、轴压比等。但由于纵筋和轴压比均可在第二级抗震鉴定时进一步判定，重点对梁、柱，包括短柱的箍筋构造进行检查。

2. B 类按 6.3.4～6.3.8 条对梁、柱、节点、墙的配筋以及钢筋的锚固和连接进行检查。

局部易损部位的判断。框架结构与砌体山墙混合承重时，强调山墙应有钢筋混凝土壁柱与框架梁可靠连接，以防止破坏。不符合要求时在第二级鉴定中采用局部影响系数综合评定。

关于综合抗震能力的判断，这是 A、B 类房屋的主要区别之一。

1. A 类钢筋混凝土房屋采用典型平面结构的综合抗震能力指数进行第二级鉴定，而且低烈度时可能不需要第二级鉴定就做出判断。

2. B 类钢筋混凝土房屋，除 6 度外需要进行承载力验算，其内力调整要依据其抗震等级，当承载力高而构造不完全符合要求时，通过计入构造影响予以判断，以减少加固工程量。

【实施与检查】

1. 注意乙类设防时的要求。凡条文中未明确规定的，均按提高一度的要求进行检查。

2. 对于 A 类房屋，符合第一级鉴定的各项要求时，不需要进行第二级鉴定。

3. 纵向钢筋的锚固长度，A 类房屋只需满足 70 年代设计规范的要求即可。

4. 框架结构混凝土实际达到的强度等级必须由实测得到，不能采用原设计值。

5. 楼梯间和人流通道处的填充墙，从 6 度起就需要作为重点检查。

6.2.10　现有钢筋混凝土房屋采用楼层综合抗震能力指数进行第二级鉴定时，应分别选择下列平面结构：

　　1　应至少在两个主轴方向分别选取有代表性的平面结构。

　　2　框架结构与承重砌体结构相连时，除符合本条第 1 款的规定外，尚应选取连接处的平面结构。

　　3　有明显扭转效应时，除符合本条第 1 款的规定外，尚应选取计入扭转影响的边榀结构。

【技术要点说明】

　　本条是 A 类钢筋混凝土结构第二级鉴定的强制性要求。第二级鉴定分三种情况进行楼层综合抗震能力的分析判断，分别采用不同的平面结构进行楼层综合抗震能力指数的验算。

　　标准中提供的验算公式是结构抗震承载力计算的简化方法，其中引入了屈服强度系数和构造影响系数的概念。

　　其中，屈服强度系数以震害为依据，通过震害实例验算的统计分析得到；在设计规范用来控制结构的倒塌；在抗震鉴定用来评估现有建筑的破坏程度，具有较好的可靠性。抗震鉴定时，计算屈服强度系数 ξ_y 的方法同设计规范，但应取结构构件现有截面尺寸、现有配筋和对应于早期设计规范材料强度等级的标准值，弹性的楼层地震剪力 V_e 取多遇地震下分项系数 1.0 计算；由于现有框架结构多为"强梁弱柱"型框架，计算公式可有所简化，见鉴定标准附录 C。

　　在第二级鉴定中，对材料强度等级和纵向钢筋的构造要求已反映在计算公式中；其他构造要求用结构构造的体系影响系数和局部影响系数来体现。

　　体系影响系数的取值，A 类钢筋混凝土房屋见 6.2.13 条，要综合考虑多个因素确定。当部分构造符合第一级鉴定要求而部分构造仅符合非抗震设计要求时，可在 0.8～1.0 之间取值；结构损伤包括因建造年代甚早、混凝土碳化而造成的钢筋锈蚀，损伤和倾斜的修复，通常宜考虑新旧部分不能完全共同发挥作用而取小于 1.0 的影响系数。

　　局部影响系数的取值，A 类钢筋混凝土房屋见 6.2.14 条，在三项系数选定后采用最小值。

【实施与检查】

　　1. 计算结构楼层现有承载力时，结构构件截面尺寸、配筋和材料强度均应采用实测的数据，不能直接套用设计图纸的数据。

　　2. 考虑到现行设计规范中混凝土材料强度的设计取值方法改变，需采用对应于 70 年代规范所用材料强度等级 C13、C18、C23、C28 等的新取值。

　　3. 体系影响系数仅与规则性、箍筋构造和轴压比等有关。在给定的取值范围内，不符合的程度大或有若干项不符合时取较小值；对不同烈度，鉴定要求相同的项目，烈度高者，该项影响系数取较小值。

　　4. 局部影响系数仅用于有关的平面框架，即与承重砌体结构相连的平面框架、有填充墙的平面框架或楼屋盖长宽比超过规定时位于中部的平面框架。

12.3 内框架和底层框架房屋

《建筑抗震鉴定标准》GB 50023 - 2009

7.1.2 现有内框架和底层框架砖房抗震鉴定时，对房屋的高度和层数、横墙的厚度和间距、墙体的砂浆强度等级和砌筑质量应重点检查；并应根据结构类型和设防烈度重点检查下列薄弱部位：

1 底层框架和底层内框架砖房的底层楼盖类型及底层与第二层的侧移刚度比、结构平面质量和刚度分布及墙体（包括填充墙）等抗侧力构件布置的均匀对称性。

2 多层内框架砖房的屋盖类型和纵向窗间墙宽度。

3 7～9 度设防时，尚应检查框架的配筋和圈梁及其他连接构造。

7.1.4 现有内框架和底层框架砖房的抗震鉴定，应按房屋高度和层数、混合承重结构体系的合理性、墙体材料的实际强度、结构构件之间整体性连接构造的可靠性、局部易损易倒部位构件自身及其与主体结构连接构造的可靠性以及墙体和框架抗震承载力的综合分析，对整幢房屋的抗震能力进行鉴定。

当房屋层数超过规定或底部框架砖房的上下刚度比不符合规定时，应评为不满足抗震鉴定要求；当仅有出入口和人流通道处的女儿墙等不符合规定时，应评为局部不满足抗震鉴定要求。

7.1.5 对 A 类内框架和底层框架房屋，应进行综合抗震能力的两级评定。符合第一级鉴定的各项规定时，应评为满足抗震鉴定要求；不符合第一级鉴定要求时，除有明确规定的情况外，应在第二级鉴定采用屈服强度系数和综合抗震能力指数的方法，计入构造影响作出判断。

对 B 类内框架和底层框架房屋，应根据所属的抗震等级和构造柱设置等进行结构布置和构造检查，并应通过内力调整进行抗震承载力验算，或按照 A 类房屋计入构造影响对综合抗震能力进行评定。

【技术要点说明】

7.1.2、7.1.4、7.1.5 条，内框架砌体房屋指内部为框架承重外部为砖墙承重的房屋，包括内部为单排柱到顶、多排柱到顶的多层内框架房屋以及早期建造的仅底层内框架而上部各层为砖墙的底层内框架房屋。

底层框架砌体房屋指底层为框架（包括填充墙框架等）、框架-抗震墙结构承重而上部各层为砖墙承重的多层房屋。

根据震害调查的经验总结，内框架和底层框架砖房的震害特征与多层砌体房屋、多层钢筋混凝土房屋不同。对这两类混合承重结构，可将砌体结构和混凝土结构的鉴定方法合并使用，适当增加相应的内容。

检查的重点，除按多层砌体、钢筋混凝土房屋的要求外，特别增加了屋盖类型、上下层刚度比等。

鉴定所需要列举的基本项目，与砌体结构、钢筋混凝土结构相同。需要注意的是，当房屋总高度、总层数超出规定值，或底框房屋的框架层数、上下层刚度比不符合规定时，则属于抗震鉴定不合格。

结构体系和构造的鉴定：

1. 结构体系鉴定要控制侧移刚度和横墙最大间距。针对内框架和底层框架砖房的结构特点，体系鉴定要检查底层框架、底层内框架砌体房屋的二层与底层侧移刚度比，以减少地震时的变形集中，减轻地震破坏。

抗震墙横墙最大间距，基本上与设计规范相同。当为装配式钢筋混凝土楼、屋盖时，其要求略有放宽，但不能用于木楼盖的情况。

2. 墙体在内框架和底层框架结构中是第一道抗震防线，墙体实际达到的材料强度等级不能过低，这是第一级鉴定中简化抗震承载力验算的前提。

3. 整体性连接要求比多层砌体房屋要求严格。针对此两类结构的特点，强调了楼盖的整体性、圈梁布置、大梁与外墙的连接。

在多层砌体房屋，大梁与墙体的连接属于局部易损部位，按局部影响处理。但对于内框架，支承大梁的外墙是混合框架的组成部分，一旦大梁与外墙的连接破坏，则整个结构的安全大受影响，属于整体性影响。

综合抗震能力的鉴定：

1. A类内框架和底层框架砖房采用第二级抗震鉴定，直接借用多层砌体房屋和框架结构的方法，使抗震鉴定标准的鉴定方法比较协调。一般情况下，采用综合抗震能力指数的方法，可使抗震承载力验算有所简化，还可考虑构造对抗震承载力的影响。

2. B类内框架和底层框架砖房采用承载力验算，混凝土部分的内力调整要依据其抗震等级，当承载力高而构造不完全符合要求时，通过计入构造影响予以判断，减少加固工程量。

【实施与检查】

1. 严格控制适用范围，乙类设防时不适用，早期的结构形式，如底层内框架、单排柱内框架，需从严检查。

2. 对底层框架、底层内框架砌体房屋，应严格控制二层与底层侧移刚度比。

3. 圈梁设置要求，以及楼面梁与外墙的连接要求，均比多层砖房严格。

12.4 空 旷 房 屋

《建筑抗震鉴定标准》GB 50023－2009

9.1.2 抗震鉴定时，影响房屋整体性、抗震承载力和易倒塌伤人的下列关键薄弱部位应重点检查：

1 6度时，应检查女儿墙、门脸、出屋面小烟囱和山墙山尖。

2 7度时，除按第1款检查外，尚应检查舞台口大梁上的砖墙、承重山墙。

3 8度时，除按第1、2款检查外，尚应检查承重柱（墙垛）、舞台口横墙、屋盖支撑及其连接、圈梁、较重装饰物的连接及相连附属房屋的影响。

4 9度时，除第1~3款检查外，尚应检查屋盖的类型等。

9.1.5 单层空旷房屋，应根据结构布置和构件形式的合理性、构件材料实际强度、房屋整体性连接构造的可靠性和易损部位构件自身构造及其与主体结构连接的可靠性等，进行结构布置和构造的检查。

对 A 类空旷房屋，一般情况，当结构布置和构造符合要求时，应评为满足抗震鉴定要求；对有明确规定的情况，应结合抗震承载力验算进行综合抗震能力评定。

对 B 类空旷房屋，应检查结构布置和构造并按规定进行抗震承载力验算，然后评定其抗震能力。

当关键薄弱部位不符合规定时，应要求加固或处理；一般部位不符合规定时，应根据不符合的程度和影响的范围，提出相应对策。

【技术要点说明】

砌体承重的单层空旷房屋，依据震害特征，对检查的重点予以明确的规定。

单层空旷房屋抗震鉴定的逐级筛选方法与多层砌体结构、混凝土结构略有不同，采用与单层钢筋混凝土柱厂房相同形式的分级鉴定方法。按结构布置、构件形式、材料强度、整体性连接和易损部位构造等宏观控制和构造进行鉴定，必要时尚应进行抗震承载力验算。

单层空旷房屋的震害特征不同于一般的墙体较多的多层砌体房屋。根据其震害规律，宏观控制和结构构造的抗震鉴定要求是：

1. 结构布置的鉴定。对于单层空旷房屋的大厅，横向抗震要利用山墙的空间作用，纵向抗震不能设置支撑，要依靠与柱等高且整体砌筑的砖墙形成墙垛。

大厅与周围的附属房屋不设防震缝时震害较轻，但需要利用圈梁加强相互连接。

2. 墙垛合理构造。砖柱是空旷房屋的主要承重构件。唐山地震中，不配筋的砖柱，8度区在窗台下多有剪切破坏，9度区大多数倒塌。在1978年版的抗震设计规范中就已明确要求：即使按计算不需要配筋，也应按构造要求配置竖向钢筋。因此，除了墙垛需与柱整体砌筑外，8、9度时，还应有竖向配筋。

3. 整体性连接的鉴定。为了确保安全，应着重检查屋架或大梁与砖墙垛的连接、独立砖柱是否在两个方向均有可靠连接，以及支承舞台口大梁的墙体稳定性。

4. 易损部位的鉴定。空旷房屋的舞台口横墙和悬挂重物部位，地震时容易损坏导致伤人，需要判明其连接的可靠性。

【实施与检查】

1. A 类空旷房屋符合宏观控制和结构构造鉴定的各项要求时，不需要进行抗震承载力的鉴定。

2. 鉴定时应区分不同烈度下的薄弱部位，然后针对薄弱部位进行相应的抗震鉴定。

13　古建筑木结构

《古建筑木结构维护与加固技术规范》GB 50165－92

4.2.1 古建筑木结构的抗震鉴定应遵守下列规定：

　　1 抗震设防烈度为 6 度及 6 度以上的建筑，均应进行抗震构造鉴定。

　　2 凡属表 4.2.1 规定范围的建筑，尚应对其主要承重结构进行截面抗震验算。

　　3 对于下列情况，当有可能计算承重柱的最大侧偏位移时，尚宜进行抗震变形验算：

　　　　1）8 度Ⅲ、Ⅳ类场地及 9 度时，基本自振周期 $T_1 \geqslant 1s$ 的单层建筑。

　　　　2）8 度及 9 度时，500 年以上的建筑，或高度大于 15m 的多层建筑。

　　4 对抗震设防烈度为 10 度地区的古建筑，其抗震鉴定应组织有关专家专门研究，并应按有关专门规定执行。

表 4.2.1　古建筑需作截面抗震验算的范围

建筑场地类别 建筑类别　烈度	6 度		7 度		8 度	9 度
	近震	远震	近震	远震		
一般古建筑	—	—	—	—	Ⅲ、Ⅳ类场地	所有场地
结构特殊古建筑 300 年以上古建筑	—	—	Ⅳ类场地	Ⅲ、Ⅳ类场地	所有场地	
500 年以上古建筑	Ⅳ类场地	Ⅲ、Ⅳ类场地	Ⅱ、Ⅲ、Ⅳ类场地	所有场地		

　　注："近震"和"远震"的定义见现行国家标准《建筑抗震设计规范》的名词解释。

【技术要点说明】

　　我国古代木构架，虽然具有良好的耐震性能，但也有不少震害表明，倘若其设计、施工、使用不当，或因年代久远，结构功能有所下降，均可能出现薄弱环节和隐患，而当遭遇一定烈度的地震作用时，便会使结构受到不同程度的损害。因此，为了更好地保护古建筑，同样需要进行抗震鉴定。基于以上认识，本条从设防烈度、远震、近震、场地、结构构造特点和建筑年代等不同条件出发，分别规定了抗震构造鉴定、截面抗震验算和抗震变形验算在古建筑中的应用范围。现在就其中若干问题说明如下：

　　1. 考虑到我国古建筑木构架是根据传统模式与模数设计的，其可靠性在很大程度上要依赖各种成功的构造经验来保证。在这种情况下，其构造现状是否完整、完好，对评估木构架及其相关工程的耐震性能至为重要。因此，本条制定的原则是以构造鉴定为主，并辅以必要的验算，比提高判断的准确性。

　　2. 根据 6、7 度区古建筑震害资料所作的分析表明，有很大一部分古建筑可不必进行抗震验算，仅按构造鉴定即可评估其抗震可靠性。因此，在表 4.2.1 中作了具体的划定。

3. 实践经验表明，由于多数古建筑的承重结构是在低水平的应力状态下，因此，平时很难凭直观的构造性鉴定，完全查清其内在的、只有在强震作用下才会暴露出来的结构缺陷和各种残损的组合效应。为了解决这个问题，必须利用构造鉴定所取得的实测与检验数据，对结构进行必要的验算。故本条给出了需要进行抗震验算的范围。

对于年代久远的古建筑，在多数情况下，也要求进行抗震验算，是基于它的重要性及其严格的保护要求。

4. 古建筑的抗震变形验算，只有在能够计算柱的侧偏位移时才能进行，尽管如此，考虑到这项工作有助于判断结构是否会在强震中倒塌。因此，在本条中仍然给出了其应用范围，并建议在有条件时进行，但不作硬性规定。

5. 对于 10 度区的古建筑，由于震害例证极少，很难作出具体规定，故提出由专家进行专门研究，并应遵守有关的专门规定。

条文中场地一词的定义见现行国家标准《建筑抗震设计规范》的名词解释。

【实施与检查】

由于古代木结构建筑在设计建造过程中更多地依靠设计者的经验，并未过多考虑地震作用对建筑物的影响。随着近代对地震作用的研究不断深入，古建筑木结构在地震作用下的反应对结构的寿命产生较大影响。因此，对古建筑木结构进行不同的地震烈度下的抗震鉴定显得尤为重要。通过对古建筑的抗震鉴定，对鉴定结果进行详细分析，针对分析结果采取相应的抗震构造措施，保证古建筑在地震作用下的可靠性和完整性。

4.2.2 古建筑木结构及其相关工程的抗震构造鉴定，应遵守下列规定：

1 对抗震设防烈度为 **6 度**和 **7 度**的建筑，应按规定进行鉴定。凡有残损点的构件和连接，其可靠性应被判为不符合抗震构造要求。

2 对抗震设防烈度为 **8 度**和 **9 度**的建筑，除应按本条第一款鉴定外，尚应按表 **4.2.2** 的要求鉴定。

表 4.2.2 设防烈度为 8 度和 9 度的建筑抗震构造鉴定要求

项次	检查对象	检查内容	鉴定合格标准	
1	木柱	柱脚与柱础抵承状况	柱脚底面与柱础间实际抵承面积与柱脚处柱的原截面面积之比 ρ_c	$\rho_c \geqslant 3/4$
		柱础错位	柱与柱础之间错位与柱径（或柱截面）沿错位方向的尺寸之比 ρ_d	$\rho_d \leqslant 1/10$
2	梁枋	挠度	竖向挠度最大值 ω_1 或 ω'	当 $h/l > 1/14$ 时 $\omega_1 \leqslant l^2/2500h$
				当 $h/l \leqslant 1/14$ 时 $\omega_1 \leqslant l/180$
				对于 300 年以上的梁枋，若无其他残损，可按 $\omega' \leqslant \omega_1 + h/50$ 评定

项次	检查对象	检查内容	鉴定合格标准	
3	柱与梁枋的连接	榫卯连接完好程度	榫头拔出卯口的长度	不应超过榫长的 1/4
		柱与梁枋拉结情况	拉结件种类及拉结方法	应有可靠的铁件拉结，且铁件无严重锈蚀
4	斗拱	斗拱构件	完好程度	无腐朽、劈裂、残缺
		斗拱榫卯	完好程度	无腐朽、松动、断裂或残缺
5	木构架整体性	整体倾斜	（1）构架平面内倾斜量 Δ_1	$\Delta_1 \leqslant H_0/150$ 且 $\Delta_1 \leqslant 100mm$
			（2）构架平面外倾斜量 Δ_2	$\Delta_2 \leqslant H_0/300$ 且 $\Delta_2 \leqslant 50mm$
		局部倾斜	柱头与柱脚相对位移量 Δ（不含侧脚值）	$\Delta \leqslant H/100$ 且 $\Delta_2 \leqslant 80mm$
		构架间的连系	纵向连系构件的连接情况	连接应牢固
		加强空间刚度的措施	（1）构架间的纵向连系	应有可靠的支撑或有效的替代措施
			（2）梁下各柱的纵、横向连系	应有可靠的支撑或有效的替代措施
6	屋顶	椽条	拉结情况	脊檩处，两坡椽条应有防止下滑的措施
		檩条	锚固情况	檩条应有防止外滚和檩端脱榫的措施
		大梁以上各层梁	与瓜柱、驼峰连系情况	应有可靠的榫接，必要时应加隐蔽式铁件锚固
		角梁	抗倾覆能力	应有充分的抗倾覆连接件连结
		屋顶饰件及檐口瓦	系固情况	应有可靠的系固措施
7	檐墙	墙身倾斜	倾斜量 Δ	$\Delta \leqslant B/10$
		墙体构造	（1）墙角酥碱处理情况	应予修补
			（2）填心砌筑墙体的拉结情况	每 $3m^2$ 墙面应至少有一拉结件

注：表中 B 为墙厚，若墙厚上下不等，按平均值采用。

【技术要点说明】

　　本条给出抗震构造鉴定的具体标准，对 6 度和 7 度区的古建筑，规定按本章第一节的可靠性鉴定标准进行鉴定即可。因为该标准虽为非震区制定的，但由于出自对文物保护的考虑，其评定界限的划分，多比一般建筑物的相应标准为严。其偏严程度足以保证 6 度和 7 度区的抗震要求。故不再另定标准。

【实施与检查】

　　对 8 度和 9 度区，则根据当遭遇该烈度地震的作用时，只允许有可以修复的局部损坏原则，给出补充鉴定要求。其目的是在柱、梁枋、斗拱、屋盖、檐墙等主要构件本身的强度和刚度都得到保证的前提下，进一步提高它们之间连接的可靠性和结构的整体性，以增强木构架的耐震能力。至于具体的鉴定界限值，则是根据历史上古建筑受震害残迹所作的分析和专家经验确定的。

4.2.3　古建筑木结构抗震能力的验算，除应按照现行国家标准《建筑抗震设计规范》进行外，尚应遵守下列规定：

1　在截面抗震验算中，结构总水平地震作用的标准值，应按下式计算：

$$F_{EK} = 0.72\alpha_1 G_{eq}$$

式中　α_1——相应于结构基本自振周期 T_1 的水平地震影响系数，应按现行国家标准《建筑抗震设计规范》确定。

　　G_{eq}——结构等效总重力荷载。对坡顶房屋取 $1.15G_E$；对平定房屋取 $1.0G_E$；对多层房屋取 $0.85G_E$，G_E 为房屋总重力荷载代表值。

对单层坡顶房屋，F_{EK} 作用于大梁中心位置。对多层房屋，F_{EK} 的分配与作用位置，按现行国家标准《建筑抗震设计规范》确定。

2　结构基本自振周期 T_1，宜根据实测值确定，若符合本规范附录二规定的条件时，也可按该附录的经验公式确定。

3　木构架承载力的抗震调整系数 γ_{RE} 可取 0.8。

4　计算木构架的水平抗力，应考虑梁柱节点连接的有限刚度。

5　在抗震变形验算中，木构架的位移角限值 $[\theta_P]$ 可取 1/30。对 800 年以上或其他特别重要的古建筑，其位移角限值应专门研究确定。

【技术要点说明】

关于地震作用的计算，需要说明以下四点：

1. 现行《建筑抗震设计规范》给出的结构总水平地震作用标准值 F_{EK} 的计算公式，虽然对各种材料的结构作了统一的考虑，但不包括木结构。因此，需按古建筑木构架的特性加以修正。本规范采用乘以系数的方法修正 F_{EK}。根据计算，该系数变化在 0.703～0.719 之间，本规范统一取 0.72。

2. 考虑到古建筑构造的特点，对结构等效总重力荷载 G_{eq} 的计算，补充了单层坡顶房屋的规定，这是按功能等效原理，将重力荷载代表值等效作用于大梁的中心确定的。至于平顶房屋和多层房屋，则完全按现行国家标准《建筑抗震设计规范》的规定计算。

3. 由于古建筑木构架不能作为弹性系统计算其基本自振周期，故建议按实测值采用。但在实际工作中，往往会遇到实测有困难的情况，所以在附录二中给出了根据实测结果回归得到的经验公式。当需要按该公式计算木构架的基本自振周期时，其构造条件应符合该附录的规定。

4. 对 8 度和 9 度区的抗震变形验算，本规范给出的木构架位移角限值 $[\theta_P]$ 为 1/30。这是根据若干古建筑的残留变形经过分析选定的。由于可供调查实测这一数据的古建筑不多，难以概括全面，故规定对于特别重要的古建筑，其 $[\theta_P]$ 值还应专门研究确定。

【实施与检查】

古建筑限于当时的技术水平，虽然能够保存至今，但因为抗震措施较少，使其在地震作用下容易发生破坏。因此，有必要对古建筑承重构件进行地震作用下的承载力验算。

目前对地震作用下建筑物的抗震性能以及构件的承载力计算有着较为丰富的研究。虽然古建筑木结构的数量较少，且与当代木结构建筑存在着部分差异，但利用现行国家标准《建筑抗震设计规范》GB 50011 以及《木结构设计规范》GB 50005 对古建筑木结构进行抗震设计、加固及维护，对古建筑木结构地震作用下的相关性能指标进行限制，也能较好地提高其抗震能力。

第四篇

结 构 加 固

14　概述

14.1　总　体　情　况

结构加固篇分为概述、修复加固、抗震加固、加固验收共四章，共涉及 10 项标准、115 条强制性条文（表 14.1-1）。

表 14.1-1　结构加固篇涉及的标准及强条数汇总表

序号	标准名称	标准编号	强制性条文数量
1	《古建筑木结构维护与加固技术规范》	GB 50165 - 92	11
2	《混凝土结构加固设计规范》	GB 50367 - 2013	11
3	《建筑结构加固工程施工质量验收规范》	GB 50550 - 2010	34
4	《砌体结构加固设计规范》	GB 50702 - 2011	14
5	《工程结构加固材料安全性鉴定技术规范》	GB 50728 - 2011	17
6	《建筑抗震加固技术规程》	JGJ 116 - 2009	17
7	《既有建筑地基基础加固技术规范》	JGJ 123 - 2012	6
8	《混凝土结构后锚固技术规程》	JGJ 145 - 2013	1
9	《建筑物倾斜纠偏技术规程》	JGJ 270 - 2012	2
10	《钢绞线网片聚合物砂浆加固技术规程》	JGJ 337 - 2015	2

14.2　主　要　内　容

根据强制性条文内容，本篇的主要内容可分为以下三大部分：

1. 修复加固

修复加固包括修复加固材料，混凝土结构、砌体结构、古建筑木结构修复加固，地基基础加固及建筑物倾斜纠偏的基本要求。具体有：①修复材料的安全性鉴定，结构加固的选材要求，加固材料的品种及质量要求，共 47 条；②混凝土结构、砌体结构、古建筑木结构加固的设计规定，地基基础加固的设计施工要求以及倾斜纠偏施工要求等，共 20 条。

2. 抗震加固

《建筑抗震加固技术规程》JGJ 116 - 2009 中的强制性条文是保证房屋建筑结构抗震加固质量必须遵守的最主要规定，共 17 条。主要特点是：针对众多加固方法，明确规定了一些基本加固方法的关键技术要点。更体现强制性条文的原则性与实用性。

在执行抗震加固的《强制性条文》的过程中，应系统掌握《建筑抗震鉴定标准》和《建筑抗震加固技术规程》，全面理解强制性条文的准确内涵。为此，需要注意以下几点：

（1）现有建筑抗震鉴定的对象是设防烈度、设防类别偏低的建筑，不考虑地震作用时，其安全性一般是符合可靠性鉴定要求的，允许可靠指标降低 0.25，当降低 0.5 时则需要进行构件加固。

（2）综合抗震能力不足的结构抗震加固，应以相应的鉴定结果为依据；由于加固施工的技术难度较大，并需要某些不同于新建工程的施工技术，应由具备相应资质的人员和单位施工。

3. 加固验收

加固验收包括材料检验和施工质量检验的基本要求，主要集中在《建筑结构加固工程施工质量验收规范》GB 50550－2010 中。具体有混凝土原材料、钢材、焊接材料、结构胶粘剂、纤维材料、聚合物砂浆原材料、锚栓的检验规定；混凝土构件增大截面工程、局部置换混凝土工程、混凝土构件外加预应力工程、外粘钢板工程、钢丝绳网片外加聚合物砂浆面层工程、砌体或混凝土构件外加钢筋网－砂浆面层工程、钢构件增大截面工程、钢构件焊缝补强工程、植筋工程、锚栓工程、灌浆工程等的施工质量检验规定。

14.3　其　他　说　明

因时间紧张，资料搜集难度较大等原因，《纤维增强复合材料建设工程应用技术规范》GB 50608－2010 未纳入本书。

15 修复加固

15.1 修复加固材料

《工程结构加固材料安全性鉴定技术规范》GB 50728－2011

3.0.1 凡涉及工程安全的工程结构加固材料及制品，必须按本规范的要求通过安全性鉴定。

【技术要点说明】

用于工程结构加固的材料和制品主要包括：建筑结构胶粘剂（简称结构胶）、纤维复合材、裂缝注浆料、水泥基灌浆料、聚合物改性水泥砂浆、钢丝绳、改性混凝土、后锚固连接件等。

结构胶用于粘结和补强，是一系列产品，包括粘钢胶、灌注粘钢胶、锚固植筋胶、纤维复合胶、修补胶、灌缝胶等。其配方成分主要是改性环氧，产品一般是两个组分，使用前是独立包装，使用时，按指定配比混合均匀即可。值得注意的是，"四大结构胶"，即粘钢胶、灌注粘钢胶、纤维复合胶和锚固植筋胶的安全性鉴定应引起足够的重视，这些结构胶产品市场品牌多、质量良莠不齐，而在加固工程中却用量最大，且直接用于承重结构。

纤维复合材包括碳纤维复合材、玻璃纤维复合材和芳纶纤维复合材，产品一般以纤维布或条形板的形式出现，比如：碳纤维布、碳纤维板、芳纶纤维布、芳纶纤维板、玻璃纤维布等。不同种类的纤维复合材制品又分为若干规格，如碳纤维布通常有 $200g/m^2$ 和 $300g/m^2$ 两个型号，而碳纤维板根据其厚度和宽度也有不同型号。目前加固市场碳纤维复合材用量最大，相关新的加固工法例如碳板预应力法对碳纤维板的性能指标要求也较高。

裂缝注浆料与灌缝胶（裂缝压注胶）容易混淆，区别如下：①都用于混凝土和砌体裂缝的封闭、填充；②安全性鉴定性能指标要求不一样；③灌缝胶分为裂缝封闭胶和裂缝修复胶两类，配方为改性环氧，其中裂缝修复胶适用的结构裂缝宽度为 0.05mm～1.5mm；④裂缝注浆料分为改性环氧和改性水泥基两类，安全性鉴定指标也有所不同。改性环氧类适用的裂缝宽度为 1.5mm～3.0mm，改性水泥基类适用的裂缝宽度为 3.0mm～5.0mm。

【实施与检查】

没有通过安全性鉴定的加固材料或制品严禁进入工程结构加固市场。另外，业主、设计、监理和施工等单位应注意，取得工程加固材料或制品安全性鉴定合格证书的资格有效期为 4 年。申请安全性鉴定的加固材料及制品的生产企业必须具备批量供应能力，而且所有产品的鉴定必须是现场见证抽样，专门试制的样品或送样均应视为无效。比如四大结构胶产品的检测，每种胶的抽样基数都应在 1000kg 以上，纤维复合材的抽样基数在 $2000m^2$ 以上，水泥基制品的抽样基数在 20000kg 以上等。

加固材料及制品的安全性鉴定机构应具有第三方实验室检测资质，配备相关的专业检测设备和专业人员。不得接受委托来样，出具的检验报告中不得使用"本报告仅对来样负责"的字样。

【专题说明】

四大结构胶产品安全性鉴定的指标较多，有些性能指标的检测周期相对较长。需要关注的是，结构胶不仅种类较多，比如按粘结基材不同可分为混凝土用胶、钢结构用胶、砌体结构用胶、木材结构用胶等，而且其安全性鉴定指标除基本性能、长期使用性能和耐介质侵蚀能力外还应包括工艺性能要求。

3.0.5 根据安全性鉴定检验结果确定的材料性能标准值，应具有按规定置信水平确定的 **95％的强度保证率。**

【技术要点说明】

由于考虑了样本大小和置信水平的影响，更能实现鉴定所要求的 95％保证率。单侧置信区间的定义为：在置信区间 $[R_L，R_u]$ 中，当上限 R_u 为∞或任意大的量时，称该置信区间为单侧置信区间，R_L 为置信下限。

与单侧置信区间相对应的置信水平定义为：当 $[R_L]$ 是 R 一个单侧置信区间，$\gamma=1-\alpha$ 是 0～1 之间的某一常数时，若对一切 R，有概率 P：

$$P(R_L \leqslant R) \geqslant \gamma$$

则称 $\gamma=1-\alpha$ 为该单侧置信区间的置信水平（或置信度），意即"信赖程度"。

当给定材料性能试验数量 n、置信水平 $\gamma(1-\alpha)$ 和可靠度置信下限 R_L（强度保证率）时，可从《正态分布完全样本可靠度单侧置信下限》GB 4885 或本规范附录 B 的 k 系数表中查得 k 值。于是该性能标准值 f_k 便可以下式算得：

$$f_k=m_f-ks$$

式中，m_f 和 s 分别为样本强度平均值和标准差。

【实施与检查】

试样是指取自检验批的有代表性的样品。若试样不能直接置于试验设备中进行测试，则应进一步加工成试件。加工时，应要求其形状、尺寸、垂直度、平行度、平整度、加工精度以及表面粗糙度等，均应符合所采用的试验方法的规定。试件在试验前，应进行状态调节，主要是按试验标准环境的要求，进行温度和相对湿度调节。调节的时间，应按试验方法的规定确定。

同一测试项目，不同行业采用的试验方法标准可能不同。为此，本规范选择了适用于加固材料的试验方法标准列于附录 A，供安全性检验使用。

试验的标准环境为：温度（23±2）℃；仲裁时为（23±1）℃。相对湿度（50±5）％；仲裁时为（50±2）％。当相对湿度对试件所测性能的影响可忽略不计时，试验可在（23±2）℃、RH45％～RH75％条件下进行。如果试验方法标准对温湿度另有要求时，应该按要求执行。

当怀疑一个数据为离群值（异常值）时，宜用格拉布斯 Grubbs 方法检验；当怀疑的数据不止一个时，宜用狄克逊 Dixon 方法检验较为稳妥。

安全性检验所取得的数据，一般不少于 3 组，对这 3 组数据合并起来计算为好，但有个前提条件，即这三组数据应通过"同分布检验"。

【专题说明】

材料性能标准值（f_k），应根据抽样检验结果按下式确定：

$$f_k = m_f - ks$$

式中：m_f——按 n 个试件算得的材料性能平均值；

s——材料性能标准差；

k——与 α、γ 和 n 有关的材料性能标准值计算系数，由本规范附表 B.0.1 查得；

α——正态概率分布的分位值；按统一标准所要求的 95% 保证率，取 $\alpha=0.05$；

γ——检测加固材料性能所取的置信水平（置信度）。

【示例】

在 $n=15$，碳纤维抗拉强度平均值 $m_f=3300\text{MPa}$，其标准差 $s=165\text{MPa}$（$C_v=0.05$）的检验结果情况下，若要求抗拉强度标准值的保证率为 95%，则按新旧方法确定其标准值如下：

（1）旧法（国际上已淘汰）：$k=1.645$（即按 $n\rightarrow\infty$ 取恒值）

$$f_k = m_f - ks = 3300 - 1.645 \times 165 = 3030\text{MPa} > 3000\text{MPa}（合格）$$

（2）新法：取置信水平 $C=0.99$，可查得 $k=3.102$（$n=15$）

$$f_k = m_f - ks = 3300 - 3.102 \times 165 = 2790\text{MPa} < 3000\text{MPa}（不合格）$$

旧法的错误在于用 $n\rightarrow\infty$ 的 k 值替代小样本（$n=15$）的 k 值。其所算得的标准值的实际保证率仅为 77%，而不是 95%。亦即有 23% 左右的产品，其标准值达不到 3030MPa。

这种方法不仅概念清晰，有可靠的理论为依据，而且其所算得的标准值，具有明确、可检验、可比较、无系统偏差以及试验误差可估计等优点；只要采用的试验方法和试件数量相同，试验操作正确，不同检测机构所确定的标准值不会有显著差异。

4.1.4 经安全性鉴定合格的结构胶，凡被发现有改变粘料、固化剂、改性剂、添加剂、颜料、填料、载体、配合比、制造工艺、固化条件等情况时，均应将该胶粘剂视为未经鉴定的胶粘剂。

【技术要点说明】

结构胶的技术核心是配方。双组分改性环氧树脂结构胶包含环氧组分（粘料）（一般称为甲组分）和固化剂组分（一般称为乙组分）。为改善和提高结构胶的综合性能，甲组分配方中除液体环氧树脂外，一般还加入增韧剂、稀释剂、触变剂、偶联剂、填料等成分，乙组分配方中除胺类固化剂外则加入触变剂、偶联剂、填料、颜料等成分。液体环氧树脂品种、牌号较多，胺类固化剂种类更多。增韧剂、稀释剂、触变剂、偶联剂、填料、颜料等成分的种类和性能也千差万别。配方中任何一个成分的数量（添加量）或种类的变化都会影响胶粘剂的性能。

结构胶的技术关键是稳定。除配方中所用原料的种类和添加量要保持一致外，产品质量批间的稳定还取决于生产制造工艺，比如原料品质控制，成品的检验规程，车间的温度、湿度，加料顺序，搅拌时间，出料温度等，这些工艺过程和参数必须保持不变。能被重复制造出来的产品才算是好产品。

结构胶在使用前，甲、乙组分是独立包装，在使用时必须严格按照指定配比（一般是质量比）称量、混匀。正规产品给定的配比应该是最佳配比，是厂家在配方研制过程中经过大量试验验证的。只有按照指定配比，固化后的胶粘剂才能有最好的综合性能。因此，对于同一品牌的同一结构胶产品，比如粘钢胶，如果甲、乙组分配比发生变化，只能被认为是新产品，必须重新申请安全性鉴定。

用于工程结构加固的改性环氧树脂结构胶在大多数情况下固化条件为常温。随着温度的升高，环氧树脂的固化速度会明显加快，而且也会固化得更彻底，固化后的胶粘剂性能会更好。常温固化的结构胶在常温下固化一段时间，其综合性能可以满足安全性鉴定的指标要求。如果固化条件发生改变，比如要求加温才能固化的结构胶产品，其在常温下固化后的性能必然会下降许多。

【实施与检查】

结构胶产品进入工地现场，相关人员（业主代表、监理等）应仔细核对产品说明书和安全性鉴定合格报告上的内容是否相符，比如：产品名称、产品型号、品牌、两个组分的配比等。如果用量较大，结构胶产品不能一次全部进场，在见证取样复验时，对同一品牌的同种结构胶，还需查看产品的颜色、气味等。如果分批供应的产品有明显差异，即可认为其配方已发生改变，安全性鉴定合格报告无效。另外，即使每批产品的外观（颜色、气味、黏稠度等）都一致，但按《建筑结构加固工程施工质量验收规范》GB 50550－2010中4.4.1条见证取样复验，如果钢-钢拉伸抗剪强度、钢－混凝土正拉粘结强度、耐湿热老化性能和不挥发物含量四项指标有一项不合格，其安全性鉴定合格报告亦可判定无效。

【案例】

以粘钢胶（涂布型）配方为例，来说明配方中增韧剂和固化剂成分的改变对胶粘剂胶体拉伸性能的影响。

1. 环氧树脂组分（甲组分）基本配方：

甲组份1号母液		甲组份2号母液	
液体环氧树脂	100 份	液体环氧树脂	100 份
增韧剂1	15 份	增韧剂1	15 份
增韧剂2	10 份	增韧剂3	10 份
偶联剂	1.5 份	偶联剂	1.5 份
消泡剂	0.3 份	消泡剂	0.3 份

2. 增韧剂的影响：

甲 组 分		乙 组 分	
甲组份1号母液：	100 份	固化剂1：	50 份
300 目硅微粉：	180 份	固化剂2：	50 份
		300 目硅微粉：	180 份

胶体拉伸性能：30.02～30.27/3467～4021/1.42%～1.54%（拉伸强度，MPa/模量/延伸率，下同）。

甲　组　分		乙　组　分	
甲组份 2 号母液：	100 份	固化剂 1：	50 份
300 目硅微粉：	180 份	固化剂 2：	50 份
		300 目硅微粉：	180 份

胶体拉伸性能：28.2～29.7/3308～3830/1.02%～1.18%。

3. 固化剂的影响：

甲　组　分		乙　组　分	
甲组份 2 号母液：	100 份	固化剂 1：	50 份
300 目硅微粉：	150 份	固化剂 2：	50 份
		300 目硅微粉：	150 份

胶体拉伸性能：19.5/420/4.7%～7.9%。

甲　组　分		乙　组　分	
甲组份 2 号母液：	100 份	固化剂 1：	80 份
300 目硅微粉：	150 份	固化剂 3：	20 份
		300 目硅微粉：	150 份

胶体拉伸性能：34.26～35.56/3058～3642/1.41%～1.91%。

4.2.2 以混凝土为基材，室温固化型的结构胶，其安全性鉴定应包括基本性能鉴定、长期使用性能鉴定和耐介质侵蚀能力鉴定。鉴定时，应遵守下列规定：

　　1　结构胶的基本性能应分别符合表 **4.2.2-1**、表 **4.2.2-2** 或表 **4.2.2-3** 的要求。

　　2　结构胶的长期使用性能鉴定应符合表 **4.2.2-4** 中的下列要求：

　　　　1）对设计使用年限为 **30** 年的结构胶，应通过耐湿热老化能力的检验；

　　　　2）对设计使用年限为 **50** 年的结构胶，应通过耐湿热老化能力和耐长期应力作用能力的检验；

　　　　3）对承受动荷载作用的结构胶，应通过抗疲劳能力检验；

　　　　4）对寒冷地区使用的结构胶，应通过耐冻融能力检验。

　　3　结构胶的耐介质侵蚀能力应符合表 **4.2.2-5** 的要求。

表 4.2.2-1　以混凝土为基材，粘贴钢材用结构胶基本性能鉴定标准

检验项目		检验条件	鉴定合格指标			
			Ⅰ 类胶		Ⅱ 类胶	Ⅲ 类胶
			A 级	B 级		
胶体性能	抗拉强度（MPa）	在（23±2）℃、(50±5)%RH 条件下，以 2mm/min 加荷速度进行测试	≥30	≥25	≥30	≥35
	受拉弹性模量（MPa）　涂布胶		≥3.2×10³		≥3.5×10³	
	受拉弹性模量（MPa）　压注胶		≥2.5×10³	≥2.0×10³	≥3.0×10³	
	伸长率（%）		≥1.2	≥1.0	≥1.5	
	抗弯强度（MPa）		≥45	≥35	≥45	≥50
			且不得呈碎裂状破坏			
	抗压强度（MPa）		≥65			

检验项目			检验条件	鉴定合格指标			
				Ⅰ 类胶		Ⅱ 类胶	Ⅲ 类胶
				A 级	B 级		
粘结能力	钢对钢拉伸抗剪强度（MPa）	标准值	(23±2)℃、(50±5)%RH	≥15	≥12	≥18	
		平均值	(60±2)℃、10min	≥17	≥14	—	—
			(95±2)℃、10min	—	—	≥17	—
			(125±3)℃、10min	—	—	—	≥14
			(-45±2)℃、30min	≥17	≥14	≥20	
	钢对钢对接粘结抗拉强度（MPa）		在(23±2)℃、(50±5)%RH 条件下，按所执行试验方法标准规定的加荷速度测试	≥33	≥27	≥33	≥38
	钢对钢 T 冲击剥离长度(mm)			≤25	≤40	≤15	
	钢对 C45 混凝土正拉粘结强度（MPa）			≥2.5，且为混凝土内聚破坏			
热变形温度(℃)			固化、养护 21d，到期使用 0.45MPa 弯曲应力的 B 法测定	≥65	≥60	≥100	≥130
不挥发物含量(%)			(105±2)℃、(180±5)min	≥99			

注：表中各项性能指标，除标有标准值外，均为平均值。

表 4.2.2-2 以混凝土为基材，粘贴纤维复合材用结构胶基本性能鉴定要求

检验项目		检验条件	鉴定合格指标			
			Ⅰ 类胶		Ⅱ 类胶	Ⅲ 类胶
			A 级	B 级		
胶体性能	抗拉强度（MPa）	在(23±2)℃、(50±5)%RH 条件下，以 2mm/min 加荷速度进行测试	≥38	≥30	≥38	≥40
	受拉弹性模量（MPa）		≥2.4×10³	≥1.5×10³	≥2.0×10³	
	伸长率(%)		≥1.5			
	抗弯强度（MPa）		≥50	≥40	≥45	≥50
			且不得呈碎裂状破坏			
	抗压强度（MPa）		≥70			

续表

检验项目			检验条件	鉴定合格指标			
				Ⅰ类胶		Ⅱ类胶	Ⅲ类胶
				A级	B级		
粘结能力	钢对钢拉伸抗剪强度(MPa)	标准值	(23±2)℃、(50±5)%RH	≥14	≥10	≥16	
		平均值	(60±2)℃、10min	≥16	≥12	—	—
			(95±2)℃、10min	—	—	≥15	—
			(125±3)℃、10min	—	—	—	≥13
			(-45±2)℃、30min	≥16	≥12	≥18	
	钢对钢粘结抗拉强度(MPa)		在(23±2)℃、(50±5)%RH条件下,按所执行试验方法标准规定的加荷速度测试	≥40	≥32	≥40	≥43
	钢对钢T冲击剥离长度(mm)			≤20	≤35	≤20	
	钢对C45混凝土正拉粘结强度(MPa)			≥2.5,且为混凝土内聚破坏			
热变形温度(℃)			使用0.45MPa弯曲应力的B法	≥65	≥60	≥100	≥130
不挥发物含量(%)			(105±2)℃、(180±5)min	≥99			

注:表中各项指标,除标有标准值外,均为平均值。

表 4.2.2-3　以混凝土为基材,锚固用结构胶基本性能鉴定标准

检验项目		检验条件	鉴定合格指标			
			Ⅰ类胶		Ⅱ类胶	Ⅲ类胶
			A级	B级		
胶体性能	劈裂抗拉强度(MPa)	在(23±2)℃、(50±5)%RH条件下,以2mm/min加荷速度进行测试	≥8.5	≥7.0	≥10	≥12
	抗弯强度(MPa)		≥50	≥40	≥50	≥55
			且不得呈碎裂状破坏			
	抗压强度(MPa)		≥60			

续表

检验项目			检验条件	鉴定合格指标			
				Ⅰ类胶		Ⅱ类胶	Ⅲ类胶
				A级	B级		
粘结能力	钢对钢拉伸抗剪强度（MPa）	标准值	(23±2)℃、(50±5)%RH	≥10	≥8	≥12	
		平均值	(60±2)℃、10min	≥11	≥9	—	
			(95±2)℃、10min	—	—	≥11	
			(125±3)℃、10min	—	—	—	≥10
			(−45±2)℃、30min	≥12	≥10	≥13	
	约束拉拔条件下带肋钢筋（或全螺杆）与混凝土粘结强度	C30 φ25 l=150	(23±2)℃、(50±5)%RH	≥11	≥8.5	≥11	≥12
		C60 φ25 l=125		≥17	≥14	≥17	≥18
	钢对钢 T 冲击剥离长度（mm）		(23±2)℃、(50±5)%RH	≤25	≤40	≤20	
热变形温度（℃）			使用 0.45MPa 弯曲应力的 B 法	≥65	≥60	≥100	≥130
不挥发物含量（%）			(105±2)℃、(180±5)min	≥99			

注：表中各项指标，除标有标准值外，均为平均值。

表 4.2.2-4　以混凝土为基材，结构胶长期使用性能鉴定标准

检验项目		检验条件	鉴定合格指标			
			Ⅰ类胶		Ⅱ类胶	Ⅲ类胶
			A级	B级		
耐环境作用	耐湿热老化能力	在 50℃、95%RH 环境中老化 90d（B 级胶为 60d）后，冷却至室温进行钢对钢拉伸抗剪试验	与室温下短期试验结果相比，其抗剪强度降低率（%）:			
			≤12	≤18	≤10	≤12
	耐热老化能力	在下列温度环境中老化 30d 后，以同温度进行钢对钢拉伸抗剪试验	与同温度 10min 短期试验结果相比，其抗剪强度降低率:			
		(80±2)℃	≤5	不要求	—	—
		(95±2)℃	—	—	≤5	—
		(125±3)℃	—	—	—	≤5

续表

检验项目		检验条件	鉴定合格指标			
			Ⅰ类胶		Ⅱ类胶	Ⅲ类胶
			A 级	B 级		
耐环境作用	耐冻融能力	在一25℃ ⇌ 35℃ 冻融循环温度下，每次循环 8h，经 50 次循环后，在室温下进行钢对钢拉伸抗剪试验	与室温下，短期试验结果相比，其抗剪强度降低率不大于 5%			
耐应力作用能力	耐长期应力作用能力	在 (23±2)℃、(50±5)%RH 环境中承受 4.0MPa 剪应力持续作用 210d	钢对钢拉伸抗剪试件不破坏，且蠕变的变形值小于 0.4mm			
	耐疲劳应力作用能力	在室温下，以频率为 5Hz、应力比为 5：1.5、最大应力为 4.0MPa 的疲劳荷载下进行钢对钢拉伸抗剪试验	经 $2×10^6$ 次等幅正弦波疲劳荷载作用后，试件不破坏			

注：若在申请安全性鉴定前已委托有关科研机构完成该品牌结构胶耐长期应力作用能力的验证性试验与合格评定工作，且该评定报告已通过安全性鉴定机构的审查，则允许免作此项检验，而改作楔子快速测定（附录 C）。

表 4.2.2-5　以混凝土为基材，结构胶耐介质侵蚀性能鉴定标准

应检验性能	介质环境及处理要求	鉴定合格指标	
		与对照组相比强度下降率（%）	处理后的外观质量要求
耐盐雾作用	5%NaCl 溶液；喷雾压力 0.08MPa；试验温度 (35±2)℃；每 0.5h 喷雾一次，每次 0.5h；盐雾应自由沉降在试件上；作用持续时间：A 级胶及 Ⅱ、Ⅲ 类胶 90d；B 级胶 60d；到期进行钢对钢拉伸抗剪强度试验	≤5	不得有裂纹或脱胶
耐海水浸泡作用（仅用于水下结构胶）	海水或人造海水；试验温度(35±2)℃；浸泡时间：A 级胶 90d；B 级胶 60d；到期进行钢对钢拉伸抗剪强度试验	≤7	不得有裂纹或脱胶
耐碱性介质作用	Ca(OH)₂饱和溶液；试验温度(35±2)℃；浸泡时间：A 级胶及 Ⅱ、Ⅲ 类胶 60d；B 级胶 45d；到期进行钢对混凝土正拉粘结强度试验	不下降，且为混凝土破坏	不得有裂纹、剥离或起泡
耐酸性介质作用	5%H₂SO₄溶液；试验温度(35±2)℃；浸泡时间：各类胶均为 30d；到期进行钢对混凝土正拉粘结强度试验	混凝土破坏	不得有裂纹或脱胶

【技术要点说明】

这里的结构胶主要指四大结构胶，即粘钢胶、灌注粘钢胶、纤维复合胶、锚固植筋胶。结构胶的基本性能包括粘结能力、胶体性能、热变形温度和不挥发物含量四个大项。粘结能力特别是钢—钢拉伸抗剪强度（简称剪切强度，下同）是结构胶的"灵魂"，一般性能较好的产品，其剪切强度平均值都在18MPa以上。钢—钢T冲击剥离长度（简称冲击剥离）则是结构胶韧性的体现，抗冲击剥离性能越好，剥离长度越小，甚至为零。未改性的环氧树脂胶粘剂（比如配方中没有加入增韧剂等成分）固化物较脆，抗冲击剥离性能也较差，T形试片甚至能被完全冲开。胶体性能中，抗拉强度指标尤为重要，它是结构胶内聚强度和韧性的集中体现。特别是对于粘钢胶（涂布胶）、其抗拉强度、拉伸模量和延伸率同时满足A级要求不太容易。

旧版的《混凝土结构加固设计规范》GB 50367-2006对结构胶的热变形温度不作要求。实际上在国内大部分地区，夏季户外温度还是较高的。阳光直射的场所，例如桥面、路面、屋顶等，其极端温度能达到50℃以上。胶粘剂的强度会随着温度的升高而逐渐降低，因此必须对结构胶的耐热性有明确要求。热变形温度超过65℃的A级胶，各项基本性能（粘结能力、胶体性能）在65℃时仍能维持在常温环境中85%以上的水平，不会对承重结构荷载能力造成实际影响。

研发、生产和独立检测机构应注意，结构胶的不挥发物含量测定方法与一般胶粘剂不同，具体方法详见本规范附录H。

结构胶的长期使用性能包括耐环境作用和耐应力作用能力两个大项。其中耐环境作用包含湿热老化、热老化和冻融；耐应力作用包含长期应力和疲劳应力两项。结构胶的耐介质包括酸、碱、盐和海水。所有项目全部用同一种测试试件，即钢—钢剪切试片来评价。

【实施与检查】

结构胶的安全性鉴定项目繁多，四大胶种的性能指标要求也有所差别。独立机构的检验人员首先必须对每个项目所引用的相关标准有充分的理解，比如结构胶的胶体性能检验所引用的国家标准《树脂浇注体性能试验方法》GB/T 2567，结构胶的粘结性能中剪切强度检验所引用的国家标准《胶粘剂拉伸剪切强度的测定（刚性材料对刚性材料）》GB/T 7124等。特别是剪切强度的检验，除用于粘结能力检验外，还广泛用于结构胶的长期使用性能和耐介质性能，其所用的钢试片材质、尺寸、表面处理工艺等对试验结果都有较大影响。

另外，检验人员所具备的相关技能和经验也尤为重要，例如粘钢胶胶体性能检验在制样时，拉伸试件的脱泡就需要相当的技巧。

建议相关模具的材质选用钢材，以保证尺寸的稳定性；其制作采用线切割工艺，保证样块加工精度。

锚固植筋胶的胶体抗弯强度试验，其试件厚度应为8mm，长度为160mm。宽度不变，抗弯强度计算公式不变。

用于结构胶基本性能检验的主要仪器是材料万能试验机，其量程以20kN为宜：绝大部分项目的检验，其强度的绝对值在10kN以内，而锚固植筋胶的劈裂抗拉强度绝对值往往会超过10kN，但不会超过20kN。

结构胶长期使用性能的鉴定，其所有的检验过程都不允许中断。比如耐湿热老化90

天，必须是湿热老化仪连续运转 90 天。

4.4.2 以钢为基材粘合碳纤维复合材或钢加固件的室温固化型结构胶，其安全性鉴定应包括基本性能鉴定和耐久性能鉴定。鉴定时，应符合下列规定：

1 钢结构加固用胶的设计使用年限，均应按不少于 50 年确定。

2 结构胶的基本性能和耐久性能鉴定，应分别符合表 4.4.2-1、表 4.4.2-2 和表 4.4.2-3 的要求；其耐侵蚀介质性能的鉴定应符合本规范表 4.2.2-5 的要求。

3 胶的粘结能力检验，其破坏模式应为胶层内聚破坏，而不应为粘结界面的粘附破坏。当胶层内聚破坏的面积占粘合面积 85％ 以上时，均可视为正常的内聚破坏。

4 用于安全性检验的钢材表面处理方法（包括脱脂、除锈、糙化、钝化等），应按结构胶使用说明书采用，检验人员应按说明书规定的程序和方法严格执行。

5 当有使用底胶的要求时，检验、鉴定对其性能的要求，不应低于配套结构胶的标准。对粘结钢材用的底胶，尚应使用耐蚀底胶。

表 4.4.2-1 以钢为基材，粘贴钢加固件的结构胶基本性能鉴定标准

检验项目		检验条件	鉴定合格指标			
			Ⅰ 类胶		Ⅱ 类胶	Ⅲ 类胶
			AAA 级	AA 级		
胶体性能	抗拉强度（MPa）	试件浇注毕养护至 7d，到期立即在：（23±2）℃、（50±5）％RH 条件下测试	≥45	≥35	≥45	≥50
	受拉弹性模量（MPa） 涂布胶		≥4.0×10³	≥3.5×10³	≥3.5×10³	
	受拉弹性模量（MPa） 压注胶		≥3.0×10³	≥2.7×10³	≥2.7×10³	
	伸长率（％） 涂布胶		≥1.5		≥1.7	
	伸长率（％） 压注胶		≥1.8		≥2.0	
	抗弯强度（MPa）		≥50		≥60	
			且不得呈碎裂状破坏			
	抗压强度（MPa）		≥65		≥70	
粘结能力	钢对钢拉伸抗剪强度（MPa） 标准值	试件粘合后养护 7d，到期立即在（23±2）℃、（50±5）％RH 条件下测试	≥18	≥15	≥18	
	钢对钢拉伸抗剪强度（MPa） 平均值 （95±2）℃；10min		—	—	≥16	—
	钢对钢拉伸抗剪强度（MPa） 平均值 （125±3）℃；10min		—	—	—	≥14
	钢对钢拉伸抗剪强度（MPa） 平均值 （−45±2）℃；30min		≥20	≥17	≥20	
粘结能力	钢对钢对接接头抗拉强度（MPa）	试件粘合后养护 7d，到期立即在（23±2）℃、（50±5）％RH 条件下测试	≥40	≥33	≥35	≥38
	钢对钢 T 冲击剥离长度（mm）		≤10	≤20	≤6	
	钢对钢不均匀扯离强度（kN/m）		≥30	≥25	≥35	
热变形温度（℃）		使用 0.45MPa 弯曲应力的 B 法	≥65		≥100	≥130

注：表中各项性能指标，除标有标准值外，均为平均值。

表 4.4.2-2 以钢为基材，粘贴碳纤维复合材的结构胶基本性能鉴定标准

检验项目		检验条件	鉴定合格指标			
			Ⅰ类胶		Ⅱ类胶	Ⅲ类胶
			AAA级	AA级		
胶体性能	抗拉强度（MPa）	试件浇注毕养护7d，到期立即在：(23±2)℃、(50±5)%RH 条件下测试	≥50	≥40	≥50	≥45
	受拉弹性模量（MPa） 涂布胶		≥3.3×10³	≥2.8×10³	≥3.0×10³	
	受拉弹性模量（MPa） 压注胶		≥2.5×10³		≥2.5×10³	
	伸长率（%） 涂布胶		≥1.7		≥2.0	
	伸长率（%） 压注胶		≥2.0		≥2.3	
	抗弯强度（MPa）		≥50		≥60	
			且不得呈碎裂状破坏			
	抗压强度（MPa）		≥65		≥70	
粘结能力	钢对钢拉伸抗剪强度（MPa） 标准值	试件粘合毕养护7d，到期立即在 (23±2)℃、(50±5)%RH 条件下测试	≥17	≥14	≥17	
	钢对钢拉伸抗剪强度（MPa） 平均值 (95±2)℃；10min		—	—	≥15	—
	平均值 (125±3)℃；10min		—	—	—	≥12
	平均值 (−45±2)℃；30min		≥19	≥16	≥19	
粘结能力	钢对钢对接接头抗拉强度(MPa)	试件粘合后养护7d，到期立即在 (23±2)℃、(50±5)%RH 条件下测试	≥45	≥40	≥45	≥38
	钢对钢T冲击剥离长度(mm)		≤10	≤20	≤6	
	钢对钢不均匀扯离强度(kN/m)		≥30	≥25	≥35	
热变形温度（℃）		使用 0.45MPa 弯曲应力的B法	≥65		≥100	≥130

注：表中各项性能指标，除标有标准值外，均为平均值。

表 4.4.2-3 以钢为基材，结构胶耐久性能鉴定要求

检验项目		检验条件	鉴定合格指标			
			Ⅰ类胶		Ⅱ类胶	Ⅲ类胶
			A级	B级		
耐环境作用	耐湿热老化能力	在 50℃、95%RH 环境中老化 90d 后，冷却至室温进行钢对钢拉伸抗剪强度试验	与室温下短期试验结果相比，其抗剪强度降低率（%）：			
			≤12	≤18	≤10	≤15
	耐热老化能力	在下列温度环境中老化 90d 后，以同温度进行钢对钢拉伸抗剪试验	与同温度短期试验结果相比，其抗剪强度平均降低率（%）：			

续表

检验项目		检验条件	鉴定合格指标			
			Ⅰ类胶		Ⅱ类胶	Ⅲ类胶
			A级	B级		
耐环境作用	耐热老化能力	(60±2)℃恒温	≤5	≤10	—	—
		(95±2)℃恒温	—	—	≤5	—
		(125±3)℃恒温	—	—	—	≤7
	耐冻融能力	在−25℃⇌35℃冻融循环温度下，每次循环 8h，经 50 次循环后，在室温下进行钢对钢拉伸抗剪试验	与室温下短期试验结果相比，其抗剪强度平均降低率（％）不大于 5%			
耐应力作用能力	耐长期剪应力作用能力	在各类胶最高使用温度下，承受5.0MPa 剪应力，持续作用 210d	钢对钢拉伸抗剪试件不破坏，且蠕变的变形值小于 0.4mm			
	耐疲劳作用能力	在室温下，以频率为 5Hz、应力比为 5∶1、最大应力为5.0MPa 的疲劳荷载下进行钢对钢拉伸抗剪试验	经 $5×10^6$ 次等幅正弦波疲劳荷载作用后，试件未破坏			

【技术要点说明】

钢材的强度和韧性优于混凝土，因此用于钢材的结构胶其性能指标也相应高于混凝土用结构胶的性能指标。

与混凝土用结构胶一样，钢材用结构胶的安全性鉴定内容也包括基本性能、耐久性能（长期使用性能）和耐介质性能三项。耐介质性能鉴定与混凝土结构胶一样，胶体性能和粘结能力的检验项目也与混凝土结构胶基本一样，只是粘结能力增加了"钢对钢不均匀扯离强度"一个检验项目。

钢材结构胶Ⅰ类胶在基本性能鉴定结论方面分为 AAA 和 AA 两个级别，而混凝土结构胶Ⅰ类胶则是分为 A 和 B 级两个级别。

【实施与检查】

参见本规范 4.2.2 条款相关内容。

4.5.2 木材与木材粘结室温固化型结构胶安全性鉴定标准应符合表 4.5.2 的规定。

表 4.5.2 木材与木材粘结室温固化型结构胶安全性鉴定标准

检 验 的 性 能			鉴定合格指标	
			红松等软木松	栎木或水曲柳
粘结性能	胶缝顺木纹方向抗剪强度（MPa）	干试件	≥6.0	≥8.0
		湿试件	≥4.0	≥5.5
	木材对木材横纹正拉粘结强度 f_t^b（MPa）		$f_t^b ≥ f_{t,90}$，且为木材横纹撕拉破坏	

续表

检 验 的 性 能		鉴定合格指标	
		红松等软木松	栎木或水曲柳
耐环境作用性能	以 20℃水浸泡 48h→—20℃冷冻 9h→室温置放 15h→70℃热烘 10h 为一循环，经 8 个循环后，测定胶缝顺纹抗剪破坏形式	沿木材剪坏的面积不得少于剪面面积的 75%	

【技术要点说明】

市面上用于木材粘结的胶粘剂种类繁多，但绝大多数品种不适用于木结构的粘结加固补强。与混凝土相比，木材含水率较高。粘结木结构的胶不仅要强度高，而且要求耐水性好。适用于木结构的结构胶主要有两类，均为热固性树脂类胶粘剂：改性酚醛胶粘剂和改性环氧树脂胶粘剂。

酚醛树脂胶粘剂优点：极性大、粘结力强；刚性大、耐热性高；耐老化性好；耐水、耐油、耐化学介质、耐霉菌；本身易于改性。缺点：颜色较深、有一定的脆性、易龟裂，特别是水溶性酚醛树脂固化时间较长、固化温度高，对单板含水率要求严格。用间苯二酚改性后的胶粘剂（间苯二酚—甲醛树脂胶）可以提高其固化速度，降低固化温度，能达到低温或室温固化。

改性环氧树脂结构胶的特点不再赘述。但如果要用于木结构，必须选用耐水性优良的品种，这一点提醒业主和设计单位注意。

【实施与检查】

按现行国家标准《木结构试验方法标准》GB/T 50329 执行，注意试件的制作。

【专题】

不同树种，木材力学性质不同。同一树种，不同部位力学性质不同；同一树种，生长条件不同力学性质不同。同时木材各种缺隙如节子、纹理、腐朽等都会影响木材力学性能。

木材顺纹抗拉强度，是指木材沿纹理方向承受拉力荷载的最大能力。木材的顺纹抗拉强度较大，各种木材平均约为 117.7MPa～147.1MPa，为顺纹抗压强度的 2～3 倍。木材在使用中很少出现因被拉断而破坏。木材顺纹拉伸破坏主要是纵向撕裂粗微纤丝和微纤丝间的剪切。微纤丝纵向的 C-C、C-O 键结合非常牢固，所以顺拉破坏时的变形很小，通常应变值小于 1%～3%，而强度值却很高。即使在这种情况下，微纤丝本身的拉伸强度也未充分发挥。因为木材顺纹剪切强度特别低，通常只有顺拉强度的 6%～10%。顺纹拉伸时，微纤丝间的撕裂破坏是微纤丝间的滑行所致，其破坏断面常呈锯齿状，或细裂片状和针状撕裂。其断面形状的不规则程度，取决于木材顺拉强度和顺剪切度之比值。一般说，正常木材该比值较大，破坏常在强度弱的部位剪切开，破坏断面不平整，呈锯齿状；而腐朽材和热带脆心材，两者比值较小，且由于腐朽所产生的酸质使纤维素解聚，对大气湿度敏感性增加，这两个因素大大削弱了木材的顺拉强度，微纤丝很容易被拉断而直接破坏，断面处平整，不会出现正常材断面拉伸破坏时出现的微纤丝滑行的锯齿状纤维。

木材横纹抗拉强度，是指垂直于木材纹理方向承受拉力荷载的最大能力。木材的横纹拉力比顺纹拉力低得多，一般只有顺纹拉力的 $1/30\sim1/40$。因为木材径向受拉时，除木射线细胞的微纤丝受轴向拉伸外，其余细胞的微纤丝都受垂直方向的拉伸；横纹方向微纤丝上纤维素链间是以氢键（－OH）接合的，这种键的能量比木材纤维素纵向分子间 C-C、C-O 键接合的能量要小得多。此外，横纹拉力试验时，应力不易均匀分布在整个受拉上，往往先在一侧被拉劈，然后扩展到整个断面而破坏，并非真正横纹抗拉强度。

5.2.5 改性环氧基裂缝注浆料中不得含有挥发性溶剂和非反应性稀释剂；改性水泥基裂缝注浆料中氯离子含量不得大于胶凝材料质量的 **0.05%**。任何注浆料均不得对钢筋及金属锚固件和预埋件产生腐蚀作用。

【技术要点说明】

按本规范 5.2.4 的规定，改性环氧类裂缝注浆料的混合初始黏度要求 $\leqslant$1500MPa·s。对于环氧树脂体系（环氧组分＋固化剂组分）来说，这是一个较低的黏度。环氧组分配方中的主要成分—液体环氧树脂的黏度一般在 10000MPa·s 以上，除固化剂组分中使用较低黏度的胺类固化剂外，在环氧组分中加入稀释剂是降低体系黏度的最有效方法。

稀释剂按有无反应性分为活性稀释剂和非活性稀释剂两大类。活性稀释剂是含有 1 个或 2 个以上带反应性官能团（环氧基团）的化合物，可以参与交联固化反应，成为环氧体系交联网络的一部分，对固化物的性能影响较小，有时还能增加固化物的韧性。非活性稀释剂不能与环氧树脂及固化剂发生化学反应，只起物理稀释作用，主要是溶剂和增塑剂，具体溶剂有酒精、丙酮、甲苯、乙酸乙酯等。溶剂虽然多数挥发性强但在裂缝注浆料中会大量残留且产生气泡，极大损害固化物性能；常用的增塑剂有邻苯二甲酸二丁酯、邻苯二甲酸二辛酯等，虽然难挥发却有迁移的倾向，也会降低固化物的性能，如强度、模量、热变形温度等。

水泥基注浆料中氯离子来源：

1. 水泥本身。氯盐是廉价而易得的工业原料，它在水泥生产中具有明显的经济值。它可以作为熟料煅烧的矿化剂，能够降低烧成温度，有利于节能高产；它也是有效的水泥早强剂，不仅使水泥 3d 强度提高 50% 以上，而且可以降低混凝土中水的冰点温度，防止混凝土早期受冻。氯离子的来源主要是原料、燃料、混合材料和外加剂，但由于熟料煅烧过程中，氯离子大部分在高温下挥发而排出窑外，残留在熟料中的氯离子含量极少。如果水泥中的氯离子含量过高，其主要原因是掺加了混合材料和外加剂（如：工业废渣、助磨剂等）。因此，在我国水泥新标准中增加了"水泥生产中允许加入 $\leqslant$0.5% 的助磨剂和水泥中的氯离子含量必须 $\leqslant$0.06%"的要求。

2. 砂子中的氯离子。在天然砂中，特别是天然海砂中，因为海水中氯离子较高，使得海砂的表面吸附的氯离子也比较多，导致海砂中氯离子的含量较大，如果不加处理用在注浆料中，将会使氯离子含量增多。

3. 水中的氯离子。在灌浆料拌制中，水是不可缺少的原材料之一。如果用饮用的自来水拌制，一般来说是没有问题的，如果是地表水、地下水、再生水、混凝土企业设备洗刷水和海水，这时就应该考虑并测定其中的氯离子含量，最后确定水源是否能用，否则，有可能给灌浆料带来氯离子的超标。

4. 外加剂中的氯离子。在注浆料外加剂中，特别是早强剂、防冻剂、防水剂这类外加剂，它们都含有以氯盐为早强、防冻、防水的组分，在使用这些外加剂时，如果只考虑注浆料的使用功能，而不严格控制掺量，就可能致使注浆料中氯离子含量超标。氯离子的危害：在没有 Cl⁻ 或 Cl⁻ 含量极低的情况下，由于水泥碱性很强，pH 值较高，保护着钢筋表面钝化膜使锈蚀难以深入。但氯离子含量较高时，就会破坏钢筋钝化膜，加速锈蚀反应。

另外，研发和生产单位应注意改性环氧基注浆料配方中液体环氧树脂的选用，不同品牌的环氧树脂的有机氯和水解氯的含量，特别是水解氯的含量是有区别的。如果选用了水解氯含量偏高的环氧树脂，也会对钢筋及金属锚固件和预埋件产生腐蚀作用。

【实施与检查】

判断改性环氧类裂缝注浆料是否含有挥发性溶剂或非反应性稀释剂，可以从两个方面入手：

1. 外观。挥发性溶剂，例如酒精、甲苯、乙酸乙酯、丙酮或其他有机溶剂的挥发性和气味都很大，这些溶剂往往添加在环氧组分（甲组份或 A 组分）中，如果在开罐时闻到浓烈的气味，即可判定添加了此类原料。

2. 按本规范第 5.2.1 条安全性鉴定的要求测试浆体性能和粘结能力。含有挥发性溶剂或非反应性稀释剂的环氧基裂缝注浆料，其固化物的力学性能，特别是浆体性能难以达到安全性鉴定标准。

改性水泥基裂缝注浆料中氯离子含量的测定：关于氯离子的测定方法多，《水泥化学分析方法》GB/T 176 - 2008 中给出了两种氯离子测定方法，即硫氰酸铵容量法（基准法）和蒸馏分离—硝酸汞配位滴定法（代用法）。硫氰酸铵容量法作为分析化学中经典的沉淀滴定法，原理明确，操作简单，结果稳定可靠，准确度高，但因目前我国某些通用水泥中掺加了大量的混合材，此方法称样量较大，其中就含有大量的酸不溶残渣，严重影响了过滤的速度，使试验时间变长，比较适合于硅酸盐水泥的测定。蒸馏分离—硝酸汞配位滴定法称样量小，分析速度快，比较适合于混合材掺加量较大的通用硅酸盐水泥的测定。但此方法的影响因素较多，当氯离子含量很低时，方法的灵敏度下降，终点难以判断。而且各地所用不同厂商的设备本身存在差异，往往出现负偏差。硝酸汞又属于剧毒药品，所以使用时要非常小心。无论采用哪种方法，试验中用于标定和配制的试剂均为基准试剂，要进行空白试验。所用水应为去离子水，要符合实验室用水规格的要求。因为所测的是氯离子本身含量很低，受周围环境的影响比较大，所以试验最好要在专用的场所进行。氯离子含量测定可以采用专用的仪器，如图 15.1-1 所示。仪器特点：采用离子选择电极法（Ion Selective Electrode，ISE 法），通过配备的专业软件及化学抗干扰试剂在室温下快速测定混凝土、砂石子、水泥、拌合水等无机材料的水溶性氯离子含量，从而达到防控混凝

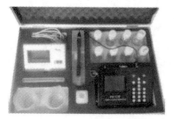

图 15.1-1 氯离子含量检测仪

土钢筋发生过早腐蚀的目的。仪器重量轻，机身小巧，便于携带，适合现场检测，氯离子浓度量测范围（$10^{-5}\sim10^{-1}$）M（mol·L^{-1}）。

6.1.4 经安全性鉴定合格的灌浆料，凡被发现有改变用料成分、配合比或工艺的情况时，均应视为未经鉴定的灌浆料。

【技术要点说明】

水泥基灌浆料是一种由水泥、集料（或不含集料）、外加剂和矿物掺合料等原材料，经工厂化配制生产而成的具有合理级配的干混料。加水拌合均匀后具有可灌注的流动性、微膨胀、高的早期和后期强度等性能。目前市场上水泥基灌浆材料根据胶凝材料的不同大致分为三类产品：

1. 以高性能的硅酸盐类水泥为主要胶凝材料，同时加入膨胀组分来补偿水泥水化硬化过程中产生的收缩。该类灌浆料成本较低，可靠的后期强度增长，但应强化该类灌浆材料的优化试验，防止由于膨胀组分自身性能的不足或与水泥品种的不适应而造成灌浆料产品质量的波动。

2. 以硫铝酸盐类水泥为主要胶凝材料，因其自身具有膨胀性能，故无需另外加入膨胀组分。该类灌浆料膨胀性能可靠，可制成速硬型产品，但应注意后期强度的发展问题。

3. 第三类灌浆料的胶凝材料构成较为复杂，采取多种类型水泥复合、矿物掺合料活性激发等手段形成凝胶体系，其膨胀来源仍以水化过程生成钙矾石为主，因其原料成分复杂，产品配合比需经常调整。灌浆料产品的核心技术也是配方，比如配方中的外加剂，就包括早强剂、速凝剂、引气剂、减水调凝剂、高效减水剂、加气剂、膨胀剂、泵送剂、絮凝剂、阻锈剂等。配方中任何一个组分的变化都会影响到灌浆料产品的力学性能和工艺性能。

【实施与检查】

一旦灌浆料产品进入工地现场，相关人员（业主代表、监理等）应仔细核对产品说明书和安全性鉴定合格报告上的内容是否相符，比如：产品名称、产品型号、品牌等。如果用量较大，灌浆料产品不能一次全部进场，在见证取样复验时，对同一品牌的同种灌浆料，还需查看产品的外包装、粉料的粒度、密度、颜色等。如果分批供应的产品有明显差异，即可认为其配方已发生改变，安全性鉴定合格报告无效。另外，即使每批产品的粒度、密度、颜色都一致，但按《建筑结构加固工程施工质量验收规范》GB 50550－2010 中4.10.1 条见证取样复验，如果浆体流动度、抗压强度及其与混凝土正拉粘结强度等 3 个项目有一项不合格，其安全性鉴定合格报告亦可判定无效。

7.1.5 经安全性鉴定合格的聚合物改性水泥砂浆，凡被发现有改变用料成分、配合比或工艺的情况时，均应视为未经鉴定的聚合物改性水泥砂浆。

【技术要点说明】

聚合物改性水泥砂浆系将聚合物加入到水泥砂浆中而配制成的一种高性能水泥材料。与普通水泥砂浆相比，聚合物水泥砂浆弹性好，抗弯强度和拉伸强度高，抗冲击强度增加 $10\sim15$ 倍，耐磨性提高 $10\sim50$ 倍；耐水性和防水性好，其透水性仅为普通水泥砂浆的12%；耐化学药品性能有所提高，可耐弱酸、碱、中性盐和油类的侵蚀；粘结强度得到极大提高；隔热性和抗冻融性均有所改善；同时还可以减少水泥砂浆干燥时的收缩。聚合物改性水泥砂浆主要应用于钢丝绳网片外加聚合物砂浆面层工程。

用于改性水泥砂浆的聚合物都是有机高分子材料，按其材料的状态分为乳液和干粉两类，乳液只能是使用时现场添加，干粉既可以现场添加，也可以预先混合在水泥基材料中。实际应用中，以聚合物乳液最为常见，而且对重要结构的加固，必须选用乳液类。聚合物乳液种类很多，能用于水泥砂浆的品种有：改性环氧类、改性丙烯酸酯类、改性丁苯类和改性氯丁类。不得使用聚乙烯醇类、苯丙类、氯偏类聚合物。

聚合物改性水泥砂浆产品的技术核心是聚合物种类的选择和配方。比如：由于水泥中有大量的钙镁离子，同时水泥会从乳液中吸收水分及混合操作的机械剪切作用都会引起聚合物乳液破乳，为了提高乳液的稳定性，在水泥和砂混合前，必须加入适量的稳定剂。对阴离子型乳液来说，常用的稳定剂有平平加、OP 类、酪素、水玻璃等；对于阳离子型乳液来说可以使用非离子稳定剂和阳离子稳定剂，如三甲基十六烷基溴化铵等。另外配方中还有消泡剂、防老剂、硬化促进剂等成分。因此，配方中任何一个组分的变化都会改变聚合物水泥砂浆产品的力学性能和工艺性能。

改性环氧类乳液是双组分，即环氧组分和固化剂组分；其余聚合物乳液都是单组分。聚合物改性水泥砂浆分为Ⅰ级和Ⅱ级两个级别，其中Ⅰ级的基本性能和长期使用性能指标要求均高于Ⅱ级。

【实施与检查】

聚合物改性水泥砂浆产品进入工地现场时，相关人员（业主代表、监理等）应仔细核对产品说明书和安全性鉴定合格报告上的内容是否相符，比如：产品名称、产品型号、品牌等。如果用量较大，聚合物改性水泥砂浆产品不能一次全部进场，在见证取样复验时，对同一品牌的同种聚合物改性水泥砂浆，还需查看产品的外包装，聚合物乳液的黏度、固含量、颜色，粉料的粒度、密度、颜色等。如果分批供应的产品有明显差异，即可认为其配方已发生改变，安全性鉴定合格报告无效。另外，即使每批产品的粒度、密度、颜色都一致，但按《建筑结构加固工程施工质量验收规范》GB 50550－2010 中 4.7.1 条见证取样复验，如果劈裂抗拉强度、抗折强度及聚合物砂浆与钢丝绳粘结抗剪强度等 3 个项目有一项不合格，其安全性鉴定合格报告亦可判定无效。

8.2.1 承重结构加固用的碳纤维，其材料品种和规格必须符合下列规定：

1 对重要结构，必须选用聚丙烯腈基（**PAN 基**）**12k** 或 **12k** 以下的小丝束纤维，严禁使用大丝束纤维。

2 对一般结构，除使用聚丙烯腈基 **12k** 或 **12k** 以下的小丝束纤维外，若有适配的结构胶，尚允许使用不大于 **15k** 的聚丙烯腈基碳纤维。

【技术要点说明】

24K 以下的碳纤维为宇航级小丝束碳纤维（1K 的含义为一条碳纤维丝束含 1000 根单丝），48K 以上为大丝束碳纤维。尽管碳纤维均是由原料纤维经高温碳化而成，但根据基础原料不同可以分为三类：①以聚丙烯腈（PAN）为原料高温碳化形成的碳纤维为 PAN 基碳纤维。②以沥青为原料高温碳化形成的碳纤维为沥青基碳纤维。③以粘胶纤维原料高温碳化形成的碳纤维为粘胶基碳纤维。由于 PAN 基的碳纤维在强度上要优于沥青基、粘胶基碳纤维，在全世界的碳纤维生产中占有 90% 的比例，具有绝对性的压倒优势。尽管碳纤维生产流程相对较短，但生产壁垒很高，其中碳纤维原丝的生产壁垒是难中之难，具体表现在碳纤维原丝的喷丝工艺、聚丙烯腈聚合工艺、丙烯腈与溶剂及引发剂的配比等。目前世界碳纤维技术主要掌握在日本的东丽公司、东邦 Tenax 集团和三菱人造丝集团，这三家企业技术严格保密，工艺难以外露，而其他碳纤维企业均是处于成长阶段，生产工艺在摸索中不断完善。国内外的碳纤维制品（单向碳纤维布和条形板）生产厂家主要从这些为数不多的碳纤维原丝制造商购进原丝，再加工成型。

【实施与检查】

按照《建筑结构加固工程施工质量验收规范》GB 50550－2010 中附录 M "碳纤维织物中碳纤维 K 数快速判定方法"执行。

8.2.4　碳纤维复合材安全性鉴定的检验项目及合格指标，应符合表 8.2.4 的规定。

表 8.2.4　碳纤维复合材安全性鉴定标准

检验项目		鉴定合格指标				
		单向织物			条形板	
		高强Ⅰ级	高强Ⅱ级	高强Ⅲ级	高强Ⅰ级	高强Ⅱ级
抗拉强度（MPa）	标准值	$\geqslant3400$	$\geqslant3000$	—	$\geqslant2400$	$\geqslant2000$
	平均值	—	—	$\geqslant3000$	—	—
受拉弹性模量（MPa）		$\geqslant2.3\times10^5$	$\geqslant2.0\times10^5$	$\geqslant2.0\times10^5$	$\geqslant1.6\times10^5$	$\geqslant1.4\times10^5$
伸长率（%）		$\geqslant1.6$	$\geqslant1.5$	$\geqslant1.3$	$\geqslant1.6$	$\geqslant1.4$
弯曲强度（MPa）		$\geqslant700$	$\geqslant600$	$\geqslant500$	—	—
层间剪切强度（MPa）		$\geqslant45$	$\geqslant35$	$\geqslant30$	$\geqslant50$	$\geqslant40$
纤维复合材与基材正拉粘结强度（MPa）		对混凝土和砌体基材：$\geqslant2.5$，且为基材内聚破坏；对钢基材：$\geqslant3.5$，且不得为粘附破坏				
单位面积质量（g/m²）	人工粘贴	$\leqslant300$			—	
	真空灌注	$\leqslant450$			—	
纤维体积含量（%）		—			$\geqslant65$	$\geqslant55$

注：表中指标，除注明标准值外，均为平均值。

【技术要点说明】

碳纤维复合材包括碳纤维布和碳纤维板。与旧版的《混凝土结构加固设计规范》GB 50367－2006 中的 4.4.2 条相比，碳纤维布级别由两个（Ⅰ级和Ⅱ级）增加到了三个（Ⅰ级、Ⅱ级和Ⅲ级），而碳纤维板不变（仍然是Ⅰ级和Ⅱ级）。

碳纤维复合材安全性鉴定的检验项目较多，试验数据的处理要求最高。比如计算测试结果的标准值时，在所有的加固材料中，只有碳纤维复合材的置信水平 γ 取值为 0.99。在所有检验项目中，拉伸性能和层间剪切尤为重要，这两项指标最能体现碳纤维复合材的性能水平。拉伸性能包括抗拉强度、受拉弹性模量和极限伸长率。除Ⅲ级碳纤维布的抗拉强度取平均值外，其余级别的布和板都要求是标准值。如果说剪切强度是结构胶的"灵魂"，那么拉伸性能就是碳纤维复合材的"灵魂"。碳纤维复合材虽然具有许多独特的优点，但脆性也是其不可回避的缺点。在测试拉伸性能时，品质较差的碳纤维复合材试验数据的离散型往往较大。因此拉伸试件的样本数（n）宜多一些为好，比如 $n=15$。

拉伸试件的制作也很关键：①选用合适的结构胶（碳纤维浸渍胶）。②结构胶和碳纤维布要充分浸润。③沿着纤维丝的方向单向滚压，碾除气泡、顺直纤维。④结构胶初步固化（指干）时，即可裁样（建议用美工刀片），在保证试样宽度的前提下，尽量不要破坏单个丝束的完整，更不能裁断碳丝。⑤裁制好的试样马上在两端的两面都粘贴上同宽度、合适长度的金属片（比如铝片），以便试验时夹持牢固。计算拉伸强度时应注意：200g/m² 规格的碳布截面厚度取 0.111mm，300g/m² 规格的碳布厚度取 0.167mm。层间剪切试样用的碳纤维布层数较多，每层布都要用结构胶充分浸透，碾压要点与拉伸试件一致，且多余的胶粘剂必须刮除干净，以保证试样的整体厚度不超标。与拉伸试件不同的是，层间剪切试件必须在结构胶完全固化后裁制，裁样工具建议选用精密机床（比如铣床）。

【实施与检查】

抗拉强度、受拉弹性模量和伸长率按现行国家标准《定向纤维增强塑料拉伸性能试验方法》GB/T 3354 测定；

弯曲强度按现行国家标准《单向纤维增强塑料弯曲性能试验方法》GB/T 3356 测定；

层间剪切强度按本规范附录 D 测定；

纤维复合材与基材正拉粘结强度按本规范附录 G 测定；

单位面积质量按现行国家标准《增强制品试验方法第 3 部分：单位面积质量的测定》GB/T 9914.3 测定；

纤维体积含量按现行国家标准《碳纤维增强塑料纤维体积含量试验方法》GB/T 3366 测定。

8.3.4 芳纶纤维复合材安全性鉴定的检验项目及合格指标，应符合表 8.3.4 的规定。

表 8.3.4　芳纶纤维复合材安全性鉴定标准

检验项目		鉴 定 合 格 指 标			
		单 向 织 物		条 形 板	
		高强度 I 级	高强度 II 级	高强度 I 级	高强度 II 级
抗拉强度 (MPa)	标准值	≥2100	≥1800	≥1200	≥800
	平均值	≥2300	≥2000	≥1700	≥1200
受拉弹性模量 E_f (MPa)		≥1.1×10^5	≥8.0×10^4	≥7.0×10^4	≥6.0×10^4
伸长率 (%)		≥2.2	≥2.6	≥2.5	≥3.0
弯曲强度 (MPa)		≥400	≥300	—	—
层间剪切强度 (MPa)		≥40	≥30	≥45	≥35
与混凝土基材正拉粘结强度 (MPa)		≥2.5，且为混凝土内聚破坏			
纤维体积含量 (%)		—		≥60	≥50
单位面积质量 (g/m²)	人工粘贴	≤450		—	
	真空灌注	≤650		—	

注：表中指标，除注明标准值外，均为平均值。

【技术要点说明】

芳纶纤维的全称是芳香族聚酰胺纤维。芳纶可分为邻位、间位及对位三种，而邻位无商业价值，用于加固材料的是对位芳纶纤维。对位芳纶全称为聚对苯二甲酰对苯二胺，我国俗称芳纶1414，具有高强度、高模量和耐高温、耐酸耐碱、抗老化、重量轻等优良性能，其强度是钢的5～6倍，模量为钢的2～3倍，重量仅为钢的1/5左右，在560℃的温度下，不分解、不融化。《混凝土结构加固设计规范》GB 50367 全面修订后（GB 50367 - 2013），增加了芳纶纤维复合材加固法内容。与碳纤维相比，芳纶纤维复合材除强度稍逊外，其韧性要优于碳纤维复合材，更适用于动荷载结构的加固补强；另外，芳纶纤维是有机高分子材料，具有绝缘性，而且和同是有机材料的结构胶浸润性更好（所以其单位面积质量可以达到 $600g/m^2$ 以上）。但由于分子结构带有极性基团，芳纶纤维易吸潮。因此，对于芳纶纤维复合材制品，其饱和含水率不得大于4.5%，否则会严重影响纤维与结构胶的浸润；芳纶对紫外线是比较敏感的，若长期裸露在阳光下，其强度损失很大，因此应加保护层，这种保护层必须能阻挡紫外光对芳纶分子骨架的损害。

拉伸性能（抗拉强度、模量和延伸率）也是芳纶纤维复合材的核心指标，与碳纤维复合材不同的是，芳纶纤维复合材的抗拉强度采用标准值和平均值"双控"标准。

【实施与检查】

抗拉强度、受拉弹性模量和伸长率按现行国家标准《定向纤维增强塑料拉伸性能试验方法》GB/T 3354 测定；

弯曲强度按现行国家标准《单向纤维增强塑料弯曲性能试验方法》GB/T 3356 测定；

层间剪切强度按本规范附录 D 测定；

纤维复合材与基材正拉粘结强度按本规范附录 G 测定；

单位面积质量按现行国家标准《增强制品试验方法第 3 部分：单位面积质量的测定》GB/T 9914.3 测定；

纤维体积含量按现行国家标准《碳纤维增强塑料纤维体积含量试验方法》GB/T 3366 测定。

【专题】

芳纶纤维最早开发于 20 世纪 60 年代初，1962 年美国杜邦公司率先研制出商品名为"Nomex"间位芳纶，并于 1967 年开始工业化生产；1966 年又研制出商品为"Kevlar"的高性能芳纶，并于 1971 年开始工业化生产；目前全球从事芳纶 1414 生产的厂家主要有美国杜邦公司（Kevlar）、日本帝人公司（Twaron、Technora）、俄罗斯耐热公司（Pycap）等。自 20 世纪 60 年代美国杜邦公司成功的研发出芳纶纤维并率先实现产业化后，迄今 30 年多年中，芳纶纤维走过了由军用战略物资向民用物资过渡的历程，现在国外芳纶无论是研发水平还是规模化生产都日趋成熟。在芳纶纤维生产领域，对位芳香族聚酰胺纤维发展最快。如美国杜邦的 Kevlar 纤维，荷兰阿克苏·诺贝尔公司（已与帝人合并）的 Twaron 纤维，日本帝人公司的 Technora 纤维及俄罗斯的 Terlon 纤维等。

8.4.2 玻璃纤维复合材安全性鉴定的检验项目及合格指标，应符合表 8.4.2 的规定。

表 8.4.2　玻璃纤维复合材安全性鉴定标准

检　验　项　目		鉴 定 合 格 指 标	
		高强玻璃纤维	E 玻璃纤维
抗拉强度标准值（MPa）		≥2200	≥1500
受拉弹性模量（MPa）		≥$1.0×10^5$	≥$7.2×10^4$
伸长率（%）		≥2.5	≥1.8
弯曲强度（MPa）		≥600	≥500
层间剪切强度（MPa）		≥40	≥35
纤维复合材与混凝土正拉粘结强度（MPa）		≥2.5，且为混凝土内聚破坏	
单位面积质量（g/m²）	人工粘贴	≤450	≤600
	真空灌注	≤550	≤750

注：表中指标，除注明标准值外，均为平均值。

【技术要点说明】

根据玻璃成分中碱金属氧化物（R_2O）的含量，可以把玻璃纤维分为如下几种：①无碱纤维（E玻璃纤维）：R_2O含量小于0.8%，是一种铝硼硅酸盐成分。它的化学稳定性、电绝缘性能、强度都很好。主要用作电绝缘材料、纤维增强材料和轮胎帘子线。②中碱纤维（C玻璃纤维）：R_2O的含量为11.9%～16.4%，是一种钠钙硅酸盐成分，因其含碱量高，不能作电绝缘材料，但其化学稳定性和强度尚好。一般作乳胶布、方格布基材、酸性过滤布、窗纱基材等，也可作对电性能和强度要求不很严格的纤维增强材料。这种纤维成本较低，用途较广泛。③高碱纤维（A玻璃纤维）：R_2O含量等于或大于15%的玻璃成分。如采用碎的平板玻璃、碎瓶子玻璃等作原料拉制而成的玻璃纤维，均属此类。④特种玻璃纤维：如由纯镁铝硅三元组成的高强玻璃纤维（S玻璃纤维），镁铝硅系高强高弹玻璃纤维，硅铝钙镁系耐化学腐蚀玻璃纤维，含铝纤维，高硅氧纤维，石英纤维等。玻璃纤维复合材强度高，机械性能稳定，绝缘性能好，且价格便宜。

与碳纤维和芳纶纤维不同的是，玻璃纤维复合材制品不分等级，且只有玻璃纤维布，没有玻璃纤维条形板。

A玻璃纤维和C玻璃纤维耐水解能力差，机械强度也不高，严禁在混凝土结构加固工程中使用。

【实施与检查】

抗拉强度、受拉弹性模量和伸长率按现行国家标准《定向纤维增强塑料拉伸性能试验方法》GB/T 3354测定；

弯曲强度按现行国家标准《单向纤维增强塑料弯曲性能试验方法》GB/T 3356测定；

层间剪切强度按本规范附录D测定；

纤维复合材与基材正拉粘结强度按本规范附录G测定；

单位面积质量按现行国家标准《增强制品试验方法第3部分：单位面积质量的测定》GB/T 9914.3测定；

纤维体积含量按现行国家标准《碳纤维增强塑料纤维体积含量试验方法》GB/T 3366

测定。

【专题】

高强玻璃纤维（S-玻璃纤维）：20 世纪 60 年代美国率先研制和生产高强玻纤，称为 S994。弹性拉力 4200～4800MPa，弹性模量 83GPa。80 年代初法国宣布正式研发和投产高强纤维。我国 69 年初开始研发高强 1#，70 年代正式投产高强 2#，现阶段已发展到高强 4#。S 玻璃的主要成分是 SiO_2、Al_2O_3 和 MgO。美国的 S994 成分为 65% SiO_2、25% Al_2O_3 和 10% MgO，析晶上限 1470 摄氏度，拉丝温度 1571 摄氏度，造成生产困难，难于大规模生产。我国高强 2# 玻璃组分：$SiO_2$52%～57%，Fe_2O_3<1.2%，$Al_2O_3$20%～25%，$CeO_2$1%～2%，MgO4%～10%，Li_2O0.8%～1.2%，B_2O_3<5%。20 世纪 90 年代，我国南京玻璃纤维研究院研制出高强 4# 玻璃并且投产，原丝单丝强度 4600MPa，弹性模量 86GPa，密度 2.53g/cm³。

无碱玻璃纤维（E-玻璃纤维）：指碱金属含量小于 1% 的铝硼硅酸盐成分的玻璃纤维。E-玻璃纤维 777 的基础为 SiO_2-Al_2O_3-CaO 三元系统，其成分比例为 62% SiO_2，14.7% Al_2O_3，22.3% CaO。在此基础上添加了 B_2O_3 代替部分 SiO_2，添加 MgO 代替部分 CaO。现在通用的 E 玻璃成分大致为：SiO_2 55%～57%，CaO 12%～25%，Al_2O_3 10%～17%，MgO 0～8%。它有良好的耐水性，属一级水解类。耐酸性较差，在酸介质中往往除 SiO_2 外所有成分会被溶。

9.1.2 工程结构加固用的钢丝绳分为高强度不锈钢丝绳和高强度镀锌钢丝绳两类。选用时，应符合下列规定：

1 重要结构，或结构处于腐蚀介质环境、潮湿环境和露天环境时，应采用高强度不锈钢丝绳；

2 处于正常温、湿度室内环境中的一般结构，当采用高强度镀锌钢丝绳时，应采取有效的阻锈措施；

3 结构加固用钢丝绳的内外均不得涂有油脂。

【技术要点说明】

1. 不锈钢丝绳的强度高于镀锌钢丝绳。

2. 锌是非常活泼的金属，不耐酸性等腐蚀介质。

3. 在潮湿环境中时，锌表面与潮湿空气接触，会首先与潮湿水气发生化学反应，生成一层多孔的、胶粘状的 $Zn(OH)_2$ 腐蚀产物。随后，氢氧化锌会进一步与大气中二氧化碳反应，生成一层薄的、致密的、有一定粘附性的碱式碳酸锌 $2ZnCO_3 \cdot 3Zn(OH)_2$ 腐蚀产物，可以阻止镀层进一步腐蚀。当镀锌件置于潮湿的空气中时，由于镀件的表面没有自由流动的空气，镀层的局部表面将不能发生形成上述腐蚀产物保护膜的化学反应，而是发生电化学腐蚀，形成白锈。白锈的形成机理实际上就是"氧浓差腐蚀电池"原理。电化学腐蚀速度远高于化学反应腐蚀的速度，阳极区的锌会很快被腐蚀，腐蚀产物为没有保护能力的、相对易溶的氢氧化锌。由于空气中的 CO_2 很难进入阳极区，这就阻止了氢氧化锌向起保护性作用的碱式碳酸锌转变，而在部分脱水后主要以 $Zn(OH)_2$ 和 ZnO 的混合物形式（又称碱式氧化锌）存在。在这种情况下的腐蚀产物不能抑制反应的继续进行。

4. 在露天环境，由于温差较大，会产生内应力，引起钢丝绳镀锌层表面局部破坏。

因此，重要结构，或结构处于腐蚀介质环境、潮湿环境和露天环境时，应采用高强度不锈钢丝绳。

钢丝绳在张拉时，可能会造成镀锌层损伤，所以应采取有效的阻锈措施，比如：可以采用镀锌防锈剂，其涂膜颜色与镀锌处理件一样有高光泽度的银色，同时又含锌，具有防锈能力。

一般用途的钢丝绳，在制绳时普遍涂有油脂。如果用涂有油脂的钢线绳作为加固材料，用于钢丝绳网片外加聚合物砂浆面层工程时，其与砂浆的粘结能力将大幅度下降。

【实施与检查】

外观检查：主要是检查钢丝绳内外是否涂有油脂。

质量保证书审查：钢丝的性能决定了钢丝绳的性能。不锈钢丝和镀锌钢丝的安全性鉴定分为化学成分鉴定和力学性能鉴定，以钢丝生产企业出具的质量保证书为依据，检测机构要审查证书的可信性和有效性。

制作高强度不锈钢丝绳的优质不锈钢丝的含碳量不得大于 0.15%，含硫量不得大于 0.025%，含磷量不得大于 0.035%；制作高强度镀锌钢丝绳的优质碳素钢丝的含硫量不得大于 0.03%，含磷量不得大于 0.03%。

钢丝和钢丝绳的具体性能指标参照相关国家现行标准：《不锈钢丝》GB/T 4240，《优质碳素结构钢丝》YB/T 5303，《不锈钢丝绳》GB/T 9944，《航空用钢丝绳》YB/T 5197。

镀锌钢丝绳的锌层重量和镀锌质量的检测按照现行国家标准《钢丝镀锌层》GB/T 15393 执行。

【专题说明】

1. 常用不锈钢主要化学成分如表 15.1-1 所示。

表 15.1-1　常用不锈钢主要化学成分

钢号	国别	标准	C ≤	Si ≤	Mn ≤	P ≤	S ≤
0Cr18Ni9	中国	GB	0.07	1	2	0.035	0.03
304	日本	JIS	0.08	1	2	0.045	0.03
304	美国	AISI	0.08	0.75	2	0.045	0.03
00Cr19Ni10	中国	GB	0.03	1	2	0.035	0.03
304L	日本	JIS	0.03	1	2	0.045	0.03
304L	美国	AISI	0.03	0.75	2	0.045	0.03
0Cr17Ni12Mo2	中国	GB	0.08	1	2	0.035	0.03
316	日本	JIS	0.08	1	2	0.045	0.03
316	美国	AISI	0.08	0.75	2	0.045	0.03
00Cr17Ni14Mo2	中国	GB	0.03	1	2	0.035	0.03
316L	日本	JIS	0.03	1	2	0.045	0.03

续表

钢号	国别	标准	C ≤	Si ≤	Mn ≤	P ≤	S ≤
316L	美国	AISI	0.03	0.75	2	0.045	0.03
0Cr18Ni10Ti	中国	GB	0.08	1	2	0.035	0.03
321	日本	JIS	0.08	1	2	0.045	0.03
321	美国	AISI	0.08	0.75	2	0.045	0.03
UNS S31803	美国	ASTM	0.03	1	2	0.03	0.02
Avesta 2205			0.03	1	2	0.03	0.02

2. 优质碳素结构钢主要化学成分如表 15.1-2 和表 15.1-3 所示。

表 15.1-2 优质碳素结构钢主要化学成分

序号	代号	牌号	化学成分（%）					
			C	Si	Mn	Cr	Ni	Cu
						不大于		
1	U20080	08F	0.05～0.11	≤0.03	0.25～0.50	0.10	0.30	0.25
2	U20100	10F	0.07～0.13	≤0.07	0.25～0.50	0.15	0.30	0.25
3	U20150	15F	0.12～0.18	≤0.07	0.25～0.50	0.25	0.30	0.25
4	U20082	08	0.05～0.11	0.17～0.37	0.35～0.65	0.10	0.30	0.25
5	U20102	10	0.07～0.13	0.17～0.37	0.35～0.65	0.15	0.30	0.25
6	U20152	15	0.12～0.18	0.17～0.37	0.35～0.65	0.25	0.30	0.25
7	U20202	20	0.17～0.23	0.17～0.37	0.35～0.65	0.25	0.30	0.25
8	U20252	25	0.22～0.29	0.17～0.37	0.50～0.80	0.25	0.30	0.25
9	U20302	30	0.27～0.34	0.17～0.37	0.50～0.80	0.25	0.30	0.25
10	U20352	35	0.32～0.39	0.17～0.37	0.50～0.80	0.25	0.30	0.25
11	U20402	40	0.37～0.44	0.17～0.37	0.50～0.80	0.25	0.30	0.25
12	U20452	45	0.42～0.50	0.17～0.37	0.50～0.80	0.25	0.30	0.25
13	U20502	50	0.47～0.55	0.17～0.37	0.50～0.80	0.25	0.30	0.25
14	U20552	55	0.52～0.60	0.17～0.37	0.50～0.80	0.25	0.30	0.25
15	U20602	60	0.57～0.65	0.17～0.37	0.50～0.80	0.25	0.30	0.25
16	U20652	65	0.62～0.70	0.17～0.37	0.50～0.80	0.25	0.30	0.25
17	U20702	70	0.67～0.75	0.17～0.37	0.50～0.80	0.25	0.30	0.25
18	U20752	75	0.72～0.80	0.17～0.37	0.50～0.80	0.25	0.30	0.25
19	U20802	80	0.77～0.85	0.17～0.37	0.50～0.80	0.25	0.30	0.25
20	U20852	85	0.82～0.90	0.17～0.37	0.50～0.80	0.25	0.30	0.25

续表

序号	代号	牌号	化学成分（%）					
			C	Si	Mn	Cr	Ni	Cu
						不大于		
21	U21152	15Mn	0.12～0.18	0.17～0.37	0.70～1.00	0.25	0.30	0.25
22	U21202	20Mn	0.17～0.23	0.17～0.37	0.70～1.00	0.25	0.30	0.25
23	U21252	25Mn	0.22～0.29	0.17～0.37	0.70～1.00	0.25	0.30	0.25
24	U21302	30Mn	0.27～0.34	0.17～0.37	0.70～1.00	0.25	0.30	0.25
25	U21352	35M13	0.32～0.39	0.17～0.37	0.70～1.00	0.25	0.30	0.25
26	U21402	40M13	0.37～0.44	0.17～0.37	0.70～1.00	0.25	0.30	0.25
27	U21452	45Mn	0.42～0.50	0.17～0.37	0.70～1.00	0.25	0.30	0.25
28	U21502	50Mn	0.48～0.56	0.17～0.37	0.70～1.00	0.25	0.30	0.25
29	U21602	60Mn	0.57～0，65	0.17～0，37	0.70～1.00	0.25	0.30	0.25
30	U21652	65M13	0.62～0.70	0.17～0.37	0.90～1.20	0.25	0.30	0.25
31	U21702	70M13	0.67～0.75	0.17～0.37	0.90～1.20	0.25	0.30	0.25

表 15.1-3　优质钢 P、S 含量分级

组别	P	S
	不大于（%）	
优质钢	0.035	0.035
高级优质钢	0.030	0.030
特级优质钢	0.025	0.020

9.3.1 结构用钢丝绳安全性鉴定的检验项目及合格指标，应符合表 9.3.1 的规定。

表 9.3.1　高强钢丝绳安全性鉴定标准

种类	符号	高强不锈钢丝绳			高强镀锌钢丝绳		
		钢丝绳公称直径（mm）	抗拉强度标准值（MPa）	弹性模量平均值（MPa）	钢丝绳公称直径（mm）	抗拉强度标准值（MPa）	弹性模量平均值（MPa）
6×7+IWS	φ^r	2.4～4.0	1800	≥1.05×10⁵	2.5～4.5	1650	≥1.30×10⁵
			1700			1560	
1×19	φ^s	2.5	1560		2.5	1560	

【技术要点说明】

钢丝绳种类和规格较多（见以下的"专题说明"），但用于工程结构加固的钢丝绳只限于两类：①6×7＋IWS 金属股芯右交互捻小直径不松散钢丝绳；②1×19 单股左捻钢丝绳。

拉伸强度是钢丝绳的重要指标，测试结果必须以标准值计算：对于不锈钢丝绳，置信水平 $\gamma=0.95$；对于镀锌钢丝绳，置信水平 $\gamma=0.90$。计算应力时，钢丝绳的截面积不能以钢丝绳的公称直径为基准，应按照本规范 9.3.3 表格的规定值采用。

【实施与检查】

钢丝绳外形尺寸及捻制质量的检验：

1. 直径的测量。

（1）钢丝绳直径应用带有宽钳口的游标尺测量，其钳口的宽度要足以跨越两个相邻的股，如下图所示：

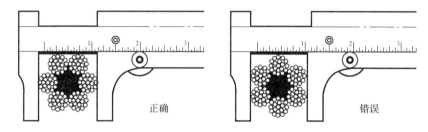

正确　　　　　　　　　　　　错误

图 15.1-2　直径测量示意

（2）测量应在无张力的情况下，于钢丝绳端头 15cm 外的直线部位上进行，在相距至少 1m 的两截上，并在同一截不同方向上各测量一个直径。

（3）四个测量结果的平均值作为钢丝绳的实测直径。

（4）在有争议的情况下，直径的测量可在给钢丝绳施加其最小破断拉力 5% 张力的情况下进行。

2. 不松散的检查。钢丝绳端应呈不松散状态，绳条平直，绳股拨开后能再复位。

3. 钢丝绳重量的测量。参考重量按 GB 50367－2013 的 13.2.7 的规定值采用，要求测试结果误差不超过 2.5%。

4. 外观检查。全绳不得有压扁及伤痕等缺陷。单丝外形一致，表面不得有伤痕和接缝等，10m 之内不得有两处以上接头。

钢丝绳的拉伸性能（强度和模量）的测定必须在直径测量后进行，其测定方法标准为现行国家标准《金属材料 拉伸试验 第 1 部分：室温试验方法》GB/T 228.1 和现行行业标准《光缆用镀锌钢绞线》YB/T 098（附录 A）。

【专题】

钢丝绳捻向（WIRE ROPELAY）：

钢丝绳按捻法分为右交互捻、左交互捻、右同向捻和左同向捻四种，根据捻制方向用两个字母（Z 或 S）表示钢丝绳的捻向，第二个字母表示股的捻向，"Z"表示右捻向，"S"表示左捻向。

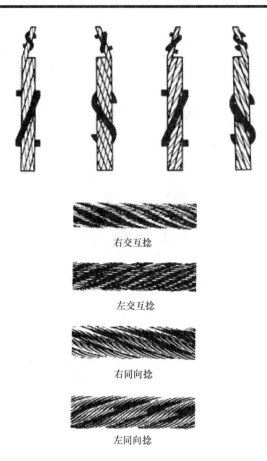

右交互捻

左交互捻

右同向捻

左同向捻

图 15.1-3 钢丝绳捻向

表 15.1-4 钢丝绳捻制方法区分表

序号	名称	英文	说　明
1	右交互捻	ZS	股捻的方向与股内钢丝捻的方向相反称交互捻，如图股向右捻，丝向左捻
2	左交互捻	SZ	如图示，股向左捻，丝向右捻
3	右同向捻	ZZ	股捻的方向与股内钢丝捻的方向相同，称同向捻，如图示股和丝均同向右捻
4	左同向捻	SS	如图示股和丝均同向左捻
5	混合捻		相邻两股或相邻两层的捻向相反

钢丝绳芯及代号：

纤维芯（天然或合成）：FC；天然纤维芯：NF；合成纤维芯：SF；金属丝绳芯：IWR（或 IWRC）；金属丝股芯：IWS

钢丝绳典型结构界面如图 15.1-4 所示。

钢丝绳的规格和意义举例：

1.16ZAA(B)6×19W＋NF1770ZZ190 代表的意思是 A 级镀锌（ZAA 表示镀锌绳，

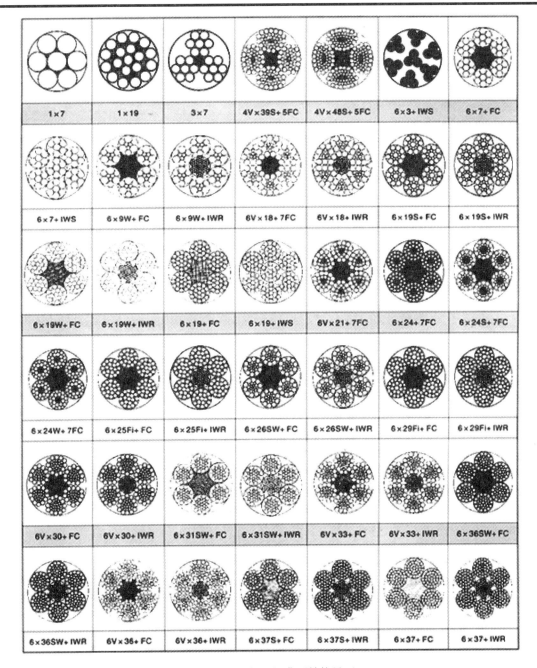

图 15.1-4　钢丝绳典型结构界面

镀锌级别为 A 级镀锌钢丝）（一般为热镀锌）的钢丝绳（ZAB 表示镀锌绳，镀锌级别为 AB 级镀锌钢丝），绳径为 16mm，钢丝绳由 6 股组成，每股 19 根钢丝，19W 的股结构为 1＋6＋6 大/6 小，一次捻制；组股钢丝的公称丝径为：1.12mm、1.2mm、0.9mm，钢丝绳绳芯采用天然纤维芯，一般 NF 代表为剑麻绳芯；钢丝绳的公称抗拉强度在 1770MPa；ZZ（右同向捻）代表钢丝绳右捻，小股也右捻。

　　2.8NAT6×19＋SF1470ZZ 代表的意思是：NAT 代表光面圆股钢丝绳，6 股组成，每股 19 根钢丝，点接触捻制，组股钢丝的公称丝径为 0.52mm，SF 代表合成纤维芯，钢丝绳的公称抗拉强度在 1770MPa；ZZ（右同向捻）代表钢丝绳右捻，小股也右捻。

12.1.2　工程结构用的后锚固连接件应采用胶接植筋、胶接全螺纹螺杆和有机械锁紧效应的自扩底锚栓、模扩底锚栓和特殊倒锥形化学锚栓。

【技术要点说明】

后锚固连接件包括植筋和锚栓。其中植筋又称化学植筋，系采用改性环氧类结构胶粘剂或改性乙烯基酯类结构胶粘剂把带肋钢筋或全螺纹螺杆种植在钢筋混凝土构件中。应该注意，当植筋的直径大于 22mm 时，应采用 A 级结构胶。锚栓分为两类：机械锚栓和化学锚栓（胶粘型锚栓）。承重结构用的机械锚栓，应采用有锁键效应的后扩底锚栓，这类锚栓按其构造方式的不同，又分为自扩底、模扩底和胶粘—模扩底三种（示意图详见 GB 50367-2013 图 16.1.3-1）。承重结构用的化学锚栓，应采用特殊倒锥形化学锚栓（示意图详见 GB 50367-2013 图 16.1.3-2）。

【实施与检查】

当后锚固件为植筋时，应检查钢筋、螺杆和配套用的结构胶（即植筋胶或锚固胶）：

1. 钢筋应使用热轧带肋钢筋，不得使用光圆钢筋。宜选用 HRB335 级或 HRBF335 级普通钢筋；当有工程经验时，可使用 HRB400 级钢筋；也可采用 HRB500 级和 HRBF500 级的钢筋。钢筋质量按现行国家标准《钢筋混凝土用钢　第 2 部分：热轧带肋钢筋》GB 1499.2 执行。

2. 螺杆应采用全螺纹螺杆，不得采用锚入部位无螺纹的螺杆。螺杆的钢材等级应为 Q345 级或 Q235 级；其质量应分别符合现行国家标准《低合金高强度结构钢》GB/T 1591 和《碳素结构钢》GB/T 700 的规定。

3. 配套使用的植筋胶其安全性鉴定按本规范 4.2.2 执行。

锚栓的检测：检查品种、型号、规格、中文标志和包装、出厂检验合格报告等项目，并对锚栓钢材受拉性能进行检测，检测结果必须符合《混凝土结构加固设计规范》GB 50367-2013 表 4.2.5-1 或表 4.2.5-2 的规定。

表 4.2.5-1　碳素钢及合金钢锚栓的钢材抗拉性能指标

	性　能　等　级	4.8	5.8	6.8	8.8
锚栓钢材 性能指标	抗拉强度标准值 f_{uk}（MPa）	400	500	600	800
	屈服强度标准值 f_{yk} 或 $f_{s,0.2k}$（MPa）	320	400	480	640
	伸长率 δ_5（%）	14	10	8	12

注：性能等级 4.8 表示：$f_{stk}=400$MPa；$f_{yk}/f_{stk}=0.8$。

表 4.2.5-2　不锈钢锚栓（奥氏体 A1、A2、A4、A5）的钢材性能指标

	性　能　等　级	50	70	80
	螺纹公称直径 d（mm）	≤39	≤24	≤24
锚栓钢材 性能指标	抗拉强度标准值 f_{uk}（MPa）	500	700	800
	屈服强度标准值 f_{yk} 或 $f_{s,0.2k}$（MPa）	210	450	600
	伸长值 δ（mm）	0.6d	0.4d	0.3d

【专题】

扩孔锚栓市场鱼龙混杂，号称扩孔（扩底）锚栓的产品不少，有的确实是真正的扩孔锚栓，有的只是取名扩孔锚栓，本质却是膨胀螺栓。《混凝土用膨胀型、扩孔型建筑锚栓》JG 160-2004 定义扩孔锚栓为"通过锚孔底部扩孔与锚栓扩张之间的锁键而形成锚固作用锚栓"。锚孔底部的扩孔方式，又分为两种方式。第一种方式为后切底方式；第二种为自切底方式。后切底方式是在钻好的锚孔中，用专用的扩孔钻头，在锚孔底部进行扩孔，然后再安装锚栓。自切底方式是锚栓的扩张部分带金刚石的刀片，用电锤挤压使其在锚孔的底部进行膨胀。后切底方式扩孔锚栓与自切底方式的扩孔锚栓有以下不同：①后切底方式的锚栓比自切底方式的锚栓多一个扩孔钻头；②后切底方式的锚栓比自切底方式的锚栓更可靠、更安全。

12.1.3 在考虑地震作用的结构中，严禁使用膨胀型锚栓作为承重构件的连接件。

【技术要点说明】

锚栓按工作原理及构造的不同分为膨胀型锚栓、扩孔型锚栓、粘结型锚栓、化学植筋及其他类型锚栓。各类锚栓的选用除考虑锚栓本身性能差异外，尚应考虑基材性状、锚固连接的受力性质、被连接结构类型、有无抗震设防要求等因素的综合影响。膨胀型锚栓、扩孔型锚栓、粘结型锚栓、化学植筋等的适用范围是：可用作非结构构件的后锚固连接，也可用作受压、中心受剪（$c \geqslant 10h_{ef}$）、压剪组合之结构构件的后锚固连接。

膨胀型锚栓不适用于受拉、边缘受剪（$C < 10h_{ef}$）、拉剪复合受力之结构构件及生命线工程非结构构件的后锚固连接。扩孔型锚栓可有条件应用于无抗震设防要求之受拉、边缘受剪、拉剪复合受力之结构构件的后锚固连接；当有抗震设防要求时，应保证仅发生锚固系统延性破坏，方可有条件应用。粘结型锚栓不适用于受拉、边缘受剪（$C < 10h_{ef}$）、拉剪复合受力之结构构件及生命线工程非结构构件的后锚固连接；除专用开裂粘结型锚栓外，一般粘结型锚栓不宜用于开裂混凝土基材之非结构构件的后锚固连接。满足锚固深度要求的化学植筋及螺杆，可应用于抗震设防烈度≤8度之受拉、边缘受剪、拉剪复合受力之结构构件及非结构构件的后锚固连接。

膨胀型锚栓优点是安装方便。缺点是膨胀应力集中，因为膨胀带面积相当有限，一般不超过锚栓的截面积。当锚栓在预紧时，锚栓在膨胀带产生的应力已经足以使基材混凝土产生裂纹。当锚栓载荷增加时，裂纹随即扩散。尽管裂纹扩散的情况不易被发现，实际情况是基材混凝土局部已被彻底破坏。在地震作用下，载荷持续或进一步加大，基材混凝土的失效形式一大锥体现象就会立即发生。

【实施与检查】

检查锚栓的品种、型号、规格、中文标志和包装、出厂检验合格报告等项目，并对锚栓钢材受拉性能进行检测，检测结果必须符合《混凝土结构加固设计规范》GB 50367-2013 表 4.2.5-1 或表 4.2.5-2 的规定；另外还应检查该批锚栓是否属于地震区适用的锚栓：①对于国内产品，应具有独立检验机构出具的符合行业标准《混凝土用膨胀型、扩孔型建筑锚栓》JG 160-2004 附录 F 规定的专项试验验证合格的证书；②对于进口产品，应具有该国或国际认证机构检验结果出具的地震区适用的认证证书。

【专题】

后锚固连接设计，应根据被连接结构类型、锚固连接受力性质及锚栓类型的不同，对其破坏形态加以控制。对受拉、边缘受剪、拉剪组合之结构构件及生命线工程非结构构件的锚固连接，宜控制为锚栓或植筋钢材破坏，不宜控制为混凝土基材破坏；对于膨胀型锚栓及扩孔型锚栓锚固连接，不应发生整体拔出破坏，不宜产生锚杆穿出破坏；对于粘结型锚栓，不宜产生拔出破坏；对于满足锚固深度要求的化学植筋及螺杆，不应产生混凝土基材破坏及拔出破坏（包括沿胶筋界面破坏和胶混界面破坏）。

《混凝土结构加固设计规范》GB 50367－2013

4.3.1 纤维复合材的纤维必须为连续纤维，其品种和质量应符合下列规定：

1 承重结构加固用的碳纤维，应选用聚丙烯腈基不大于 15K 的小丝束纤维。

2 承重结构加固用的芳纶纤维，应选用饱和吸水率不大于 4.5% 的对位芳香族聚酰胺长丝纤维。且经人工气候老化 5000h 后，1000MPa 应力作用下的蠕变值不应大于 0.15mm。

3 承重结构加固用的玻璃纤维，应选用高强度玻璃纤维、耐碱玻璃纤维或碱金属氧化物含量低于 0.8% 的无碱玻璃纤维，严禁使用高碱的玻璃纤维和中碱的玻璃纤维。

4 承重结构加固工程，严禁采用预浸法生产的纤维织物。

【技术要点说明】

在常温现场固化条件下使用碳纤维复合材，其关键是要保证结构胶的充分浸润与渗透。为此，必须要求所采用的碳纤维 K 数不能太高。国内外的众多工程经验一致表明，在现有的结构胶性能情况下，对一般结构不应大于 15K；对重要结构，为安全起见，应采用 12K 或 12K 以下的碳纤维，因为此时复合材受力性能的变异系数均在 4% 以下。

芳纶纤维的浸润与渗透性能虽较佳，但它属于有机材料，具有吸水性，而且随着品种、型号的不同变化幅度很大。因此，必须根据胶粘性能的安全性要求来限制其吸水性。国内外大量试验结果表明，只有饱和含水率不大于 4.5% 的对位芳香族聚酰胺长丝纤维，才能满足安全使用要求，故必须以此作为市场准入的条件。

在混凝土结构中使用玻璃纤维复合材，关键是要解决混凝土对这种纤维的腐蚀问题。国内外试验研究的共同结论是：在承重结构中只能采用高强度 S 玻璃纤维、AR 耐碱玻璃纤维和碱金属氧化物含量低于 0.8% 的 E 玻璃纤维（也称无碱玻璃纤维），严禁使用不耐腐蚀的 A 玻璃纤维和 C 玻璃纤维。

【实施与检查】

1. 必须严格执行现行国家标准《建筑结构加固工程施工质量验收规范》GB 50550 关于对加固材料实施进场复验的制度。

2. 应由监理工程师负责抽样并签封后送独立检测单位检验。

3. 执行国务院《建设工程质量管理条例》和原建设部 80 号部令中有关规定，严防以玄武岩纤维顶替碳纤维。

4.3.3 纤维复合材抗拉强度标准值，应根据置信水平为 0.99、保证率为 95% 的要求确定。不同品种纤维复合材的抗拉强度标准值应按表 4.3.3 的规定采用。

表 4.3.3　纤维复合材抗拉强度标准值

品　种	等级或代号	抗拉强度标准值（MPa）	
		单向织物（布）	条形板
碳纤维复合材	高强度Ⅰ级	3400	2400
	高强度Ⅱ级	3000	2000
	高强度Ⅲ级	1800	—
芳纶纤维复合材	高强度Ⅰ级	2100	1200
	高强度Ⅱ级	1800	800
玻璃纤维复合材	高强玻璃纤维	2200	—
	无碱玻璃纤维、耐碱玻璃纤维	1500	—

【技术要点说明】

由于纤维复合材属于新型加固材料，迄今国内外所积累的抗拉强度数据均不多，而这项性能又是确定抗拉强度设计值的基础。因此，在取样检验纤维复合材的抗拉强度时，均要求算出其标准值，并与国家规定的界限值进行比较，以决定该批纤维复合材的抗拉强度性能是否满足安全使用的要求。考虑到这类检验所取的样本均不大，为了遵守《建筑结构可靠度设计统一标准》GB 50068 关于材料性能标准值应具有 95% 保证率的规定，必须依据《正态分布完全样本可靠度单侧置信下限》GB 4885 的规定，引入置信水平（信度）的概念，以考虑样本数量的影响。本规范对碳纤维复合材取用的置信水平为 0.99，其所算得的标准值接近于平均值减去 3 倍标准差的水平。这既是国际上的共识，也是共同积累的经验，同时也与这类材料的变异系数很小有关。

【实施与检查】

设计和检测人员习惯使用传统的计算材料性能标准值的方法，但其存在未与试件数量挂钩的缺陷。为了实施国际上较普遍采用的新方法，应使广大设计和质检人员了解并掌握考虑置信水平的标准值确定方法。

4.3.6 对符合安全性要求的纤维织物复合材或纤维复合板材，当与其他结构胶粘剂配套使用时，应对其抗拉强度标准值、纤维复合材与混凝土正拉粘结强度和层间剪切强度重新做适配性检验。

【技术要点说明】

从组成纤维复合材所用材料的研制过程可知，制作纤维织物和纤维预成型时，其所使用的偶联剂和胶粘剂，不仅应与粘贴用的结构胶粘剂具有良好的相容性，而且还应具有很好的界面粘结性能。因此，纤维复合材以配套方式进行生产为技术上最佳的选择。然而，随着社会生产的专业性越来越高，纤维材料与结构胶粘剂的生产大多已分别由不同厂家各自生产。在这种情况下，由于选料的不同，便提出了适配性问题。因为它直接涉及结构加固工程的质量和安全。为了解决这个问题，当一种已配套生产的复合材，又与另一品种胶粘剂相配时，必须重做适配性检验的规定，以确保使用的安全。

【实施与检查】

1. 《建筑结构加固工程施工质量验收规范》GB 50550－2010 要求纤维复合材进场时，

应出示由独立检测机构出具的适配性检验报告，并由设计单位和监理单位进行审查，以确认该报告的有效性。

2. 适配性检验报告的结论应符合《工程结构加固材料安全性鉴定技术规范》GB 50728 的规定。

4.4.2 承重结构用的胶粘剂，必须进行粘结抗剪强度检验。检验时，其粘结抗剪强度标准值，应根据置信水平为 0.90、保证率为 95% 的要求确定。

【技术要点说明】

结构胶粘剂在各类工程中的应用，主要基于其粘结抗剪承载能力，这对承重结构而言，是关系到工程安全的应用。因此，在安全性能检验时，不仅必须检验其粘结抗剪强度，而且还应以强度性能标准值来表达其检验结果。根据现行国家标准《建筑结构可靠度设计统一标准》GB 50068、《正态分布完全样本可靠度单侧置信下限》GB 4885 和《工程结构加固材料安全性鉴定技术规范》GB 50728 的规定，作出本条规定。

【实施与检查】

根据本条的规定，本规范在有关章节中，具体给出了承重结构用的胶粘剂的粘结抗剪强度标准值和设计值，并要求设计人员按规定值采用。与此同时，设计主管部门还在有关施工图设计审查文件中规定了审图过程中应对材料性能的设计取值进行检查。

4.4.4 承重结构加固工程中严禁使用不饱和聚酯树脂和醇酸树脂作为胶粘剂。

【技术要点说明】

第一代环氧类胶粘剂具有性脆、不耐湿热老化等缺点，用于结构工程的使用年限不长。为了克服这些缺陷，经过几代人的努力，不断采取各种改性措施，如今已成为国内外工程结构首选的胶粘剂。由于其主要性能与第一代环氧类胶粘剂完全不同，因此，为了区别起见，已被工程界定名为改性环氧类结构胶粘剂，并由现行国家标准《工程结构加固材料安全性鉴定技术规范》GB 50728 系统地给出了其性能指标和鉴定标准。从该规范可以了解到改性后的环氧类结构胶具有耐湿热老化、耐应力长期作用、耐冲击剥离和耐疲劳作用等优点，可以在工程结构加固中安全使用。

在加固工程中以价廉，但不耐水、不耐老化的不饱和聚酯树脂胶或醇酸树脂胶来替代改性环氧树脂胶，已经导致不少粘钢工程和粘贴纤维布工程发生安全事故或留下严重安全隐患。据此，本规范作出了严禁使用不饱和聚酯树脂或醇酸树脂作为胶粘剂的规定。

【实施与检查】

1. 遵从《建筑结构加固工程施工质量验收规范》GB 50550 的强制性条文和主控项目的规定，把好加固材料及制品的进场复验关。不饱和聚酯树脂或醇酸树脂胶，必须全数拒收，不得以任何理由留在现场。

2. 加强监督管理，并严格实施原建设部 80 号部令。

4.5.3 钢丝绳的抗拉强度标准值（f_{rtk}）应按其极限抗拉强度确定，且应具有不小于 95% 的保证率以及不低于 90% 的置信水平。

【技术要点说明】

钢丝绳抗拉强度标准值是制定其抗拉强度设计值的依据。与传统材料相比，加固材料性能标准值除要求应具有 95% 保证率以外，还多了一个置信水平的控制。这是因为加固材料多为新材料，不如传统材料积累的试验数据多。在这种情况下应用时，经常需要检验某一批量材料的标准值是否正常。由于这类检验所抽取的样本数量不可能很多，故有必要引入置信水平的要求，以考虑试件数量的影响。这样做法与欧美等国家是一致的。

【实施与检查】

1. 熟识欧美等国的有关规定和我国《正态分布完全样本可靠度单侧置信下限》GB 4885 的确定方法。

2. 严格执行本规范及《工程结构加固材料安全性鉴定技术规范》GB 50728 和《建筑结构加固工程施工质量验收规范》GB 50550 的有关规定。

4.5.4 不锈钢丝绳和镀锌钢丝绳的强度标准值和设计值应按表 4.5.4 采用。

表 4.5.4 高强钢丝绳抗拉强度设计值（MPa）

种 类	符号	高强不锈钢丝绳			高强镀锌钢丝绳		
		钢丝绳公称直径（mm）	抗拉强度标准值 f_{tk}	抗拉强度设计值 f_{rw}	钢丝绳公称直径（mm）	抗拉强度标准值 f_{tk}	抗拉强度设计值 f_{rw}
6×7+IWS	ϕ^r	2.4～4.0	1600	1200	2.5～4.5	1650	1100
1×19	ϕ^s	2.5	1470	1100	2.5	1580	1050

【技术要点说明】

对工程结构采用的材料强度标准值和设计值，设计规范均不容许由设计人员自行取值；以防取值不当，导致工程发生质量事故，且无法追究设计责任。

本条给出的钢丝绳抗拉强度标准值和设计值系参照现行国家标准《航空用钢丝绳》GB 5197、《不锈钢丝绳》GB 9944 和《航空用不锈钢弹簧丝规范》GJB 3320 的规定，经调整和验证性试验后确定的，可满足结构安全使用的要求。

【实施与检查】

严格执行本规范的规定，只允许采用不高于本规范规定值的抗拉强度计算值进行承重结构加固构件的设计。

4.5.6 结构加固用钢丝绳的内部和表面严禁涂有油脂。

【技术要点说明】

一般用途的钢丝绳在制作时，按惯例均应在其内外涂抹油脂，而且已成为一道主要工序。在这种情况下，若不在订货协议上，将严禁涂布油脂的要求写入协议或合同，并实施必要的监督，便很可能被照涂不误。倘若这种钢丝绳不受强制性条文约束，将很容易混入施工现场；一旦贸然用于结构加固工程上，其所涂布的大量油脂，将严重降低（甚至丧失）钢丝绳与聚合物砂浆的粘结能力，以致因加固层无法传递剪应力而导致加固失效。这在国内外均发生过类似事故。有必要通过设置强制性条文，予以监督、检查、管理，以确保工程加固的安全。

【实施与检查】

1. 加固设计施工图上必须注明严禁采用涂有油脂的钢丝绳；施工图审查应予核实。

2. 由《建筑结构加固工程施工质量验收规范》GB 50550 将此项规定列为执行强制性

条文的主控项目进行进场复验，凡查出有油脂的钢丝绳应予拒收，并监督退货。

15.2.4 植筋用结构胶粘剂的粘结抗剪强度设计值 f_{bd} 应按表 15.2.4 的规定值采用。当基材混凝土强度等级大于 **C30**，且采用快固型胶粘剂时，其粘结抗剪强度设计值 f_{bd} 应乘以调整系数 **0.8**。

表 15.2.4　粘结抗剪强度设计值 f_{bd}

胶粘剂等级	构造条件	基材混凝土的强度等级				
		C20	C25	C30	C40	≥C60
A 级胶或 B 级胶	$s_1 \geqslant 5d$、$s_2 \geqslant 2.5d$	2.3	2.7	3.7	4.0	4.5
A 级胶	$s_1 \geqslant 6d$；$s_2 \geqslant 3.0d$	2.3	2.7	4.0	4.5	5.0
	$s_1 \geqslant 7d$；$s_2 \geqslant 3.5d$	2.3	2.7	4.5	5.0	5.5

注：1　当使用表中的 f_{bd} 值时，其构件的混凝土保护层厚度，不应低于现行国家标准《混凝土结构设计规范》GB 50010 的规定值；

2　s_1 为植筋间距；s_2 为植筋边距；

3　f_{bd} 值仅适用于带肋钢筋或全螺纹螺杆的粘结锚固。

【技术要点说明】

植筋用结构胶粘剂的粘结抗剪强度设计值，是进行植筋设计的最重要指标，必须采用由强制性条文规定的设计值，规范加固市场。因为有不少厂家在推荐使用其所编制的《技术手册》。

本条规定的植筋胶粘结抗剪强度设计值是以 ICBO 认证机构作出的植筋基本安全系数应不小于 4 的规定，以及欧洲标准化机构 EOTA 规定的取值曲线为参照基准，经验证性试验和工程实践经验调整后确定的。6 年来的试用表明，当时所作的偏低调整过于稳健，可以采用与欧美标准相近的取值。因此，此次修订作了不超出 10% 的提高调整。

【实施与检查】

设计、施工和监理单位应采取有效措施严防不饱和聚酯树脂胶混入现场。

16.2.3 碳钢、合金钢及不锈钢锚栓的钢材强度设计指标必须符合表 16.2.3-1 和表 16.2.3-2 的规定。

表 16.2.3-1　碳钢及合金钢锚栓钢材强度设计指标

性　能　等　级		4.8	5.8	6.8	8.8
锚栓强度设计值（MPa）	用于抗拉计算 $f_{ud,t}$	250	310	370	490
	用于抗剪计算 $f_{ud,v}$	150	180	220	290

注：锚栓受拉弹性模量 E_s 取 2.0×10^5 MPa。

表 16.2.3-2　不锈钢锚栓钢材强度设计指标

性　能　等　级		50	70	80
螺纹直径（mm）		≤32	≤24	≤24
锚栓强度设计值（MPa）	用于抗拉计算 $f_{ud,t}$	175	370	500
	用于抗剪计算 $f_{ud,v}$	105	225	300

【技术要点说明】

对制作承重结构锚栓用的钢材,作出应按本规范规定的强度设计值进行设计、计算,并设置为强制性条文以保证本规定的严格执行。在这一前提下,本规范在制定这项设计指标时,考虑到承重结构允许采用的锚栓仅有4个品种,且在用钢的品质上有专门要求。因而决定参照欧洲标准进行制定,但作了如下两点的调整:

1. 根据我国同品种钢材的性能和质量,对其强度标准值的确定,做了稍偏安全的调整;

2. 在制定本规范的计算方法时,其所涉及强度设计值的计算参数,均按美国 ACI 318 的规定值进行了校核。

【实施与检查】

1. 结合原建设部80号部令和国务院《建设工程质量管理条例》的有关规定,对本规范进行宣讲,使设计人员了解并掌握本规定。

2. 列为设计施工图审查的主要审查项目之一予以把关。

《砌体结构加固设计规范》GB 50702 - 2011

4.2.3 砌体结构加固工程中,严禁使用过期水泥、受潮水泥、品种混杂的水泥以及无出场合格证和未经进场检验合格的水泥。

【技术要点说明】

过期水泥、受潮水泥、品种混杂的水泥以及无出场合格证和未经进场检验合格的水泥,若用于砌体结构加固工程,将直接影响加固结构工程的质量,进而影响被加固结构的安全性。因此,严禁将此五种水泥用于砌体结构工程的加固。

【实施与检查】

1. 实施

设计人员应明确此五种水泥严禁用于砌体结构工程的加固,现场监理和质量监督人员应严格检查,督促施工单位对进场水泥进行送样检测等。

2. 检查

监理单位人员和质量监督人员应对进场水泥的出厂时间进行检查,确保水泥满足规范要求;督促进行有见证取样送检,并在取得合格的检测报告之后,方能进场使用。

4.3.6 砌体结构采用的锚栓应为砌体专用的碳素钢锚栓。碳素钢砌体锚栓的钢材抗拉性能指标应符合表 4.3.6 的规定。

表 4.3.6 碳素钢砌体锚栓的钢材抗拉性能指标

性 能 等 级		4.8	5.8
锚栓钢材 性能指标	抗拉强度标准值 f_{stk}(MPa)	400	500
	屈服强度标准值 f_{yk} 或 $f_{s,0.2k}$(MPa)	320	400
	伸长率 δ_5(%)	14	10

注:性能等级 4.8 表示:$f_{stk}=400\text{MPa}$;$f_{yk}/f_{stk}=0.8$。

【技术要点说明】

由于砌体结构及其构件是以砂浆砌筑块材而成，其整体性远不如混凝土，一般锚栓嵌入其中起不到应有的锚固作用，因此必须采用按其材料和构造专门设计的锚栓。与此同时，其锚栓原材料的性能等级，也不是越高越好，而是其有适宜的选材范围。为此，从现行国家标准《紧固件机械性能——螺栓、螺钉和螺柱》GB/T 3098.1中选择了4.8和5.8两个性能等级的碳素钢作为砌体专门锚栓的用钢，并相应给出了其性能指标。

【实施与检查】

1. 实施

上述条文对砌体结构专用的碳素钢锚栓钢材的抗拉性能指标作出了规定，设计人员应明确碳素钢锚栓钢材的抗拉性能指标，选用相符的钢材，现场监理和质量监督人员应严格检查，督促施工单位进行送样检测等。

2. 检查

根据规范要求以及委托方提供的砌体结构加固前后的设计图纸等相关资料，对钢材抗拉性能指标进行检查核对。

4.4.3 钢丝绳的强度标准值（f_{rtk}）应按其极限抗拉强度确定，并应具有不小于 **95%** 的保证率以及不低于 **90%** 的置信度。钢丝绳抗拉强度标准值应符合表 **4.4.3** 的规定。

表 4.4.3　钢丝绳抗拉强度标准值（MPa）

种类	符号	不锈钢丝绳		镀锌钢丝绳	
		钢丝绳公称直径（mm）	钢丝绳抗拉强度标准值 f_{rtk}	钢丝绳公称直径（mm）	钢丝绳抗拉强度标准值 f_{rtk}
6×7＋IWS	ϕ_r	2.4～4.5	1800、1700	2.5～4.5	1650、1560
1×19	ϕ_s	2.5	1560	2.5	1560

【技术要点说明】

考虑到国家标准《建筑结构可靠度设计统一标准》GB 50068仅规定保证率，而无保证其实现的措施。为此，以现行国家标准《正态分布完全样本可靠度单侧置信下限》GB 4885为依据，引入了置信水平概念，使保证率与试样数量挂钩，以提高其实现的概率，并在此基础上，参照欧洲标准给出了置信水平的具体取值，弥补了统一标准的缺陷，以确保实际工程的设计质量。

【实施与检查】

1. 实施

上述条文以现行国家标准《正态分布完全样本可靠度单侧置信下限》GB 4885为依据，引入了置信水平概念，设计人员应明确钢丝绳的强度标准值，并注意应具有不小于95%的保证率以及不低于90%的置信度。

2. 检查

现场监理和质量监督人员应严格检查，督促施工单位进行送样检测等。根据规范要求以及委托方提供的砌体结构加固前后的设计图纸等相关资料，对钢丝绳抗拉性能指标进行检查核对。

4.5.2 结构加固用的碳纤维、玻璃纤维和玄武岩纤维复合材的安全性能指标必须分别符合表 **4.5.2-1** 或表 **4.5.2-2** 的要求。纤维复合材的抗拉强度标准值应根据置信水平 c 为 **0.99**、保证率为 **95%** 的要求确定。

表 4.5.2-1 碳纤维复合材安全性能指标

项　目	类　别	单向织物（布）		条形板
		高强度Ⅱ级	高强度Ⅲ级	高强度Ⅱ级
抗拉强度（MPa）	平均值	≥3500	≥2700	≥2500
	标准值	≥3000	—	≥2000
受拉弹性模量（MPa）		$\geq 2.0 \times 10^5$	$\geq 1.8 \times 10^5$	$\geq 1.4 \times 10^5$
伸长率（%）		≥1.5	≥1.3	≥1.4
弯曲强度（MPa）		≥600	≥500	—
层间剪切强度（MPa）		≥35	≥30	≥40
纤维复合材与砖或砌块的正拉粘结强度（MPa）		≥1.8，且为 MU20 烧结砖或混凝土砌块内聚破坏		

注：15k 碳纤维织物的性能指标按高强度Ⅱ级的规定值采用。

表 4.5.2-2 玻璃纤维、玄武岩纤维单向织物复合材安全性能指标

类　别＼项　目	抗拉强度标准值（MPa）	受拉弹性模量（MPa）	伸长率（%）	弯曲强度（MPa）	纤维复合材与烧结砖或砌块的正拉粘结强度（MPa）	层间剪切强度（MPa）	单位面积质量（g/m²）
S 玻璃纤维	≥2200	$\geq 1.0 \times 10^5$	≥2.5	≥600	≥1.8，且为 MU20 烧结砖或混凝土砌块内聚破坏	≥40	≤450
E 玻璃纤维	≥1500	$\geq 7.2 \times 10^4$	≥2.0	≥500		≥35	≤600
玄武岩纤维	≥1700	$\geq 9.0 \times 10^4$	≥2.0	≥500		≥35	≤300

注：表中除标有标准值外，其余均为平均值。

【技术要点说明】

对本条的制定，需说明以下三点：

1. 纤维复合材虽然是工程结构加固的好材料，但在工程上使用时，除了应对纤维和胶粘剂的品种、型号、规格、性能和质量作出严格规定外，尚须对纤维与胶粘剂的"配伍"问题进行安全性与适配性的检验与合格评定，否则容易因材料"配伍"不当，而导致结构加固工程失败。

2. 随着碳纤维生产技术的日益发展，高强度级碳纤维的基本性能和质量也越来越得到改善。为了更好地利用这类材料，国外有关规程和指南几乎都增加了"超高强"一级。《混凝土结构加固设计规范》GB 50367－2013 规范根据目前国内市场供应的不同型号碳纤维的性能和质量的差异情况，也将结构加固使用的碳纤维分为"高强度Ⅰ级"、"高强度Ⅱ级"和"高强度Ⅲ级"三档，但对砌体结构加固，本规范仅推荐使用Ⅱ级和Ⅲ级纤维。

3. 表 4.5.2-1 和表 4.5.2-2 的安全性能指标，是根据住房和城乡建设部建筑物鉴定与加固规范管理委员会几年来对进入我国建设工程市场各种品牌和型号碳纤维及玻璃纤维织物和板材的抽检结果，并参照国外有关规程和指南制定的。工程试用结果表明，按该表规

定的指标接受产品较能保证结构安全所要求的质量。

【实施与检查】

1. 实施

上述条文对结构加固用的碳纤维、玻璃纤维和玄武岩纤维复合材的安全性能指标作出了规定，设计人员应明确其安全性能指标，纤维复合材强度标准值应根据置信水平 c 为 0.99、保证率为 95％ 的要求确定。现场监理和质量监督人员应严格检查，督促施工单位进行送样检测等。

2. 检查

监理单位人员和质量监督人员应对结构加固用的材料进行检查，同时督促进行有见证取样送检，并在取得合格的检测报告之后，方能进场使用。并根据规范要求以及委托方提供的砌体结构加固前后的设计图纸等相关资料，对纤维复合材强度标准值应根据置信水平进行检查核对。

4.5.3 对符合本规范第 **4.5.2** 条安全性能指标要求的纤维复合材，当它的纤维材料与其他改性环氧树脂胶粘剂配套使用时，必须按下列项目重新作适配性检验，且检验结果必须符合本规范表 **4.5.2-1** 或表 **4.5.2-2** 的规定。

1 抗拉强度标准值。

2 纤维复合材与烧结砖或混凝土砌块正拉粘结强度。

3 层间剪切强度。

【技术要点说明】

对符合本规范第 4.5.2 条安全性能指标要求的纤维复合材，当与其他品牌号结构胶配套使用时，之所以必须重做适配性检验，是因为一种纤维与一种品牌号胶粘剂的配伍通过了安全性及适配性的检验，并不等于它与其他品牌号胶粘剂的配伍也具有同等的安全性及适配性。故必须重新做检验，但检验项目可以适当减少。

【实施与检查】

1. 实施

检测人员对纤维复合材与其他品牌号结构胶配套使用时，必须重做适配性检验，对于确保工程结构的安全性，具有极为重要的意义。

2. 检查

根据规范要求以及相关资料对抗拉强度标准值、纤维复合材与烧结砖或混凝土砌块正拉粘结强度、层间剪切强度等重新作适配性检验。

4.5.5 承重结构的现场粘贴加固，当采用涂刷法施工时，不得使用单位面积质量大于 **300g/m²** 的碳纤维织物；当采用真空灌注法施工时，不得使用单位面积质量大于 **450g/m²** 的碳纤维织物；在现场粘贴条件下，尚不得采用预浸法生产的碳纤维织物。

【技术要点说明】

对本条需说明两点：

1. 目前国内外生产的供工程结构粘贴纤维复合材使用的胶粘剂，是以常温固化和现场涂刷施工为前提，因此，其浸润性、渗透性和垂流度均仅适用于单位面积质量在 300g/m² 及其以下的碳纤维织物。若用于大于 300g/m²，胶粘剂将很难浸透，致使碳纤维层内和层间因缺胶而使得所形成的复合材的整体性受到严重影响,达不到设计所要求的粘结强度。因此,在 GB 50367 规范 2006 年版本中,作出了"严禁使用单位面积质量大于 $300g/m^2$ 的碳纤维织物"的规定。但这几年来,为了解决这个工艺问题,国外厂家通过大量试验研究,推出了适合现场条件使用的真空灌注法,解决了 $300g/m^2 \sim 450g/m^2$ 的碳纤维织物在工程现场的注胶问题。这一新工艺经我国验证和使用表明:确能较饱满地完成厚型织物的注胶工艺。因此,GB 50367 规范 2013 年版本补充了这项新工艺,并具体规定了其适用范围。但应指出的是:以 $450g/m^2$ 作为现场使用真空灌注法的界限值,是根据国内外共识界定的,不可任意扩大厚型布适用范围。

2. 预浸法生产的碳纤维织物,由于储存期短,且要求低温冷藏,在现场加固施工条件下很难做到,常常因此而导致预浸料发生粘连、变质。若勉强加以利用,将严重影响结构加固的安全和质量,故作出严禁使用这种材料的规定。为此,还需要指出的是:预浸料只能在工厂条件下采用中、高温(125℃~180℃)固化工艺,以低黏度的专用胶粘剂制作纤维复合材。但一些不法厂商为了赚取高利润,有意隐瞒这些事实,大量地将这类材料推销给建设工程使用,而一些业主和施工单位也为了有利可图而加以接受。在这种情况下,一旦发生事故将很难分清设计、施工、监理、业主和材料供应商的责任。故提请设计、监理和检验单位必须严加提防。

【实施与检查】

1. 实施

对承重结构的现场粘贴加固,当采用涂刷法施工时,为不影响复合材的整体性,用单位面积质量在 $300g/m^2$ 及其以下的碳纤维织物;当采用真空灌注法施工时,使用 $300g/m^2 \sim 450g/m^2$ 的碳纤维织物,设计人员应明确以上要求。

2. 检查

监理单位人员和质量监督人员应对碳纤维织物的施工方法以及对应的碳纤维织物面积进行检查。

4.6.1 砌体加固工程用的结构胶粘剂,应采用 B 级胶。使用前,必须进行安全性能检验。检验时,其粘结抗剪强度标准值应根据置信水平 c 为 0.90、保证率为 95% 的要求确定。

【技术要点说明】

砌体结构加固工程用的结构胶粘剂,虽然国内外专家论证认为:可以使用 B 级胶,但为了保证工程的安全,仍然要求胶粘剂的粘结抗剪强度标准值应具有足够高的强度保证率及其较高的可能实现的概率(即置信水平)。本规范采用 95% 保证率,系根据现行国家标准《建筑结构可靠度设计统一标准》GB 50068 确定的;其置信水平是参照国内外同类标准如 ACI455.2、CIB-W18、GB 4885(与 ISO 国际标准等),以及我国标准化工作应用概率统计方法的经验确定的,即取置信水平 $C=0.90$,与美国和欧洲标准一致。

这里必须指出的是:国内有为数不少的科研、设计人员在强度标准值的概述和算法上,还存在着一个误区,即简单地认为:强度标准值所要求的 95% 保证率,就是将试验得到的强度平均值减去 1.645 倍标准差。其实这只有当试验数量 n 足够大时,例如当 $n \geqslant 3000$ 时,才接近于 1.645 这个值。若 n 的数量有限,例如 $n=5$ 与 $n=50$,倘若其试验结果的平均值仍然还是都只减去 1.645 倍标准值,那么,它们的强度保证率是否也都达到了

95%呢? 答案显然是否定的。因为它疏忽了试样数量这一重要的影响因素。概率统计计算标准: 若置信水平为 0.90, 则当 $n=5$ 与 $n=50$ 时, 应分别减去 3.4 倍和 1.965 倍标准差, 才能同样具有 95%的保证率。因此, 显然不能只规定强度保证率, 而不规定其所必须考虑的可能实现的概率 (即置信水平); 也正因此, 在本规范第 3.2.3 条中给出了强度标准值算法, 以供检验和设计人员使用。

【实施与检查】

1. 实施

上述条文对 B 级胶的置信水平作出了规定, 检验人员应进行安全性能检验。

2. 检查

监理单位人员和质量监督人员应对 B 级胶的粘结抗剪强度标准值进行检查, 应根据置信水平 C 为 0.90、保证率为 95%的要求进行确认检测。

4.6.2 浸渍、粘结纤维复合材的胶粘剂及粘贴钢板、型钢的胶粘剂必须采用专门配制的改性环氧树脂胶粘剂, 其安全性能指标必须符合现行国家标准《混凝土结构加固设计规范》GB 60367 规定的对 B 级胶的要求。承重结构加固工程中不得使用不饱和聚酯树脂、醇酸树脂等胶粘剂。

【技术要点说明】

经过数十年的实践, 目前国际上已公认专门研制的改性环氧树脂胶为混凝土结构加固首选的胶粘剂。不论从抗剥离性能、耐环境作用、耐应力长期作用等各方面来考察, 都是迄今其他建筑胶所无法比拟的。但需要提请使用单位注意的是: 这些良好的胶粘性能并非环氧树脂胶所固有的, 而是通过改性消除了第一代环氧树脂胶脆性等一系列缺陷后才获得的。因此, 在使用前必须通过安全性能检验, 确认其改性效果后, 才能保证被加固结构承载的安全可靠性。至于不饱和聚酯树脂以及所谓的醇酸树脂, 由于其耐潮湿和耐老化性能差, 因而不允许用作承重结构加固的胶粘剂。

【实施与检查】

1. 实施

上述条文对浸渍、粘结纤维复合材的胶粘剂及粘贴钢板、型钢的胶粘剂作出了规定, 设计人员应明确指出, 必须采用专门配制的改性环氧树脂胶粘剂, 现场监理和质量监督人员应严格检查, 督促施工单位进行送样检测等。

2. 检查

监理单位人员和质量监督人员应对浸渍、粘结纤维复合材的胶粘剂及粘贴钢板、型钢的胶粘剂进行检查, 应统一采用专门配制的改性环氧树脂胶粘剂, 同时督促进行见证取样送检, 并在取得合格的检测报告之后, 方能进场使用。

4.6.3 种植后锚固件的胶粘剂, 必须采用专门配制的改性环氧树脂胶粘剂, 其安全性能必须符合现行国家标准《混凝土结构加固设计规范》GB 50367 的规定。在承重结构的后锚固工程中, 不得使用水泥卷及其他水泥基锚固剂。种植锚固件的结构胶粘剂, 其填料必须在工厂制胶时添加, 严禁在施工现场掺入。

【技术要点说明】

种植后锚固件 (植筋、锚栓及拉结筋等) 的胶粘剂, 之所以必须使用专门配置的改性环氧树脂胶，其理由如同上条所述，这里需要补充说明的是：在砌体结构的锚固用胶中，仍然有不少使用了乙二胺（包括以乙二胺为主成分的 T-31）作固化剂。这在现行国家标准《混凝土结构加固设计规范》GB 50367 中是严禁使用的。因此，对本规范而言，该规定也同样有效。因为本条规定其他结构锚固用胶必须符合该规范对 B 级胶的安全性能要求。另外，应指出的是：水泥卷及其他水泥基锚固剂，由于韧性差以及其中所含的膨胀剂对上部结构的负面影响，是不应该用于承重结构的，但受当前加固市场不规范的影响，不少厂商仍以各种理由来推销这类产品，故必须在强制性条文中予以澄清。

【实施与检查】

1. 实施

上述条文对种植后锚固件胶粘剂的使用作出了规定，必须采用专门配制的改性环氧树脂胶粘剂，现场监理和质量监督人员应严格检查，种植锚固件的结构胶粘剂，其填料必须在工厂制胶时添加，严禁在施工现场掺入。

2. 检查

监理单位人员和质量监督人员应对进场种植后锚固件的胶粘剂种类进行检查，同时，必须保证其填料必须在工厂制胶时添加，严禁在施工现场掺入，并在取得合格的检测报告之后，方能进场使用。

4.7.5 砌体结构加固用的聚合物砂浆，其粘结剪切性能必须经湿热老化检验合格。湿热老化检验应在 **50°C** 温度和 **95%** 相对湿度环境条件下，采用钢套筒粘结剪切试件，按现行国家标准《建筑结构加固工程施工质量验收规范》GB 50550 规定的方法进行；老化试验持续的时间不得少于 **60d**。老化结束后，在常温条件下进行的剪切破坏试验，其平均强度降低的百分率（%）均应符合下列规定：

1 I_m 级砂浆不得大于 **15%**。

2 II_m 级砂浆不得大于 **20%**。

【技术要点说明】

聚合物改性水泥砂浆一般作为承重结构的加固面层使用。因此，其粘结性能就显得很重要，不仅要有足够的粘结抗剪强度，而且其使用后期的粘结能力必须得到保证。针对这一使用要求，必须采用对劣质聚合物检出能力很强的湿热老化检验法来检验其老化性能，才能作出正确判断。

【实施与检查】

1. 实施

上述条文对加固用的聚合物砂浆的粘结剪切性能指标作出了规定，必须在 $50°C$ 温度和 $95%$ 相对湿度环境条件下，采用钢套筒粘结剪切试件，经湿热老化检验合格。

2. 检查

监理单位人员和质量监督人员进行检查，老化试验持续的时间不得少于 $60d$，I_m 级砂浆不得大于 $15%$，II_m 级砂浆不得大于 $20%$。

4.7.7 配制聚合物改性水泥砂浆用的聚合物原料，必须进行毒性检验。其完全固化物的检验结果应达到实际无毒的卫生等级。

【技术要点说明】

关于配制改性水泥砂浆用的聚合物原料的毒性检验规定，在很多国家均纳入其有关法规。因为它与人体健康和环境卫生密切相关，必须保证其使用的安全。为此，本规范也参照国内外有关标准进行制定，本条列为强制性条文，以保证严格执行。另外，应指出的是，就目前所使用的聚合物而言，在完全固化后要达到"实际无毒"的卫生等级，是完全可以做到的。之所以还需要对毒性检验进行强制，是为了防止新开发的其他品种聚合物忽视这个问题，也为了防范劣质有毒的产品混入市场。

【实施与检查】

1. 实施

因为改性水泥砂浆用的聚合物原料与人体健康和环境卫生密切相关，必须保证其使用的安全，所以必须对其进行毒性检验，选用无毒的聚合物原料。现场监理和质量监督人员应严格检查，督促施工单位进行送样检测等。

2. 检查

监理单位人员和质量监督人员应对改性水泥砂浆用的聚合物原料进行检查，并在取得合格的检测报告，确认其完全固化物的检验结果应达到实际无毒的卫生等级之后，方能使用。

9.1.7 碳纤维和玻璃纤维复合材的设计指标必须分别按表 9.1.7-1 及表 9.1.7-2 的规定值采用。

表 9.1.7-1　碳纤维复合材设计指标

性　能　项　目		单向织物（布）		条形板
		高强度Ⅱ级	高强度Ⅲ级	高强度Ⅱ级
抗拉强度设计值 f_f（MPa）	重要结构	1400	—	1000
	一般结构	2000	1200	1400
弹性模量设计值 E_f（MPa）	所有结构	2.0×10^5	1.8×10^5	1.4×10^5
拉应变设计值 ε_f	重要结构	0.007	—	0.007
	一般结构	0.01	—	0.01

表 9.1.7-2　玻璃纤维复合材设计指标

项　目\类　别	抗拉强度设计值 f_f（MPa）		弹性模量设计值 E_f（MPa）		拉应变设计值 ε_f	
	重要结构	一般结构	重要结构	一般结构	重要结构	一般结构
S 玻璃纤维	500	700	7.0×10^4		0.007	0.01
E 玻璃纤维	350	500	5.0×10^4		0.007	0.01

【技术要点说明】

为了确保被加固结构的安全，本规范统一制定了纤维复合材的设计计算指标。这对设计人员而言，不仅较为方便，而且还不至于因各自取值的差异，而引发争议；也不至于因厂商炒作的影响，贸然采用过高的计算指标而导致结构加固出问题。

【实施与检查】

1. 实施

上述条文对碳纤维和玻璃纤维复合材的设计指标作出了规定，设计人员应明确其性能指标，方便计算。同时统一标准，提高效率。

2. 检查

根据规范要求以及委托方提供的砌体结构加固前后的设计图纸等相关资料，对碳纤维和玻璃纤维复合材的设计指标进行检查核对。

10.1.4 钢丝绳的强度设计值应按表 10.1.4 采用。

表 10.1.4 钢丝绳抗拉强度设计值（MPa）

种类	符号	不锈钢丝绳			镀锌钢丝绳		
		钢丝绳公称直径（mm）	抗拉强度标准值 f_{tk}	抗拉强度设计值 f_{rw}	钢丝绳公称直径（mm）	抗拉强度标准值 f_{tk}	抗拉强度设计值 f_{rw}
6×7+IWS	ϕ_r	2.4～4.0	1800	1100	2.5～4.5	1650	1050
			1700	1050		1560	1000
1×19	ϕ_s	2.5	1560	1050	2.5	1560	1100

【技术要点说明】

为了确保被加固结构的安全，本规范统一制定了不锈钢丝绳和镀锌钢丝绳的强度设计计算指标。这对设计人员而言，不仅较为方便，而且还不至于因各自取值的差异，而引发争议；也不至于因厂商炒作的影响，贸然采用过高的计算指标而导致结构加固出问题。

【实施与检查】

1. 实施

设计人员应明确不锈钢丝绳和镀锌钢丝绳的强度设计计算指标，合理取值，施工图审查人员在审查图纸时应检查计算指标，现场监理和质量监督人员应严格检查。

2. 检查

监理单位人员和质量监督人员应对进场钢丝绳进行检查，同时督促进行有见证取样送检，并在取得合格的检测报告之后，方能进场使用。

《古建筑木结构维护与加固技术规范》GB 50165 - 92

6.3.3 修复或更换承重构件的木材，其材质应与原件相同。若原件已残毁，则应按本规范表 6.3.3 的材质标准选材。

表 6.3.3 承重结构木材材质标准

项次	缺陷名称	原木材质等级		方材质等级	
		Ⅰ等材	Ⅱ等材	Ⅰ等材	Ⅱ等材
		受弯构件或压弯构件	受压构件或次要受弯构件	受弯构件或压弯构件	受压构件或次要受弯构件
1	腐朽	不允许	不允许	不允许	不允许

续表

项次	缺陷名称	原木材质等级		方材质等级	
		Ⅰ等材	Ⅱ等材	Ⅰ等材	Ⅱ等材
		受弯构件或压弯构件	受压构件或次要受弯构件	受弯构件或压弯构件	受压构件或次要受弯构件
2	木节 (1) 在构件任一面(或沿周长)任何 150mm 长度所有木节尺寸的总和不得大于所在面宽(或所在部位原木周长)的	2/5	2/3	1/3	2/5
	(2) 每个木节的最大尺寸不得大于所测部位原木周长的	1/5	1/4	—	—
3	斜纹 任何 1m 材料上平均倾斜高度不得大于	80mm	120mm	50mm	80mm
4	裂缝 (1) 在连接的受剪面上	不允许	不允许	不允许	不允许
	(2) 在连接部位的受剪面附近,其裂缝深度(有对面裂缝时用两者之和)不得大于	直径的 1/4	直径的 1/2	材宽的 1/4	材宽的 1/3
5	生长轮(年轮)其平均宽度不得大于	4mm	4mm	4mm	4mm
6	虫蛀	不允许	不允许	不允许	不允许

注:1 供制作斗拱的木材,不得有木节和裂缝。
 2 古建筑用材不得有死节(包括松软节和腐朽节)。
 3 木节尺寸按垂直于构件长度方向测量。木节表现为条状时,在条状的一面不量,直径小于 10mm 的活节不量。

【技术要点说明】

 用于各类木构件维修的木材材质,本规范根据古建筑的要求并参照现行国家标准《木结构设计规范》GB 50005 的等级标准作了规定。但考虑到古建筑木构架一般不用受拉构件,因而未将该类构件的材质标准列入。

【实施与检查】

 古建筑木结构在其使用过程中,受自然条件及虫噬等影响,其构件产生开裂或者腐朽等缺陷。为了保证古建筑的整体性和安全性,应及时对腐朽构件进行加固或更换。构件更换木材时应遵循现行国家标准《木结构设计规范》GB 50005 相关条文要求。

6.3.4 用作承重构件或小木作工程的木材,使用前应经干燥处理,含水率应符合下列规定:

 1 原木或方木构件,包括梁枋、柱、檩、椽等,不应大于 20%。为便于测定原木和方木的含水率,可采用按表层检测的方法,但其表层 20mm 深处的含水率不应大于 16%。

2 板材、斗栱及各种小木作，不应大于当地的木材平衡含水率。

【技术要点说明】

为了避免新更换的木构件产生严重开裂和变形而影响安全，或降低木构件表面彩饰的质量和寿命，故规定木材在加工前必须经过干燥处理，且含水率要求应比一般工程严一些。因此，对以自然风干为主的原木或方木，要求不大于20%；对斗栱及小木作，尽管其所用的材料，需要达到十分干燥的程度，但由于其尺寸较小，人工干燥的条件不难解决，故从保证构件质量出发，要求不高于当地的木材平衡含水率。

关于含水率的检测，本条文采用了现行国家标准《木结构设计规范》GB 50005 规定的按照表层测定的方法。

【实施与检查】

木材含水率较高时，对建筑的装饰和寿命将产生较大影响。古建筑木结构相关木构件在进行更换处理时，应保证更换构件的含水率满足规范要求，以防止木材腐朽，影响古建筑的安全。

6.3.5 修复古建筑木结构构件使用的胶粘剂，应保证胶缝强度不低于被胶合木材的顺纹抗剪和横纹抗拉强度。胶粘剂的耐水性及耐久性，应与木构件的用途和使用年限相适应。

【技术要点说明】

这里需要说明的是胶粘剂耐久性的要求问题。本条文的提法与现行国家标准《木结构设计规范》GB 50005 一致。至于本条文所提的使用年限，则不能按普通的木结构的概念来理解，而只能理解为古建筑大修的一个周期。因为古建筑早已超过了正常使用年限，人们对它所做的工作只是通过不断的保养与修缮，使之能够尽可能地安全延年。但从当前科学技术发展的水平和合成树脂胶所能达到的最长使用寿命来看，以古建筑一个大修周期作为使用年限来要求，还是较为恰当的。

【实施与检查】

修复古建筑木结构所用的胶粘剂其强度必须满足要求，防止古建筑使用过程因胶粘剂强度不足而影响木结构整体的安全性。

15.2 混 凝 土 结 构

《混凝土结构加固设计规范》GB 50367－2013

3.1.8 设计应明确结构加固后的用途。在加固设计使用年限内，未经技术鉴定或设计许可，不得改变加固后结构的用途和使用环境。

【技术要点说明】

各类建筑结构的设计使用年限虽不一致，但均应按《建筑结构可靠度设计统一标准》GB 50068 的规定取用。这也就意味着相应的荷载设计值及耐久性措施也应按设计使用年限确定。在这种情况下，改变结构加固后的用途（如超载使用、改变电梯或抗震墙位置、在结构上开洞等）和使用环境（如普通房间改为蒸汽浴室、厨房或邻近房屋出现振动源或化学介质等）均会影响其安全及使用年限。因此，任何对结构（包括邻近结构）的改变均须经技术鉴定或设计许可，或由设计单位采取必要的技术措施，才能确保结构在设计使用期内的安全。

【实施与检查】

1. 加固设计图纸中明确标明加固后结构的实际用途，设计人员应向用户和产权人详细交底，说明加固后房屋的性能和正确使用的要点，以及对擅自改变结构用途和使用环境应负的法律责任。

2. 房地产管理部门应建立健全房屋建筑安全管理制度，如严格执行改造、装修房屋的申报、审批制度；以及检查、监督制度等，以防患于未然。

《混凝土结构后锚固技术规程》JGJ 145－2013

4.3.15　未经技术鉴定或设计许可，不得改变后锚固连接的用途和使用环境。

【技术要点说明】

后锚固连接的设计使用年限与主体结构一致，相应的荷载设计值及耐久性措施也与主体结构一致，改变后锚固连接的用途和使用环境后，其荷载设计值及耐久性措施均会发生变化，不经技术鉴定或设计许可，可能影响其安全及使用年限。因此，任何对后锚固连接的改变均须经技术鉴定或设计许可，或由设计单位采取必要的技术措施，才能确保其在设计使用期内的安全。

【实施与检查】

1. 设计人员应向用户和产权人详细交底，说明擅自改变后锚固连接用途和使用环境可能带来的严重后果。

2. 监督管理部门应建立健全管理制度，如严格执行改造、装修房屋的申报、审批制度；以及检查、监督制度等，以防患于未然。

《钢绞线网片聚合物砂浆加固技术规程》JGJ 337－2015

5.1.5　采用钢绞线网片聚合物砂浆加固混凝土结构和砌体结构时，应对结构构件加固区采取标识措施，未经技术鉴定或设计许可，严禁任何人在加固定成后对加固区进行破坏性施工。

【技术要点说明】

钢绞线网片中的受力钢绞线间距一般在 20mm～80mm 之间，远小于一般结构上预留孔洞或预埋件尺寸，构件加固完成后在加固区域的后期开洞或后锚固埋件等作业势必切断数根或全部钢绞线，严重损伤加固层中的受力主体；另外为了使加固层与被加固构件良好共同工作，消除钢绞线应力滞后现象，在施工时对钢绞线经过张拉具有初始应力，其突然截断会使剩余钢绞线和被加固构件应力突变。以上两种原因会造成加固效果降低甚至失效，危及结构安全。因此严格禁止加固区域的破坏性作业。

【实施与检查】

通过对施工单位的施工专项方案的审查和施工监理工程师的旁站监理，敦促加固施工期间结构加固与其他专业图纸配合施工，事先预留预理，保证本条规定的顺利执行，从而保证结构安全。加固区域应做好标示，以便后期正常使用状态下业主的维护。

5.2.8 钢绞线网片聚合物砂浆加固的现场施工样板应进行实体见证检验，且其检验结果应满足下列条件之一：

1 正拉粘结强度不小于 **2.5N/mm²**。

2 样板破坏形式为基材内聚破坏。

【技术要点说明】

从规程名称即可看出，在该项技术中，聚合物砂浆同受力主体钢绞线网片具有同等重要的地位。结构加固用聚合物砂浆与其他聚合物砂浆相比，其特殊性就是具有较高的锚固钢绞线和与混凝土、砌块等结构粘结的能力。良好的粘结能力从加固机理上能够保证加固构件不产生剥离破坏，满足加固设计计算中的平截面变形协调假定，否则将降低加固效果，导致加固失效，影响结构安全。聚合物砂浆的正拉粘结强度是体现加固层与被加固构件界面粘结能力的重要指标，其现场测定结果真实反映了被加固构件和聚合物砂浆之间的粘结能力。鉴于目前市场上名为"聚合物砂浆"的产品种类较多，因此在正式施工前一定要通过第三方检测机构进行现场试验，确定正拉粘结强度指标满足本规定要求。这一方面保证了加固效果，同时避免了因复检时间较长，如果出现该指标不合格导致大面积返工造成工期和经济损失。

【实施与检查】

通过第三方检测机构和现场相关单位对现场施工样板中无钢绞线网片部位进行检测，出具正式报告，保证本条规定的顺利执行，从而保证结构加固的质量和安全。

15.3 砌 体 结 构

《砌体结构加固设计规范》GB 50702-2011

3.1.9 未经技术鉴定或设计许可，不得改变加固后砌体结构的用途和使用环境。

【技术要点说明】

各类建筑结构的设计使用年限虽不一致，但均应按《建筑结构可靠度设计统一标准》GB 50068 的规定取用。这也就意味着相应的荷载设计值及耐久性措施也应按设计使用年限确定。在这种情况下，改变结构加固后的用途（如超载使用、改变抗震承重墙位置、在结构上开洞等）和使用环境（如普通房间改为蒸汽浴室、厨房或邻近房屋出现振动源或化学腐蚀介质等）均会影响其安全及使用年限。因此，任何对砌体结构（包括邻近结构）的改变均须经技术鉴定或设计许可，或由设计单位采取必要的技术措施，才能确保结构在设计使用期内的安全。

【实施与检查】

1. 实施

设计人员应向用户和产权人详细交底并在加固设计说明中明确，说明加固后房屋的性能和正确使用的要点，以及对擅自改变结构用途和使用环境应负的法律责任。

房地产管理部门应建立健全房屋建筑安全管理制度，如严格执行改造、装修房屋的申报、审批制度；以及检查、监督制度等，以防患于未然。

2. 检查

根据委托方提供的砌体结构加固前后的设计图纸等相关资料，结合砌体结构加固前后的用途和使用环境进行检查核对。

《钢绞线网片聚合物砂浆加固技术规程》JGJ 337-2015

见 15.2 节"混凝土结构"。

15.4 古建筑木结构

《古建筑木结构维护与加固技术规范》GB 50165-92

6.4.1 古建筑木结构在维修、加固中，如有下列情况之一应进行结构验算：

1 有过度变形或产生局部破坏现象的构件和节点。

2 维修、加固后荷载、受力条件有改变的结构和节点。

3 重要承重结构的加固方案。

4 需由构架本身承受水平荷载的无墙木构架建筑。

【技术要点说明】

根据工程实践经验，一般古建筑木结构实际应力很低，不需要算。只在有些特殊情况下才需要进行结构验算。故本条对四种可能发生问题的情况，作了需要进行结构验算的规定。

【实施与检查】

对古建筑木结构进行维修、加固过程中，首先应判断结构是否存在本条规定的四种情况，若存在相关问题，则对古建筑木结构进行结构验算，保证古建筑木结构的安全性。

6.4.2 验算古建筑木结构时，其木材设计强度和弹性模量应符合下列规定：

1 应乘以结构重要性系数 0.9；有特殊要求者另定。

2 对外观已显著变形或木质已老化的构件，尚应乘以表 6.4.2 考虑荷载长期作用和木质老化影响的调整系数。

3 对仅以恒载作用验算的构件，尚应乘以调整系数。

表 6.4.2　考虑长期荷载作用和木质老化的调整系数

建筑物修建距今的时间（年）	调整系数		
	顺纹抗压设计强度	抗弯和顺纹抗剪设计强度	弹性模量和横纹承压设计强度
100	0.95	0.90	0.90
300	0.85	0.80	0.85
≥500	0.75	0.70	0.75

【技术要点说明】

关于木材的设计强度，弹性模量以及一些计算系数的取值问题，由于古建筑的木材试验不可能做的很多，因而，其基本取值方法系在专家论证的基础上，参考现行国家标准

《木结构设计规范》GB 50005 确定的。对年代久远的古建筑，其原件的木材计算指标降低系数是参考中国林业科学研究院、四川省建筑科学研究院和太原工业大学的试验资料和日本对古代木材所作的试验结果确定的。

【实施与检查】

在对古建筑木结构进行验算时，验算过程中相关指标的计算与古建筑所用木材自身的强度及弹性模量相关联。为能准确地验算木结构的整体性及安全性，通过对不同情况下的木材强度及弹性模型取值，以此真实反映古建筑的实际状况。木材强度及弹性模量通过乘以调整系数来反映古建筑所考虑的不同情况。

6.4.3 梁、柱构件应验算其承载能力，并应遵守下列规定：

1 当梁过度弯曲时，梁的有效跨度应按支座与梁的实际接触情况确定，并应考虑支座传力偏心对支承构件受力的影响。

2 柱应按两端铰接计算，计算长度取侧向支承间的距离，对截面尺寸有变化的柱可按中间截面尺寸验算稳定。

3 若原有构件已部分缺损或腐朽，应按剩余的截面进行验算。

【技术要点说明】

本条主要明确一般梁、柱等应按现行国家标准《木结构设计规范》GB 50005 的计算方法进行验算。这里需要指出的是，对受弯构件的原件，若发现有问题，应验算其强度，并要求满足设计要求。但对它的变形限值可以放松，亦即在强度满足要求的前提下，其变形只要不影响继续使用（参见表 4.1.6、4.1.9 及 4.1.10）就不需要加固。

【实施与检查】

古建筑木结构中梁、柱是重要受力构件。古建筑木结构从建造至今，经历了无数的风吹日晒等自然作用，在此过程中木材经历冷热交替的胀冷、冻融循环，对梁、柱造成一定的损害。因此，在对古建筑木结构梁、柱进行验算时，为准确反应梁柱的实际受力情况，梁柱的支承约束情况、计算长度以及截面面积应尽量与实际情况相符合。对于截面缺失或腐朽严重的，应进行折减。

6.5.7 对木构架进行整体加固，应符合下列要求：

1 加固方案不得改变原来的受力体系。

2 对原来结构和构造的固有缺陷，应采取有效措施予以消除，对所增设的连接件应设法加以隐蔽。

3 对本应拆换的梁枋、柱，当其文物价值较高而必须保留时，可另加支柱，但另加的支柱应能易于识别。

4 对任何整体加固措施，木构架中原有的连接件，包括椽、檩和构架间的连接件，应全部保留。若有短缺时，应重新补齐。

5 加固所用材料的耐久性，不应低于原有结构材料的耐久性。

【技术要点说明】

这是对木构架整体加固提出的基本要求，应在维修工作中加以全面理解和认真执行。

这里需要解释的是"不得改变原来受力体系"这一要求，其主要含意是：应保持构架中原有各节点接近于铰接的构造与传力方式，不得把它们加固成刚接节点，也不得把柱脚与柱的基础拉结固定等，以免出现不利于木构架受力的应力状态。

【实施与检查】

在对古建筑木构架进行检查时，应仔细检查木构架是否出现裂缝、裂缝走势、裂缝开展情况、裂缝宽度、裂缝深度，检查木构架的连接是否残损、松动或缺失，对出现裂缝的梁枋及时采取相应的措施进行更换，对缺失的连接件应及时补齐。古建筑木构架在加固维护过程中所有替换的木构件均不能影响古建筑的外观，采用的木材其强度应满足要求。亦即对古建筑木结构采取的加固维护措施，一方面不得影响古建筑木结构自身的外观；另一方面，必须保证古建筑的安全性。

6.6.3 对柱的受力裂缝和继续开展的斜裂缝，必须进行强度验算，然后根据具体情况采取加固措施或更换新柱。

【技术要点说明】

因梁架侧倾、扭转而造成的柱身开裂，应待梁架整修复位，应力得到消除后，方可进行嵌补与加固。由于这类裂缝不易于与较大的干缩裂缝完全区别开来，故规定对这两类裂缝应同样处理。对于严重的受力裂缝与斜裂缝，则不能用一般方法修补，而应考虑支顶、拆换或采取其他有效的加固措施。

【实施与检查】

木柱是古建筑木结构中的重要竖向受力构件。在对古建筑木结构木柱进行检查时，应仔细检查木柱是否出现裂缝、裂缝走势、裂缝开展情况、裂缝宽度、裂缝深度，对出现裂缝的木柱及时采取相应的措施进行维护加固。

6.7.3 当梁枋构件的挠度超过规定的限值或发现有断裂迹象时，应按下列方法进行处理：

1 在梁枋下面支顶立柱。

2 更换构件。

3 若条件允许，可在梁枋内埋设型钢或其他加固件。

【技术要点说明】

本条提出的三种措施中，只有迫不得已时，才考虑更换构件。即使采取了这一项措施，也应把残件妥善地保存起来，以期将来科学技术有了新的发展，还能将其复原。

【实施与检查】

梁枋是古建筑木结构中的重要受力构件。在对古建筑木结构梁枋进行检查时，应仔细检查梁枋是否出现裂缝、裂缝走势、裂缝开展情况、裂缝宽度、裂缝深度，对出现裂缝的梁枋及时采取相应的措施进行维护加固。

6.7.4 对梁枋脱榫的维修，应根据其发生原因，采用下列修复方法：

1 榫头完整，仅因柱倾斜而脱榫时，可先将柱拨正，再用铁件拉结榫卯。

2 梁枋完整，仅因榫头腐朽、断裂而脱榫时，应先将破损部分剔除干净，并在梁枋端部开卯口，经防腐处理后，用新制的硬木榫头嵌入卯口内。嵌接时，榫头与原构件用耐水性胶粘剂粘牢并用螺栓固紧。榫头的截面尺寸及其与原构件嵌接的长度，应按计算确定。并应在嵌接长度内用玻璃钢箍或两道铁箍箍紧。

【技术要点说明】

执行本条文需要注意的是新配榫头不容易拼接牢固。为了解决这个问题，可借鉴过去的一些胶合工厂所采取的保证加工质量的措施，例如：

1. 采用韧性好、无缺陷、又易胶粘的树种木材制作。

2. 精细加工榫头与榫槽，并防止油污沾染，以保证两者密合并粘牢。

3. 选用强度高的环氧树脂胶粘结，涂胶拼合后，应立即用螺栓（或钉子）加压，以保证粘结质量与强度。若用钉子加压，其位置应避开螺栓孔位，以免安装螺栓时需取掉钉子。

4. 螺栓间距及钉距应符合现行国家标准《木结构设计规范》GB 50005 的要求，以防钻孔或钉钉时引起的木材劈裂。

【实施与检查】

古建筑木结构梁枋与木柱的连接方式一般为榫卯。因此梁枋检查时，除检查梁枋本身外，梁柱连接处榫头也要重点检查。检查时发现榫头残损时应及时进行维修加固，保证古建筑的整体性和安全性。

15.5　地　基　基　础

《既有建筑地基基础加固技术规范》JGJ 123－2012

3.0.2　既有建筑地基基础加固前，应对既有建筑地基基础及上部结构进行鉴定。

【技术要点说明】

既有建筑在进行加固设计之前，应先对地基、基础和上部结构进行鉴定，根据鉴定结果，确定加固的必要性和可能性，针对地基、基础和上部结构的现状分析和评价，进行加固设计，制定施工方案。加固方案应有针对性，并能确保施工过程对结构的损伤在安全范围内。

相关规定：第3.0.3条加固设计和施工应具备的资料；第4.1.1条地基基础鉴定的步骤；第4.1.2条现场调查的内容；第4.1.3条现场试验的必要性；第4.1.4条沉降观测的必要性；第4.1.5条地基基础鉴定评价内容。

【实施与检查】

对既有建筑地基基础及上部结构进行鉴定，是确定地基基础加固设计方案、施工方案可行性、必要性的前提条件，同时也是确保施工过程对结构的损伤在安全范围内保护措施，必须严格执行并应在设计图中注明。

3.0.4　既有建筑地基基础加固设计，应符合下列规定：

1　应验算地基承载力。

2　应计算地基变形。

3　应验算基础抗弯、抗剪、抗冲切承载力。

4　受较大水平荷载或位于斜坡上的既有建筑物地基基础加固，以及邻近新建建筑、深基坑开挖、新建地下工程基础埋深大于既有建筑基础埋深并对既有建筑产生影响时，应进行地基稳定性验算。

【技术要点说明】

本条是对既有建筑地基基础加固设计的基本要求。既有建筑地基基础加固设计，应满足地基承载力、变形和稳定性要求。既有建筑在荷载作用下地基土已固结压密，再加荷时的荷载分担、基底反力分布与直接加荷的天然地基不同，应按新老地基基础的共同作用分析结果进行地基基础加固设计。

相关规定：第3.0.3条加固设计和施工应具备的资料；第3.0.5加固设计和施工对周边环境的保护措施；第3.0.6条加固设计的步骤；第3.0.7条地基基础加固材料的耐久性要求；第3.0.8条地基基础加固设计的设计使用年限要求；第3.0.11条加固工程的沉降观测要求。

【实施与检查】

既有建筑地基基础加固设计应保证加固后的既有建筑的安全使用，设计文件中应进行地基承载力、地基变形、地基稳定性验算，以及基础结构的抗弯、抗剪、抗冲切承载力验算。

3.0.8 加固后的既有建筑地基基础使用年限，应满足加固后的既有建筑设计使用年限的要求。

【技术要点说明】

根据现行国家标准《工程结构可靠性设计统一标准》GB 50153 的要求，既有建筑加固后的地基基础设计使用年限应满足加固后的建筑物设计使用年限。

相关规定：第4.3.3条基础检验要求；第4.3.3条基础检验后的分析评价要求。

【实施与检查】

设计文件应明确既有建筑加固后的地基基础设计使用年限和相关结构规范的耐久性设计要求。

3.0.9 纠倾加固、移位加固、托换加固施工过程应设置现场监测系统，监测纠倾变位、移位变位和结构的变形。

【技术要点说明】

纠倾加固、移位加固、托换加固施工过程可能对结构产生损伤或产生安全隐患，必须设置现场监测系统，监测纠倾变位、移位变位和结构的变形，根据监测结果及时调整设计和施工方案，必要时启动应急预案，保证工程按设计完成施工。目前按工程建设需要，纠倾加固、移位加固、托换加固工程的设计图纸和施工组织设计，均应进行专项审查，通过后方可实施。

相关规定：第7.1.3条纠倾加固设计的分析论证；第7.1.4条纠倾加固设计必需的资料；第7.1.5条纠倾加固的验收要求；第8.1.3条移位加固设计必需的资料；第8.1.4条移位加固设计的分析论证；第8.1.5条移位加固设计要求；第8.1.6条移位加固的验收要求；第9.1.4条托换加固的监测要求。

【实施与检查】

设计文件应明确纠倾加固、移位加固、托换加固施工过程进行现场监测，根据监测结果及时调整设计和施工方案，必要时启动应急预案，才能保证工程按设计完成。

3.0.11 既有建筑地基基础加固工程，应对建筑物在施工期间及使用期间进行沉降观测，直至沉降达到稳定为止。

【技术要点说明】

既有建筑进行地基基础加固时，沉降观测是一项必须要做的工作，它不仅是施工过程中进行监测的重要手段，也是对地基基础加固效果进行评价和工程验收的重要依据。由于地基基础加固过程中容易引起对周围土体的扰动，因此，施工过程中对邻近建筑和地下管线也应进行监测。沉降观测终止时间应按设计要求，或按国家现行标准《工程测量规范》GB 50026 和《建筑变形测量规范》JGJ 8 的有关规定。

相关规定：第 3.0.9 条纠倾加固、移位加固、托换加固施工过程监测要求；第 3.0.10 条地基基础加固工程技术管理要求。

【实施与检查】

不仅在施工期间应进行沉降观测，还应观测到建筑物沉降达到稳定标准。

5.3.1 既有建筑地基基础加固或增加荷载后，建筑物相邻柱基的沉降差、局部倾斜、整体倾斜值的允许值，应符合现行国家标准《建筑地基基础设计规范》GB 50007 的有关规定。

【技术要点说明】

加固后既有建筑的地基变形控制重要的是差异沉降和倾斜两项指标，国家标准《建筑地基基础设计规范》GB 50007 - 2011 表 5.3.4 中给出砌体承重结构基础的局部倾斜、工业与民用建筑相邻柱基的沉降差、桥式吊车轨面的倾斜（按不调整轨道考虑）、多层和高层建筑的整体倾斜、高耸结构基础的倾斜值是保证建筑物正常使用和结构安全的数值，工程设计应严格控制。既有建筑加固后的建筑物整体沉降控制，对于有相邻基础连接或地下管线连接时应视工程情况控制，可采取临时工程措施，包括断开、改变连接方式等，不允许时应对建筑物整体沉降控制，采用减少建筑物整体沉降的处理措施或顶升托换抬高建筑等方法。

相关规定：第 3.0.4 条既有建筑地基基础加固设计要求；第 3.0.9 条纠倾加固、移位加固、托换加固施工过程监测要求。

【实施与检查】

既有建筑地基基础加固工程应确保加固后的建筑物相邻柱基的沉降差、局部倾斜、整体倾斜值的允许值，应符合现行国家标准《建筑地基基础设计规范》GB 50007 的有关规定。

15.6 倾 斜 纠 偏

《建筑物倾斜纠偏技术规程》JGJ 270 - 2012

3.0.7 纠偏施工应设置现场监测系统，实施信息化施工。

【技术要点说明】

纠倾工程复杂，涉及的因素多，施工过程中的纠倾效果与设计的预期难以一致，必须适时监测，及时分析监测数据，调整设计与施工参数，做到信息化施工，以控制纠倾风险，保证纠倾效果。

【实施与检查】

重点检查施工现场是否设置了监测系统及其信息化程度，检查数据的完整性和实效性。

5.3.3 位于边坡地段建筑物的纠偏，不得采用浸水法和辐射井射水法。

【技术要点说明】

位于边坡地段的建筑物，采用浸水法和辐射井射水法纠倾，因水的浸泡，会导致地基承载力降低、抗滑力下降、有害变形加大，引起地基失稳，建筑物产生水平位移，发生结构破坏甚至倒塌。

【实施与检查】

重点检查设计文件是否符合本条规定。

16 抗震加固

16.1 一 般 规 定

《建筑抗震加固技术规程》JGJ 116‐2009

1.0.3 现有建筑抗震加固前，应依据其抗震设防烈度、抗震设防类别、后续使用年限和结构类型，按现行国家标准《建筑抗震鉴定标准》GB 50023 的相应规定进行抗震鉴定。

1.0.4 现有建筑抗震加固时，建筑的抗震设防类别及相应的抗震措施和抗震验算要求，应按现行国家标准《建筑抗震鉴定标准》GB 50023‐2009 第 1.0.3 条的规定执行。

【技术要点说明】

现有建筑抗震加固是减轻建筑地震灾害的积极而有效的措施。房屋的抗震加固，指的是使现有房屋建筑达到规定的抗震设防安全要求所进行的设计和施工。这些现有房屋在正常使用状态下一般是安全的。这里，规定的抗震设防安全要求，即《建筑抗震鉴定标准》GB 50023‐2009 总则对不同后续使用年限所规定的设防目标。因此，现有建筑的抗震加固应以抗震鉴定为依据，具体表现为：

1. 抗震鉴定是抗震加固的前提，鉴定与加固应前后连续，才能确保抗震加固取得最佳的效果。

2. 现有建筑不符合抗震鉴定的要求时，根据《建筑抗震鉴定标准》GB 50023‐2009 第 3.0.6 条的规定，应采取"维修、加固、改变用途或更新"等抗震减灾对策。其中，凡是需要加固的，不论是整体加固、区段加固还是构件加固，其设计与设计施工均应遵守本加固技术规程的有关规定。

3. 抗震加固所依据的抗震设防烈度、加固的设防目标、抗震设防分类和相应的设防标准，均应遵守《建筑抗震鉴定标准》GB 50023‐2009 的规定。

4. 衡量抗震加固是否达到规定的目标，也应以《建筑抗震鉴定标准》GB 50023‐2009 的相关规定为依据，即以综合抗震能力是否提高为目标对加固的效果进行检查、验算和评定。

【实施与检查】

1. 加固设计的说明中，应写明所依据的抗震鉴定报告。

2. 应核实该加固设计是否与抗震鉴定结论所提出的加固方案相协调。若这方面存在问题，应加以纠正。若现有建筑的抗震鉴定完成后未及时进行抗震加固，尚应在加固设计前对建筑的现状进行一次复查。

3.0.1 现有建筑抗震加固的设计原则应符合下列要求：

1 加固方案应根据抗震鉴定结果经综合分析后确定,分别采用整体房屋加固、区段加固或构件加固,加强整体性、改善构件的受力状况、提高综合抗震能力。

2 加固或新增构件的布置,应消除或减少不利因素、防止局部加强导致结构刚度或强度突变。

3 新增构件与原有构件之间应有可靠连接;新增的抗震墙、柱等竖向构件应有可靠的基础。

4 加固所用材料类型与原结构相同时,其强度等级应不低于原结构材料的实际强度等级。

5 对于不符合鉴定要求的女儿墙、门脸、出屋顶烟囱等易倒塌伤人的非结构构件,应予以拆除或降低高度,需要保留原高度时应加固。

【技术要点说明】

抗震加固不仅设计技术难度较大,而且施工条件较差。要使抗震加固能确实提高现有建筑的抗震能力,要针对现有建筑存在的问题,结合施工的可能性,提出具体加固方案。加固方案要综合分析后确定:

1. 对不符合抗震鉴定要求的建筑进行抗震加固,一般采用提高承载力、提高变形能力或既提高承载力又提高变形能力的方法,需针对房屋存在的缺陷,对可选择的加固方法逐一进行分析,以提高结构综合抗震能力为目标予以确定。

2. 需要提高承载力同时提高结构刚度,则以扩大原构件截面、新增部分构件为基本方法;需要提高承载力而不提高刚度,则以外包钢构套、粘钢或碳纤维、聚合物砂浆面层加固为基本方法;需要提高结构变形能力,则以增加连接构件、外包钢构套等为基本方法。

3. 当原结构的结构体系明显不合理时,若条件许可,应采用增设构件的方法予以改善;否则,需要采取同时提高承载力和变形能力的方法,以使其综合抗震能力能满足抗震鉴定的要求。

4. 当结构的整体性连接不符合要求时,应采取提高变形能力的方法。

5. 当局部构件的构造不符合要求时,应采取不使薄弱部位转移的局部处理方法;或通过结构体系的改变,使地震作用由增设的构件承担,从而保护局部构件。

现有房屋建筑的抗震加固也应考虑概念设计。抗震加固的概念设计,主要包括:加固结构体系、新旧构件连接、抗震分析中的内力和承载力调整、加固材料和加固施工的特殊要求等方面。抗震加固的结构布置和连接构造的概念设计,直接关系到加固后建筑的整体综合抗震能力是否能得到应有的提高。主要内容是:

1. 减少扭转效应。增设构件或加强原有构件,均应考虑整个结构产生扭转效应的可能,应使加固后结构的重量和刚度分布比较均匀对称。虽然现有建筑的体型难以改变,但若结合加固、维修和改造,将不利于抗震的建筑平面分割成规则的单元,仍然是有可能的。

2. 改善受力状态。加固设计要防止结构构件的脆性破坏。框架结构加固后要防止或消除不利于抗震的强梁弱柱受力状态。

3. 加强连接部位和薄弱部位的抗震构造。应考虑不同结构类型的连接处,房屋平、立面局部突出部位等处,地震反应加大。加固时要采取相应的加固构造措施。

4. 考虑场地影响。针对建筑和场地条件的具体情况，加固后的结构应能形成地震反应较小的结构体系，避免加固后地震作用的增大超过结构抗震能力的提高。

5. 避免新增构件导致刚度和强度突变。加固设计要复核原结构的薄弱部位，采取适当的加强措施，并防止薄弱部位的转移。

6. 确保新旧构件连接的可靠性。应综合选用增加新旧构件表面粘结力、增设拉结措施和锚固措施等。

7. 新增的竖向构件，如抗震墙、柱所新设置的基础，其设计应考虑新增构件与原有构件的差异沉降。对上下不连续的构件，加固时应消除其不连续性或减少不连续程度。

8. 加固材料要与原结构的实际情况匹配。一般情况，当新增的材料与原结构相同时，强度等级提高一档。不同材料性能组成的组合结构构件，新增材料的强度过高，并不能全部发挥作用，需大大折减。

【实施与检查】

1. 加固方案的结构布置，应针对原结构存在的缺陷，弄清使结构达到规定抗震设防要求的关键，尽可能消除原结构不规则、不合理、局部薄弱层等不利因素。

2. 防止局部加固增加结构的不规则性，应从整体结构综合抗震能力的提高入手。

3. 新旧构件连接的细部构造，不能损伤原有构件且应能确保连接的可靠性。

4. 当非结构构件的构造不符合要求时，至少对可能倒塌伤人的部位进行处理。

5. 结构加固设计说明中，应明确加固材料强度，对于特殊材料应明确材料性能。

3.0.3 现有建筑抗震加固时，地震作用和结构抗震验算应符合下列规定：

1 当抗震设防烈度为 **6** 度时（建造于Ⅳ类场地的较高的高层建筑除外），以及木结构和土石墙房屋，可不进行截面抗震验算，但应符合相应的构造要求。

2 加固后结构的分析和构件承载力计算，应符合下列要求：

　　1）结构的计算简图，应根据加固后的荷载、地震作用和实际受力状况确定；当加固后结构刚度和重力荷载代表值的变化分别不超过原来的 **10%** 和 **5%** 时，应允许不计入地震作用变化的影响；在条状突出的山嘴、高耸孤立的山丘、非岩石的陡坡、河岸和边坡边缘等不利地段，水平地震作用应按现行国家标准《建筑抗震设计规范》的规定乘以增大系数 **1.1～1.6**；

　　2）结构构件的计算截面面积，应采用实际有效的截面面积；

　　3）结构构件承载力验算时，应计入实际荷载偏心、结构构件变形等造成的附加内力；并应计入加固后的实际受力程度、新增部分的应变滞后和新旧部分协同工作的程度对承载力的影响。

3 当采用楼层综合抗震能力指数进行结构抗震验算时，加固后楼层综合抗震能力指数应大于 **1.0**，并应防止出现新的综合抗震能力指数突变的楼层。采用设计规范方法验算时，也应防止加固后出现新的层间受剪承载力突变的楼层。

【技术要点说明】

现有建筑抗震加固的设计计算，与新建建筑的设计计算不完全相同，有自身的某些特点和要求，主要内容是：

1. 在下列情况下，加固的抗震验算要求有所放宽：6 度时，可不进行抗震验算；对局部抗震加固的结构,当加固后结构刚度不超过加固前的10%或者重力荷载的变化不超过5%时,可不再进行整个结构的抗震分析。

2. 应采用符合加固后结构实际情况的计算图式与计算参数,包括实际截面构件尺寸、钢筋有效截面、实际荷载偏心和构件实际挠度产生的附加内力等,对新增构件的抗震承载力,需考虑应变滞后的二次受力影响。

3. 需注意防止在抗震加固中出现局部的抗震承载力突变而形成薄弱层。因此,按概念设计关于薄弱层的定义,采用楼层综合抗震能力指数时,相邻上层的综合抗震能力指数不宜大于本层的20%;采用设计规范方法时,按规范计算的楼层受剪承载力,同样,相邻上层不应大于本层的20%。

4. 抗震验算优先采用与抗震鉴定相同的简化方法时,如楼层综合抗震能力指数不小于1.0。这些方法不仅便捷、有足够精度,而且能较好地解释现有建筑的震害。例如,对于不符合抗震鉴定要求的砌体房屋,加固设计一般采用综合抗震能力指数的方法,计算公式与抗震鉴定时类似。与鉴定不同的是,要按不同的加固方法考虑相应的加固增强系数 η,并按加固后的情况取体系影响系数 ψ_1 和局部影响系数 ψ_2。

5. 当抗震验算采用与设计规范相同的方法时,需采用"抗震加固的承载力调整系数",同样可以采用构造影响系数,以体现加固与设计的区别。

【实施与检查】

1. 加固设计的计算书,应明确给出计算模型和计算参数中,与新建建筑不同的部分。

2. 注意本规程所提供的简化方法的适用范围。

3. 采用设计规范的验算方法时,应明确内力调整的差别和构件承载力计算上的不同。

3.0.6 抗震加固的施工应符合下列要求:

1 应采取措施避免或减少损伤原结构构件。

2 发现原结构或相关工程隐蔽部位的构造有严重缺陷时,应会同加固设计单位采取有效处理措施后方可继续施工。

3 对可能导致的倾斜、开裂或局部倒塌等现象,应预先采取安全措施。

【技术要点说明】

加固设计审查通过后,加固材料的质量与施工的安全,便成为直接关系抗震加固工程安全和质量的要害所在。针对加固的特殊性,在施工方面的最低要求是:

1. 确保加固所用材料的质量符合要求,尤其是一些特殊的加固材料。

2. 采取有效措施,避免损伤原构件。

3. 原图纸的尺寸只是名义尺寸,加固施工前要复核实际尺寸,作相应调整。

4. 注意发现原结构存在的隐患,及时采取补救措施。

5. 努力减少施工对生产、生活的影响,并采取措施防止施工的安全事故。

【实施与检查】

1. 结构加固设计说明中,应明确加固施工的注意事项。对特殊的加固工法应要求由具有相应资质的专业队伍施工。

2. 施工监理中,应要求复核原构件尺寸,注意不得损伤原构件的主筋等关键性要求,地下部位的施工应注意保护原有管线以及采取安全预防措施。

16.2 砌 体 房 屋

《建筑抗震加固技术规程》JGJ 116－2009

5.3.1 采用水泥砂浆面层和钢筋网砂浆面层加固墙体时，应符合下列要求：

1 钢筋网应采用呈梅花状布置的锚筋、穿墙筋固定于墙体上；钢筋网四周应采用锚筋、插入短筋或拉结筋等与楼板、大梁、柱或墙体可靠连接；钢筋网外保护层厚度不应小于 10mm，钢筋网片与墙面的空隙不应小于 5mm。

2 面层加固采用综合抗震能力指数验算时，有关构件支承长度的影响系数应作相应改变，有关墙体局部尺寸的影响系数应取 1. 0。

5.3.7 采用现浇钢筋混凝土板墙加固墙体时，应符合下列要求：

1 板墙应采用呈梅花状布置的锚筋、穿墙筋与原有砌体墙可靠连接；其左右应采用拉结筋等与两端的原有墙体可靠连接，底部应有基础；板墙上下应与楼、屋盖可靠连接，至少应每隔 1m 设置穿过楼板且与竖向钢筋等面积的短筋，短筋两端应分别锚入上下层的板墙内，且锚固长度不应小于短筋直径的 40 倍。

2 板墙加固采用综合抗震能力指数验算时，有关构件支承长度的影响系数应作相应作相应改变，有关墙体局部尺寸的影响系数应取 1.0。

5.3.13 采用外加圈梁-钢筋混凝土柱加固房屋时，应符合下列要求：

1 外加柱应在房屋四角、楼梯间和不规则平面的对应转角处设置，并应根据房屋的设防烈度和层数在内外墙交接处隔开间或每开间设置；外加柱应由底层设起，并应沿房屋全高贯通，不得错位；外加柱应与圈梁（含相应的现浇板等）或钢拉杆连成闭合系统。

2 外加柱应设置基础，并应设置拉结筋、销键、压浆锚杆或锚筋等与原墙体、原基础可靠连接；当基础埋深与外墙原基础不同时，不得浅于冻结深度。

3 增设的圈梁应与墙体可靠连接；圈梁在楼、屋盖平面内应闭合，在阳台、楼梯间等圈梁标高变换处，圈梁应有局部加强措施；变形缝两侧的圈梁应分别闭合。

4 加固后采用综合抗震能力指数验算时，圈梁布置和构造的体系影响系数应取 1.0；墙体连接的整体构造影响系数和相关墙垛局部尺寸的局部影响系数应取 1.0。

【技术要点说明】

根据我国工程加固实践的总结，规程第 5.2 节列举了砌体房屋抗震承载力不足、房屋整体性不良、局部易倒塌部位连接不牢时以及房屋有明显扭转效应时可供选择的多种有效加固方法，以便按房屋的实际情况单独或综合采用。这些方法包括：拆砌或增设墙体、裂缝修补和灌浆、钢筋网砂浆面层、高强钢绞线-聚合物砂浆面层或现浇钢筋混凝土板墙加固、外加钢筋混凝土构造柱、圈梁、拉杆系统加固、包角或镶边加固等。每一种加固方法都有其技术要点。这里纳入了常用的几种加固方法的关键要求：

第 5.3.1 条给出了钢筋网砂浆面层加固墙体的构造和计算。为使面层加固有效，要注意原墙体的砌筑砂浆强度不高于 M2.5，强调了以下几点：钢筋网的保护层及钢筋距墙面空隙；钢筋网与墙面的锚固；钢筋网与周边原有结构构件的连接。

第5.3.7条给出了钢筋混凝土板墙加固墙体的构造和计算。为使板墙加固有效，要注意混凝土强度不宜过高，厚度不宜过大，并强调了以下几点：板墙与原有楼板、周边结构构件应采用短筋、拉结钢筋可靠连接；板墙的钢筋应与原墙体充分锚固；板墙应有基础，条件允许时基础埋深同原有基础。

第5.3.13条给出外加柱-圈梁-拉杆加固的基本构造和计算。利用外加钢筋混凝土柱、圈梁和替代内墙圈梁的拉杆，在水平和竖向将多层砌体结构的墙段加以分割和包围，形成对墙段的约束，能有效提高抗倒塌能力。这种加固方法已经受过地震的考验。为使约束系统的加固有效，强调了以下几点：外加柱设置的位置应合理，还应与圈梁或钢拉杆连成封闭系统；外加柱、圈梁应通过设置拉结钢筋和销键、胀管螺栓、压浆锚杆或锚筋与墙体连接；外加柱应有足够深度的基础；圈梁遇阳台、楼梯间、变形缝时，应妥善处理；拉杆应按照替代内墙圈梁的要求设置，并满足与墙体锚固的规定，使拉杆能保持张紧状态，确实发挥作用。

【实施与检查】

1. 注意不同加固方法的适用范围和特点，尽可能采用结合实际情况且加固效果好的技术。

2. 钢筋网砂浆面层加固墙体只适用于原砌筑砂浆强度等级不高于 M2.5，注意钢筋网与原有墙面、周边构件的拉结筋应检验合格才能进行下一道工序的施工。钢筋网的保护层厚度应满足规定，提高耐久性，避免钢筋锈蚀后丧失加固效果。面层加固可根据综合抗震能力指数的控制，只在某一层进行，不需要自上而下延伸至基础。

3. 现浇钢筋混凝土板墙加固墙体应有基础，可单面加固也可双面加固，与原有墙面、周边构件的锚拉钢筋应检验合格。

4. 外加钢筋混凝土柱-圈梁-拉杆系统加固房屋应形成对墙段的约束。外加柱应沿房屋全高贯通，不得错位；外加柱的钢筋混凝土销键适用于砂浆强度等级低于 M2.5 的墙体，砂浆强度等级为 M2.5 及以上时，可采用其他连接措施；在北方有季节性冻土的地区，外加柱埋深不得小于冻结深度；圈梁应连续闭合，内墙圈梁可用满足锚固要求的保持张紧的拉杆替代；钢筋网砂浆面层和钢筋混凝土板墙中的集中配筋，也可替代该位置的圈梁。

16.3　钢筋混凝土房屋

《建筑抗震加固技术规程》JGJ 116－2009

6.1.2 钢筋混凝土房屋的抗震加固应符合下列要求：

1 抗震加固时应根据房屋的实际情况选择加固方案，分别采用主要提高结构构件抗震承载力、主要增强结构变形能力或改变框架结构体系的方案。

2 加固部位的框架应防止形成短柱、短梁或强梁弱柱。

3 采用综合抗震能力指数验算时，加固后楼层屈服强度系数、体系影响系数和局部影响系数应根据房屋加固后的状态计算和取值。

【技术要点说明】

钢筋混凝土房屋抗震加固时，体系选择和综合抗震能力计算是基本要求，主要内容是：

1. 应从提高房屋的整体抗震能力出发，防止因加固不当而形成楼层刚度、承载力分布不均匀或形成短柱、短梁、强梁弱柱等新的对抗震不利或薄弱环节。

2. 在加固的总体决策上，应从房屋的实际情况出发，侧重于提高承载力或提高变形能力，或二者兼有。必要时，也可采用增设墙体、改变结构体系的集中加固，而不必每根梁柱普遍加固。

3. 与砌体结构类似，加固的抗震验算，也可采用与抗震鉴定同样的简化方法。此时，混凝土结构综合抗震能力应按加固后的结构状况，确定地震作用、楼层屈服强度系数、体系影响系数和局部影响系数的取值。

混凝土结构的加固设计计算还可采用设计规范的抗震分析计算方法，此时，除了承载力抗震调整系数应采用抗震加固的承载力调整系数替换外，尚应注意其中的地震作用效应应按相应抗震等级的规定取值，新增构件的抗震承载力应考虑应变滞后和新旧构件协同工作程度的影响。

【实施与检查】

加固结构体系的确定，应符合抗震鉴定结论所提出的方案。

当改变原框架结构体系时，应注意计算模型是否符合实际，计算书中，整体影响系数和局部影响系数的取值方法应明确。

6.3.1 增设钢筋混凝土抗震墙或翼墙加固房屋时，应符合下列要求：

1 混凝土强度等级不应低于C20，且不应低于原框架柱的实际混凝土强度等级。

2 墙厚不应小于140mm，竖向和横向分布钢筋的最小配筋率，均不应小于0.20%。对于B、C类钢筋混凝土房屋，其墙厚和配筋应符合其抗震等级的相应要求。

3 增设抗震墙后应按框架-抗震墙结构进行抗震分析，增设的混凝土和钢筋的强度均应乘以规定的折减系数。加固后抗震墙之间楼、屋盖长宽比的局部影响系数应作相应改变。

6.3.4 采用钢构套加固框架时，应符合下列要求：

1 钢构套加固梁时，纵向角钢、扁钢两端应与柱有可靠连接。

2 钢构套加固柱时，应采取措施使楼板上下的角钢、扁钢可靠连接；顶层的角钢、扁钢应与屋面板可靠连接；底层的角钢、扁钢应与基础锚固。

3 加固后梁、柱截面抗震验算时，角钢、扁钢应作为纵向钢筋、钢缀板应作为箍筋进行计算，其材料强度应乘以规定的折减系数。

6.3.7 采用钢筋混凝土套加固梁柱时，应符合下列要求：

1 混凝土的强度等级不应低于C20，且不应低于原构件实际的混凝土强度等级。

2 柱套的纵向钢筋遇到楼板时，应凿洞穿过并上下连接，其根部应伸入基础并满足锚固要求，其顶部应在屋面板处封顶锚固；梁套的纵向钢筋应与柱可靠连接。

3 加固后梁、柱按整体截面进行抗震验算，新增的混凝土和钢筋的材料强度应乘以规定的折减系数。

【技术要点说明】

根据我国工程加固实践的总结，6.2节列举了混凝土结构可采用的加固方法，如钢构套、钢筋混凝土套或粘贴钢板、碳纤维加固梁柱，增设抗震墙或翼墙改变结构体系，以及用细石混凝土、结构胶修复裂缝，增设拉筋、钢夹套加强墙体与框架梁柱连接等方法。每一种加固方法都有其技术要点。这里纳入了常用的几种较为经济的加固方法的关键技术要求：

第6.3.1条给出了增设墙体加固的构造和计算要求。增设抗震墙可避免对全部梁柱进行普遍加固，一般按框架-抗震墙结构进行抗震加固设计。为使增设墙体的加固有效，强调了以下几点：墙体最小厚度；墙体的最小竖向和横向分布筋；考虑新增构件的应力滞后，抗震承载力验算时，新增混凝土和钢筋的强度，均应乘以折减系数。

第6.3.4条给出了设置钢构套加固的构造和计算要求。钢构套对原结构的刚度影响较小，可避免结构地震反应的加大。为使钢构套的加固有效，强调了以下几点：钢构套构件两端的锚固；钢构套缀板的间距；考虑新增构件的应力滞后，其材料强度应乘以折减系数。

第6.3.7条给出了设置混凝土套加固的构造和计算要求。加固后刚度有一定增加，结构地震作用有所增大，但可作为整体构件计算，承载力和延性的提高比刚度的增加要大。为使混凝土套的加固有效，强调了以下几点：混凝土套的纵向钢筋要与其两端的原结构构件，如楼盖、屋盖、基础和柱等可靠连接；应考虑新增部分的应力滞后，作为整体构件验算承载力，新增的混凝土和钢筋的强度，均应乘以折减系数。

【实施与检查】

1. 注意各种加固方法的适用范围和特点：如增设墙体将改变结构体系；钢构套和钢筋混凝土套加固，均能保证结构的整体性能，并提高延性。

2. 增设墙体时，应保持或改善原结构布置的规则性。

3. 细部的连接构造中，所有的锚筋、拉结筋均应按规定检验合格。

4. 加固设计计算书中，应明确给出承载力验算时考虑应力滞后的各种折减系数。

16.4 内框架和底层框架房屋

《建筑抗震加固技术规程》JGJ 116－2009

7.1.2 内框架和底层框架砖房的抗震加固应符合下列要求：

1 底层框架房屋加固后，框架层与相邻上部砌体层的刚度比，应符合现行国家标准《建筑抗震设计规范》GB 50011 的相应规定。

2 加固部位的框架应防止形成短柱或强梁弱柱。

3 采用综合抗震能力指数验算时，楼层屈服强度系数、加固增强系数、加固后的体系影响系数和局部影响系数应根据房屋加固后的状态计算和取值。

【技术要点说明】

内框架和底层框架房屋均是混合承重结构，其加固设计的基本要求与多层砌体房屋、

多层钢筋内混凝土房屋相同。基本要求是:

1. 应协调相关楼层之间的综合抗震能力,使之尽可能相近。

2. 不得因加固而形成新的薄弱环节。

3. 抗震验算所采用的计算模型和参数,应按加固后的实际情况取值。例如,墙体采用钢筋混凝土板墙加固,承载力增强系数、楼盖支承长度的体系影响系数等均可按加固规范对砌体墙加固的相关规定取值;增设横墙后,原横墙间距的影响系数相应改变;壁柱加固后,外纵墙局部尺寸、大梁与墙体连接的有关影响系数也可能相应变化。

【实施与检查】

1. 内框架和底层框架房屋的加固设计,通常采用综合抗震能力指数方法,应确保不出现新的抗震薄弱层和薄弱部位。

2. 加固计算模型应符合实际,综合抗震能力指数的计算书中,应明确楼层屈服强度、墙段加固增强系数、体系影响系数和局部影响系数。

7.3.1 增设钢筋混凝土壁柱加固内框架房屋的砖柱(墙垛)时,应符合下列要求:

1 壁柱应从底层设起,沿砖柱(墙垛)全高贯通;在楼、屋盖处应与圈梁或楼、屋盖拉结;壁柱应设基础,埋深与外墙基础不同时,不得浅于冻结深度。

2 壁柱的截面面积不应小于 $36000mm^2$,内壁柱的截面宽度应大于相连内框架梁的宽度。

3 壁柱的纵向钢筋不应少于 4Φ12;箍筋间距不应大于 200mm,在楼、屋盖标高上下各 500mm 范围内,箍筋间距不应大于 100mm;内外壁柱间沿柱高每隔 600mm,应拉通一道箍筋。

7.3.3 增设钢筋混凝土现浇层加固楼盖时,现浇层的厚度不应小于 40mm,钢筋的直径不应小于 6mm,其间距不应大于 300mm;尚应采取措施加强现浇层与原有楼板、墙体的连接。

【技术要点说明】

根据我国工程加固实践的总结,规程第 7.2 节列举了内框架砌体房屋和底层框架砖房的加固方法。例如,除在房屋内部采取侧重提高承载力或增强整体性的加固方案外,实践证明,在房屋外部增设附属结构,既可达到加固的目的,又可不影响原有的使用功能。通常可选择钢筋混凝土板墙、增设砖抗震墙、钢筋混凝土抗震墙、钢筋混凝土壁柱、钢构套、混凝土构套等加固方法,以及设置楼面现浇层、圈梁、外加柱和托梁等加强整体性的加固方法。由于增设钢筋混凝土板墙和抗震墙以及钢构套、混凝土构套等加固的技术要点,2.2 节的砌体结构部分和 2.3 节钢筋混凝土结构部分已有明确规定,这里主要纳入关于增设混凝土壁柱和楼盖面层加固的关键技术要求。

第 7.3.1 条给出了增设混凝土壁柱的构造和计算要求。壁柱加固主要适用于纵向抗震能力不足,或者横墙间距过大需考虑楼盖平面内变形导致砌体柱(墙垛)承载力不足的加固方法。可采用外壁柱、内壁柱或内外侧同时设置,当需要保持外立面原貌时,应采用内壁柱。壁柱需与砖柱(墙垛)形成组合构件,按组合构件计算刚度并进行验算,考虑应力滞后的影响,其混凝土和钢筋的强度应乘以折减系数。为使壁柱的加固有效,强调了以下几点:壁柱应从底层设起,沿砖柱(墙垛)全高贯通;壁柱应满足最小截面和最小纵筋、箍筋设置要求；壁柱应在楼屋盖处与原结构拉结，并应有基础。

在 7.3.1 条第 3 款中，还提供了不同于设计规范的墙体有效侧移刚度的取值方法、横墙间距超过设计规范规定值时加固砖柱（墙垛）受力的计算方法。

第 7.3.3 条给出了楼盖面层加固的构造要求。增设钢筋混凝土现浇层加固楼盖，可使底层框架房屋满足抗震鉴定对楼盖整体性的要求。为确保现浇面层的加固有效，强调了以下几点：现浇层的最小厚度不得过小；现浇层的最小分布钢筋应满足构造要求；采取提高面层与原有楼板之间可靠粘结的各种有效措施。

【实施与检查】

1. 增设混凝土壁柱加固与外加构造柱的作用有所不同，其截面应严格控制，其构造应能与砖柱（墙垛）形成组合构件。

2. 楼盖面层加固的细部构造，要确实加强原预制楼盖的整体性。

3. 关于混凝土板墙、新增抗震墙、钢构套、混凝土构套加固的实施与检查控制，同 2.2 节和 2.3 节的对应内容。

16.5 单层空旷砌体房屋

《建筑抗震加固技术规程》JGJ 116－2009

9.3.1 增设钢筋砂浆面层与原有砖柱（墙垛）形成面层组合柱时，面层应在柱两侧对称布置；纵向钢筋的保护层厚度不应小于 20mm，钢筋与砌体表面的空隙不应小于 5mm，钢筋的上端应与柱顶的垫块或圈梁连接，下端应锚固在基础内；柱两侧面层沿柱高应每隔 600mm 采用 Φ6 的封闭钢箍拉结。

9.3.5 增设钢筋混凝土壁柱或套与原有砖柱（墙垛）形成组合壁柱时，应符合下列要求：

1 壁柱应在砖墙两面相对位置同时设置，且采用钢筋混凝土腹杆拉结。在砖柱（墙垛）周围设置钢筋混凝土套遇到砖墙时，应设钢筋混凝土腹杆拉结。壁柱或套应设基础，基础的横截面面积不得小于壁柱截面面积的一倍，并应与原基础可靠连接。

2 壁柱或套的纵向钢筋，保护层厚度不应小于 25mm，钢筋与砌体表面的净距不应小于 5mm；钢筋的上端应与柱顶的垫块或圈梁连接，下端应锚固在基础内。

3 壁柱或套加固后按组合砖柱进行抗震承载力验算，但增设的混凝土和钢筋的强度应乘以规定的折减系数。

【技术要点说明】

单层空旷房屋指影剧院、礼堂、餐厅等空间较大的公共建筑，往往是由中央大厅和周围附属的不同结构类型房屋组成的以砌体承重为主的建筑。这种建筑的使用功能要求较高，加固难度较大，需要针对存在的抗震问题，从结构体系上予以改善。其主要内容是：

1. 大厅的抗震能力主要取决于砖柱（墙垛），要防止加固后砖柱刚度增大导致地震作用显著增加，而砖柱加固后的抗震承载力仍然不足。例如，正确选择钢筋砂浆面层的材料强度、厚度和配筋，使面层形成的组合砖柱，刚度增加小于承载力的增加，达到预期的效果。

2. 为减少大厅砖柱的地震作用，要充分利用两端墙体形成空间工作体系，加固方案应有利于屋盖整体性的加强。

3. 单层空旷房屋的空间布置高低起落，平面布置复杂，毗邻的建筑之间通常不设防震缝，抗震上不利因素较多，在加固设计的方案选择时，应有利于不利因素的消除。例如，采用轻质墙替换砌体隔墙、山墙山尖或将隔墙与承重构件间改为柔性连接等，可减少结构布置上对抗震的不利因素。

此外，大厅的混合排架结构、附属房屋的加固，应分别符合相应结构类型的要求。

根据我国工程加固实践的总结，第9.2节列举了单层空旷房屋的加固方法，包括砖柱采用钢筋砂浆面层、混凝土构套、钢构套加固，房屋整体性连接采用增设支撑、支托、圈梁加固，高大墙体采用增设扶壁柱加固等。每种加固方法均有其技术要点，这里纳入了混凝土壁柱加固和砖垛钢构套加固的关键技术要求。

第9.3.1条给出了增设钢筋砂浆面层形成组合柱加固砖垛的构造要求。组合柱加固，着重于提高延性和抗倒塌能力，但承载力提高不多。为确保加固能有效控制砖柱的整体变形，新增纵向钢筋和面层的截面应使构件有足够的刚度和承载力，强调了以下几点：面层应在墙体两侧对称布置；钢筋的上下端应有可靠连接，与原有墙面应留有一定的间隙，确实形成砌体规范中的组合柱。

第9.3.5条给出了增设混凝土壁柱或套形成组合壁柱加固的构造和计算要求。采用壁柱和混凝土套加固，其承载力、延性和耐久性均优于钢筋砂浆面层加固。壁柱加固要有效，应能与砖墙共同工作形成组合构件，规程中给出了示意图，强调了以下几点：控制最小配筋率和配箍及钢筋与砖墙表面的距离；加强壁柱纵向钢筋在上下端与原结构连接件的连接；壁柱下应设置基础，并控制基础的截面；按组合截面计算承载力时，应考虑应力滞后，将混凝土和钢筋的强度乘以折减系数。

【实施与检查】

1. 注意不同加固方法的使用范围和特点。

2. 增设面层、壁柱的细部构造应确保面层、壁柱与砖墙形成组合构件；加固计算书中，应明确考虑应力滞后的折减。

16.6　古建筑木结构

《古建筑木结构维护与加固技术规范》GB 50165-92

5.5.2　古建筑木结构的构造不符合抗震鉴定要求时，除应按所发现的问题逐项进行加固外，尚应遵守下列规定：

1　对体型高大、内部空旷或结构特殊的古建筑木结构，均应采取整体加固措施。

2　对截面抗震验算不合格的结构构件，应采取有效的减载、加固和必要的防震措施。

3　对抗震变形验算不合格的部位，应加设支顶等提高其刚度。若有困难，也应加临时支顶，但应与其他部位刚度相当。

【技术要点说明】

　　对体型高大、内部空旷或结构特殊的古建筑木结构，即使其现状处于良好状态，也应采取必要的整体加固措施。这是因为这类结构往往由于建造时用料很大、施工精心、维护正常，且未经历过设防烈度地震的考验，才使人至今尚未察觉到其结构构造的缺陷。但当遇大震时，很可能暴露出它在抗侧力和整体性上的弱点，因此，本规范要求对这些虽然完好的建筑也要进行整体加固，使之形成抗震结构体系。

【实施与检查】

　　无。

17 加固验收

17.1 材 料 检 验

《建筑结构加固工程施工质量验收规范》GB 50550-2010

4.1.1 结构加固工程用的水泥进场时应对其品种、级别、包装或散装仓号、出厂日期等进行检查,并应对其强度、安定性及其他必要的性能指标进行见证取样复验。其品种和强度等级必须符合现行国家标准《混凝土结构加固设计规范》GB 50367 及设计的规定;其质量必须符合现行国家标准《通用硅酸盐水泥》GB 175 和《快硬硅酸盐水泥》GB 199 等的要求。

加固用混凝土中严禁使用安定性不合格的水泥、含氯化物的水泥、过期水泥和受潮水泥。

检查数量:按同一生产厂家、同一等级、同一品种、同一批号且同一次进场的水泥,以 30t 为一批(不足 30t,按 30t 计),每批见证取样不应少于一次。

检验方法:检查产品合格证、出厂检验报告和进场复验报告。

【技术要点说明】

水泥进场时,应根据产品合格证检查其品种、级别等,并有序存放,以免造成混级错批。强度、安定性等是水泥的安全性能指标,进场时应予见证抽样复验;其质量应符合新修订的现行国家标准《通用硅酸盐水泥》GB 175 和《快硬硅酸盐水泥》GB 199 等的要求。水泥是混凝土的重要组成成分,若其中含有氯化物,可能引起混凝土结构中钢筋的锈蚀,故应严格控制。

【实施与检查】

1. 实施

结构加固所用水泥应严格按照加固方案规定选用。水泥按进场批次,逐批检查,有序存放,且每批抽取一组试样进行复验。组内试件数量按所执行的试验方法标准确定。

2. 检查

检查加固用水泥的合格证、出厂检验报告和进场复验报告,每一检验批取得的试样,应分成两等份。其中一份供进场复验使用;另一份应封存保管至工程验收通过后(或保管至该产品失效期),以备有关各方对工程质量有异议时供仲裁检验使用。

4.1.2 普通混凝土中掺用的外加剂(不包括阻锈剂),其质量及应用技术应符合现行国家标准《混凝土外加剂》GB 8076 及《混凝土外加剂应用技术规范》GB 50119 的要求。

结构加固用的混凝土不得使用含有氯化物或亚硝酸盐的外加剂;上部结构加固用的混凝土还不得使用膨胀剂。必要时,应使用减缩剂。

检查数量：按进场的批次并符合本规范附录 D 的规定。

检验方法：检查产品合格证、出厂检验报告（包括与水泥适应性检验报告）和进场复验报告。

【技术要点说明】

混凝土外加剂种类较多，且均有相应的质量标准。使用时，其产品质量及应用技术应符合现行国家标准《混凝土外加剂》GB 8076、《混凝土外加剂应用技术规范》GB 50119，以及现行行业标准《混凝土速凝剂》JC 472、《混凝土泵送剂》JC 473、《砂浆、混凝土防水剂》JC 474、《混凝土防冻剂》JC 475 等的规定。外加剂的检验项目、方法和批量也应符合现行相应产品标准的规定。若外加剂中含有氯化物，同样可能引起混凝土结构中钢筋的锈蚀，故也应严格控制。本章中凡涉及原材料进场复验抽样数量的问题，除有明确规定外，均应按本规范附录 D 规定的原则执行。

另外，应指出的是，在上部结构加固工程中之所以不得使用膨胀剂，是因为在养护新浇混凝土全过程中，很难保证其加固部位始终保有充足的水分，从而导致膨胀剂起不到应有的作用，甚至还会产生开裂、后期强度倒缩等负面影响。另外不少工程的施工经验也表明，只有在建筑物基础和地下室等部位，膨胀剂才能起到一定的作用，其主要原因，是在养护过程中能够保有水分，而这在上部结构的加固中是较难做到的。

【实施与检查】

1. 实施

按同一生产厂家、同一等级、同一品种、同一批号且同一批次进场的混凝土，每批见证取样不应少于一次，计数检验，应选用符合现行国家标准《孤立批计数抽样检验程序及抽样表》GB/T 15239 规定的方案。

2. 检查

检查生产混凝土用水泥、外加剂的合格证、出厂检验报告和进场复验报告。对每一检验批取得的试样，应分成两等份。其中一份供进场复验使用；另一份应封存保管至工程验收通过后（或保管至该产品失效期），以备有关各方对工程质量有异议时供仲裁检验使用。

【实施细则】

1. 用于交货检验的混凝土试样应在交货地点采取。每 $100m^3$ 相同配合比的混凝取样不少于一次；一个工作班拌制的相同配合比的混凝土不足 $100m^3$ 时，取样也不得少于一次；当在一个分项工程中连续供应相同配合比的混凝土量大于 $1000m^3$ 时，其交货检验的试样为每 $200m^3$ 混凝土取样不得少于一次。

2. 用于出厂检验的混凝土试样应在搅拌地点采取，按每 100 盘相同配合比的混凝土取样不得少于一次；每一工作班组相同的配合比的混凝土不足 100 盘时，取样亦不得少于一次。

3. 对于预拌混凝土拌合物的质量，每车应目测检查；混凝土坍落度检验的试样，每 $100m^3$ 相同配合比的混凝土取样检验不得少于一次；当一个工作班相同配合比的混凝土不足 $100m^3$ 时，也不得少于一次。

4.2.1 结构加固用的钢筋，其品种、规格、性能等应符合设计要求。钢筋进场时，应分别按现行国家标准《钢筋混凝土用钢　第 1 部分：热轧光圆钢筋》GB 1499.1、《钢筋混

凝土用钢　第 2 部分：热轧带肋钢筋》GB 1499.2、《钢筋混凝土用余热处理钢筋》GB/T 13014、《预应力混凝土用钢绞线》GB/T 5224 等的规定，见证取样作力学性能复验，其质量除必须符合相应标准的要求外，尚应符合下列规定：

1 对有抗震设防要求的框架结构，其纵向受力钢筋强度检验实测值应符合现行国家标准《混凝土结构工程施工质量验收规范》GB 50204 的规定；

2 对受力钢筋，在任何情况下，均不得采用再生钢筋和钢号不明的钢筋。

检查数量：按进场的批次并符合本规范附录 D 的规定。

检验方法：检查产品合格证、出厂检验报告和进场复验报告。

【技术要点说明】

钢筋对混凝土结构构件的承载力至关重要，对其质量应从严要求。普通钢筋应符合现行国家标准《钢筋混凝土用热轧带肋钢筋》GB 1499、《钢筋混凝土用热轧光圆钢筋》GB 13013 和《钢筋混凝土用余热处理钢筋》GB/T 13014 等的要求。钢筋进场时，应检查产品合格证和出厂检验报告，并按规定进行见证抽样复验。

应指出的是：由于工程量、运输条件和各种钢筋用量等的差异，很难对各种钢筋的进场检查数量作出统一规定。因此，应按本规范附录 D 的规定进行抽样复验方案的设计。

本条规定的检验方法中，其所以要求检查产品合格证和出厂检验报告，以及中文标志和包装的完整性，主要是为了核查该产品质量证明资料的可信性和有效性。因此，这些文件中应列出产品的安全性能指标；当用户有特别要求时，还应列出专门指定的检验数据。进场复验报告是根据进场见证抽样检验结果出具的有效文件，主要用于判断该批材料的性能和质量是否与设计、订货要求相符，并确定该批产品能否在工程中安全使用。因此，见证抽样的样品应由监理单位签封或送样；其检验报告必须由独立的检测机构出具。因为他们应对样品和检验报告的可靠性承担法律责任。这些规定对其他材料同样适用。

【实施与检查】

1. 实施

按进场批次，逐批检查，且每批抽取一组试样进行复验。组内试件数量按所执行的试验方法标准确定。加固用钢筋应平直、无损伤，表面不得有裂纹、油污以及颗粒状或片状老锈，也不得将弯折钢筋敲直后作受力筋使用。

2. 检查

检查加固用钢材的合格证、出厂检验报告和进场复验报告，每一检验批取得的试样，应分成两等份。其中一份供进场复验使用；另一份应封存保管至工程验收通过后（或保管至该产品失效期），以备有关各方对工程质量有异议时供仲裁检验使用。

【实施细则】

1. 检查项目和方法

（1）主控项目

1）钢筋进场时，应按现行国家标准《钢筋混凝土用热轧带肋钢筋》GB 1499 等的规定抽取试件作为力学性能检验，其质量必须符合有关标准的规定。

检查数量：按进场的批次和产品的抽样检验方案确定。

检验方法：检查产品合格证、出厂检验报告和进场复验报告。

2）对有抗震设防要求的框架结构，其纵向受力钢筋的强度应满足设计要求；当设计无具体要求时，对一、二级抗震等级，检验所得的强度实测值应符合下列规定：

① 钢筋的抗拉强度实测值与屈服强度实测值的比值不应小于1.25；

② 钢筋的屈服强度实测值与强度标准值的比值不应大于1.3。

检查数量与方法同1）。

3）当发现钢筋脆断、焊接性能不良或力学性能显著不正常等现象时，应对该批钢筋进行化学成分检验或其他专项检验。

（2）一般项目

钢筋应平直、无损伤，表面不得有裂纹、油污、颗粒状或片状老锈。

检查数量：进场时和使用前全数检查。

检查方法：观察。

2. 热轧钢筋检验

热轧钢筋进场时，应按批进行检查和验收。每批由同一牌号、同一炉罐号、同一规格的钢筋组成，重量不大于60t。允许由同一牌号、同一冶炼方法、同一浇注方法的不同炉罐号组成混合批，但各炉罐号含碳量之差不得大于0.02%，含锰量之差不大于0.15%。

（1）外观检查

从每批钢筋中抽取5%进行外观检查。钢筋表面不得有裂纹、结疤和折叠。钢筋表面允许有凸块，但不得超过横肋的高度，钢筋表面上其他缺陷的深度和高度不得大于所在部位尺寸的允许偏差。

钢筋可按实际重量或公称重量交货。当钢筋按实际重量交货时，应随机抽取10根（6m长）钢筋称重，如重量偏差大于允许偏差，则应与生产厂交涉，以免损害用户利益。

（2）力学性能试验

从每批钢筋中任选两根钢筋，每根取两个试件分别进行拉伸试验（包括屈服点、抗拉强度和伸长率）和冷弯试验。

拉伸、冷弯、反弯试验试件不允许进行车削加工。计算钢筋强度时，采用公称横截面面积。反弯试验时，经正向弯曲后的试件应在100℃温度下保温不少于30min，经自然冷却后再进行反向弯曲。当供方能保证钢筋的反弯性能时，正弯后的试件也可在室温下直接进行反向弯曲。

如有一项试验结果不符合要求，则从同一批中另取双倍数量的试件重作各项试验。如仍有一个试件不合格，则该批钢筋为不合格品。

对热轧钢筋的质量有疑问或类别不明时，在使用前应作拉伸和冷弯试验。根据试验结果确定钢筋的类别后，才允许使用。抽样数量应根据实际情况确定。这种钢筋不宜用于主要承重结构的重要部位。

余热处理钢筋的检验同热轧钢筋。

3. 冷轧带肋钢筋检验

冷轧带肋钢筋进场时，应按批进行检查和验收。每批由同一钢号、同一规格和同一级别的钢筋组成，重量不大于50t。

（1）每批抽取5%（但不少于5盘或5捆）进行外形尺寸、表面质量和重量偏差的检查。检查结果应符合的要求，如其中有一盘（捆）不合格，则应对该批钢筋逐盘或逐捆检查。

（2）钢筋的力学性能应逐盘、逐捆进行检验。从每盘或每捆取两个试件，一个作拉伸试验，一个作冷弯试验。试验结果如有一项指标不符合的要求，则该盘钢筋判为不合格；对每捆钢筋，尚可加倍取样复验判定。

4. 冷轧扭钢筋检验

冷轧扭钢筋进场时，应分批进行检查和验收。每批由同一钢厂、同一牌号、同一规格的钢筋组成，重量不大于 10t。当连续检验 10 批均为合格时检验批重量可扩大一倍。

（1）外观检查

从每批钢筋中抽取 5％进行外形尺寸、表面质量和重量偏差的检查。钢筋表面不应有影响钢筋力学性能的裂纹、折叠、结疤、压痕、机械损伤或其他影响使用的缺陷。钢筋的压扁厚度和节距、重量等应符合要求。当重量负偏差大于 5％时，该批钢筋判定为不合格。当仅轧扁厚度小于或节距大于规定值，仍可判为合格，但需降直径规格使用。

（2）力学性能试验

从每批钢筋中随机抽取 3 根钢筋，各取一个试件。其中，两个试件作拉伸试验，一个试件作冷弯试验。试件长度宜取偶数倍节距，且不应小于 4 倍节距，同时不小于 500mm。

当全部试验项目均符合要求，则该批钢筋判为合格。如有一项试验结果不符合要求，则应加倍取样复检判定。

4.2.2 结构加固用的型钢、钢板及其连接用的紧固件，其品种、规格和性能等应符合设计要求和现行国家标准《碳素结构钢》GB/T 700、《低合金高强度结构钢》GB/T 1591、《紧固件机械性能》GB/T 3098 以及有关产品标准的规定。严禁使用再生钢材以及来源不明的钢材和紧固件。

型钢、钢板和连接用的紧固件进场时，应按现行国家标准《钢结构工程施工质量验收规范》GB 50205 等的规定见证取样作安全性能复验，其质量必须符合设计和合同的要求。

检查数量：按进场的批次，逐批检查，且每批抽取一组试样进行复验。组内试件数量按所执行试验方法标准确定。

检验方法：检查产品合格证、中文标志、出厂检验报告和进场复验报告。

【技术要点说明】

本条系以现行国家标准《钢结构工程施工质量验收规范》GB 50205 为依据制定的。因此，其条文说明对本规范也基本上适用。但应着重指出的是，在建筑结构加固工程中，由于工程量一般较小，极易遇到来源不明、质量证明文件不全或是混批的钢材和紧固件。因此，不论是国产钢材还是进口钢材，应一律进行见证抽样复验，以免给工程留下安全隐患。这一点应提请监理人员注意。

【实施与检查】

1. 实施

对于加固用的型钢、钢板，在其进场验收时应注意：

（1）钢板厚度及允许偏差应符合其产品标准的要求。

（2）型钢的规格尺寸及允许偏差符合其产品标准的要求。

(3) 钢材的表面外观质量除应符合国家现行有关标准的规定外，尚应符合下列规定：

1) 当钢材的表面有锈蚀、麻点或划痕等缺陷时，其深度不得大于该钢材厚度负允许偏差值的 1/2；

2) 钢材表面的锈蚀等级应符合现行国家标准《涂装前钢材表面锈蚀等级和除锈等级》GB 8923 规定的 C 级及 C 级以上；

3) 钢材端边或断口处不应有分层、夹渣等缺陷。

对于加固用的紧固件，在其进场验收时应注意：

(1) 钢结构连接用高强度大六角头螺栓连接副、扭剪型高强度螺栓连接副、钢网架用高强度螺栓、普通螺栓、铆钉、自攻钉、拉铆钉、射钉、锚栓（机械型和化学试剂型）、地脚锚栓等紧固标准件及螺母、垫圈等标准配件，其品种、规格、性能等应符合现行国家产品标准和设计要求。高强度大六角头螺栓连接副和扭剪型高强度螺栓连接副出厂时应分别随箱带有扭矩系数和紧固轴力（预拉力）的检验报告。

(2) 高强度大六角头螺栓连接副应检验其扭矩系数。

连接副扭矩系数复验用的计量器具应在试验前进行标定，误差不得超过 2%。

每套连接副只应做一次试验，不得重复使用。在紧固中垫圈发生转动时，应更换连接副，重新试验。

连接副扭矩系数的复验应将螺栓穿入轴力计，在测出螺栓预拉力 P 的同时，应测定施加于螺母上的施拧扭矩值 T，并应按下式计算扭矩系数 K。

$$K = \frac{T}{P \cdot d}$$

式中：T——施拧扭矩（N·m）；

d——高强度螺栓的公称直径（mm）；

P——螺栓预拉力（kN）。

(3) 扭剪型高强度螺栓连接副应检验预拉力。

连接副预拉力可采用经计量检定、校准合格的轴力计进行测试。试验用的电测轴力计、油压轴力计、电阻应变仪、扭矩扳手等计量器具，应在试验前进行标定，其误差不得超过 2%。

采用轴力计方法复验连接副预拉力时，应将螺栓直接插入轴力计。紧固螺栓分初拧、终拧两次进行。初拧应采用手动扭矩扳手或专用定扭电动扳手，初拧值应为预拉力标准值的 50% 左右。终拧应采用专用电动扳手，至尾部梅花头拧掉，读出预拉力值。

每套连接副只应做一次试验，不得重复使用。在紧固中垫圈发生转动时，应更换连接副，重新试验。

(4) 高强度螺栓连接副，应按包装箱配套供货，包装箱上应标明批号、规格、数量及生产日期。螺栓、螺母、垫圈外观表面应涂油保护，不应出现生锈和沾染脏物，螺纹不应损伤。

2. 检查

(1) 在检查钢板厚度时，应用游标卡尺量测，每一品种、规格的钢板抽查 5 处。

(2) 在检查型钢的规格时，应用钢尺和游标卡尺量测，每一品种、规格的型钢抽查

5 处。

（3）在检查钢材的表面外观质量时，应通过仔细观察，对钢材进行全数检查。

（4）在检测紧固件的品种、规格、性能等是否符合现行国家产品标准和设计要求时，应全数检查。检查产品的质量合格证明文件、中文标志及检验报告等。

（5）在检查高强度大六角头螺栓连接副的扭矩系数时，应在施工现场待安装的螺栓批中随机抽取，每批应抽取 8 套连接副。检查其复验报告是否满足要求。

（6）在检查扭剪型高强度螺栓连接副的预拉力时，应在施工现场待安装的螺栓批中随机抽取，每批应抽取 8 套连接副。检查其复验报告是否满足要求。

【示例】

大六角头高强度螺栓连接副扭矩系数试验

1. 取样要求

出厂检验按批进行。

同一性能等级、材料、炉号、螺纹规格、长度（当螺栓长度≤100mm 时、长度相差≤15mm，螺栓长度＞100mm 时、长度相差≤20mm，可视为同一长度）、机械加工、热处理工艺、表面处理工艺的螺栓为同批。

同一性能等级、材料、炉号、螺纹规格、机械加工、热处理工艺、表面处理工艺的螺母为同批。

同一性能等级、材料、炉号、规格、机械加工、热处理工艺、表面处理工艺的垫圈为同批。

分别由同批螺栓、螺母、垫圈组成的连接副为同批连接副。

对保证扭矩系数的供货的螺栓连接副最大批量为 3000 套。

《钢结构工程施工质量验收规范》GB/T 50205 - 2001 规定复验的扭剪型高强度螺栓和大六角高强度螺栓应在施工现场带安装的螺栓批中随机抽取，每批应抽取 8 套连接副进行复验。

2. 仪器设备

（1）轴力计或测力系统（精度要求为 2 级，其误差不得大于测定螺栓紧固轴力预拉力值的 2%，轴力计的示值应在测定轴力值的 1kN 以下）；

（2）扭矩扳手或扭矩测量系统（误差不得大于测试扭矩值的 2%，使用的扭矩扳手 准确度级别不低于《扭矩扳子检定规程》JJG 707 - 2014 中的规定的 2 级。）；

（3）压力传感器（精度要求为 2 级）；

（4）电阻应变仪（精度要求为 2 级）。

3. 检测依据：

《钢结构用高强度螺栓大六角头螺栓》GB/T 1228 - 2006

《钢网架螺栓球节点用高强度螺栓》GB/T 16939 - 1997

4. 试验步骤：

（1）连接副的扭矩系数试验是在轴力计上进行，每一连接副只能试验一次，不得重复使用；

（2）施拧扭矩是施加于螺母上的扭矩，其误差不得大于测试扭矩值的 2%。使用的扭矩扳手准确度级别不低于《扭矩扳子检定规程》JJG 707－2014 中规定的 2 级；

（3）螺栓预拉力用轴力计测定，其误差不得大于测定螺栓预拉力值的 2%，轴力计的示值应在测定轴力值的 1kN 以下；

（4）进行连接副扭矩系数试验时，螺栓预拉力值应控制在规定的范围，超出范围者，所测得的扭矩系数无效。

5. 数据处理与结果判定：

（1）依据公式计算扭矩系数

（2）结果判定：①高强度大六角头螺栓连接副必须按规定的扭矩系数供货，同批连接副的扭矩系数平均值为 0.110～0.150，扭矩系数标准偏差应小于或等于 0.0100。每一连接副包括一个螺栓、一个螺母、两个垫圈，并应分属同批制造；②连接副扭矩系数保证期为自出厂之日起六个月，用户如需延长保证期，可由供需双方协议解决；③螺栓、螺母、垫圈均应进行表面防锈处理，但经处理后的高强度大六角头螺栓连接副扭矩系数还必须符合①的规定。

4.2.3 预应力加固专用的钢材进场时，应根据其品种分别按现行国家标准《钢筋混凝土用余热处理钢筋》GB/T 13014、《预应力混凝土用钢丝》GB/T 5223、《预应力混凝土用钢绞线》GB/T 5224 和《碳素结构钢》GB/T 700、《低合金高强度结构钢》GB/T 1591 等的规定，见证取样作力学性能复验，其质量必须符合相应标准的规定。

检查数量：按进场批次，逐批检查，且每批抽取一组试样进行复验。组内试件数量按所执行的试验方法标准确定。

检验方法：检查产品合格证、出厂检验报告和进场复验报告。

【技术要点说明】

预应力筋等加固专用的钢材是混凝土结构外加预应力加固工程最重要的原材料。进场时，应根据本规范附录 D 提出的进场复验抽样规定进行见证抽样复验方案设计，并付诸实施，以确保外加预应力工程的质量。另外，考虑到目前各生产厂家所提供的预应力产品合格证内容不尽相同，故要求厂家除提供产品合格证外，还应提供预应力筋等加固专用钢材主要性能的出厂检验报告。在这种情况下，进场复验可仅作主要的力学性能检验。

【实施与检查】

1. 实施

（1）结构加固工程用的材料或产品，应按其工程用量一次进场到位。若加固用材料或产品的量很大，确需分次进场时，必须经设计和监理单位特许，且必须逐次进行抽样复验。

（2）对一次进场到位的材料或产品，应按下列规定进行见证抽样：

当《建筑结构加固工程施工质量验收规范》GB 50550－2010 条文中对检查数量有具体规定时，应按其规定执行，不得以任何产品标准的规定替代。当《建筑结构加固工程施工质量验收规范》GB 50550－2010 中未对检查数量作出规定，而国家现行有关标准已有具体规定时，可按该标准执行，但若是计数检验，应选用符合现行国家标准《孤立批计数抽样检验程序及抽样表》GB/T 15239 规定的方案。

（3）若所引用的标准仪对材料或产品出厂的检验数量作出规定，而未对进场复验的抽样数量作出规定时，应按下列情况确定复验抽样方案：

1）当一次进场到位的材料或产品数量大于该材料或产品出厂检验划分的批量时，应将进场的材料或产品数量按出厂检验批量划分为若干检验批，然后按出厂检验抽样方案或《建筑结构加固工程施工质量验收规范》GB 50550－2010 的有关抽样规定执行；

2）当一次进场到位的材料或产品数量不大于该材料或产品出厂检验划分的批量时，应将进场的材料或产品视为一个检验批量，然后按出厂检验抽样方案或《建筑结构加固工程施工质量验收规范》GB 50550－2010 的有关抽样规定执行；

3）对分次进场的材料或产品，除应逐次按上述规定进行抽样复验外，尚应由监理单位以事前不告知的方式进行复查或复验，且至少应进行一次；其抽样部位及数量应由监理总工程师决定；

4）对强制性条文要求复验的项目，其每一检验批取得的试样，应分成两等份。其中一份供进场复验使用；另一份应封存保管至下程验收通过后（或保管至该产品失效期），以备有关各方对工程质量有异议时供仲裁检验使用。

（4）在施工过程中，若发现某种材料或产品性能异常，或有被调包的迹象，监理单位应立即下通知停止使用，并及时进行见证抽样专项检验。专项检验每一项目的试件数量不应少于 15 个。

2. 检查

检查产品合格证、中文标志、出厂检验报告和进场复验报告。

【实施细则】

预应力钢丝、钢绞线、精轧螺纹钢筋等，应进行进场验收，并填写进场验收记录。必须挂有标牌，并附有出厂质量证明书。预应力钢筋的产品质量证明文件应为原件，包括预应力钢筋用锚具、夹具、连接器合格证及出厂检验报告。

按规定见证取样，复验。

1. 预应力混凝土用钢丝应符合 GB/T 5223、GB/T 2103 的规定。

复验项目一般有：抗拉强度、伸长率、弯曲试验。

取样规则：

（1）同一牌号、同一规格、同一生产工艺制作的钢丝，每批重量不大于 60t 为一验收批。

（2）在每盘钢丝的两端取样进行抗拉强度、弯曲和伸长率的试验。屈服强度和松弛率试验每季度抽检一次，每次至少 3 根。

2. 预应力混凝土用钢绞线应符合《预应力混凝土用钢铰线》GB/T 5224 的规定。

复验项目一般有：整根钢绞线的最大负荷、屈服负荷、伸长率、松弛率、尺寸测量。

取样规则：

（1）同一牌号、同一规格、同一生产工艺制作的钢丝，每批重量不大于 60t 为一验收批。

（2）每一验收批任取 3 盘，从每盘所选的钢绞线端部正常部位截取一根进行表面质量、直径偏差、捻距和力学性能试验。如每批少于 3 盘，则应逐盘进行上述检验。屈服和松弛试验每季度抽检一次，每次不少于 1 根。

3. 预应力精轧螺纹钢筋的力学性能抽样复验，按验收批进行，每验收批应由同一种牌号、同一规格、同一生产工艺生产的材料组成，重量不大于 60t。

4.2.5　绕丝用的钢丝进场时，应按现行国家标准《一般用途低碳钢丝》GB/T 343 中关于退火钢丝的力学性能指标进行复验。其复验结果的抗拉强度最低值不应低于 **490MPa**。

注：若直径 4mm 退火钢丝供应有困难，允许采用低碳冷拔钢丝在现场退火。但退火后的钢丝抗拉强度值应控制在(490～540)MPa 之间。

检查数量：按进场批号，每批抽取 5 个试样。

检验方法：按现行国家标准《金属材料　室温拉伸试验方法》GB/T 228 规定的方法进行复验，同时，尚应检查其产品合格证和出厂检验报告。

【技术要点说明】

绕丝法必须采用退火钢丝，才能保证其缠绕施工的质量和有效性。近来由于大厂生产的退火钢丝经常脱销，有些施工单位便擅自改用其他品种钢丝施工，以致给工程留下安全隐患。为此，给出进场复验指标，并要求一律进行复验。另外应指出的是：本条对退火钢丝（包括利用冷拔低碳钢丝进行退火的钢丝）所作的进场复验规定，是完全针对绕丝加固法的用途作出的，不能用于其他应用场合。

【实施与检查】

1. 实施

绕丝前应采用多次点焊法将钢丝、构造钢筋的端部焊牢在原构件纵向钢筋上。绕丝应该是连续的、间距均匀的。绕丝完成后，尚应在钢丝与原构件表面之间打入钢楔以绷紧，保证钢丝的工作性能。

2. 检查

检查钢丝的出厂合格证明，并对绕丝施工的施工质量进行全数检查。

4.2.6　结构加固用的钢丝绳网片应根据设计规定选用高强度不锈钢丝绳或航空用镀锌碳素钢丝绳在工厂预制。制作网片的钢丝绳，其结构形式应为 **6×7＋IWS** 金属股芯右交互捻小直径不松散钢丝绳（图 **4.2.6a**），或 **1×19** 单股左捻钢丝绳（图 **4.2.6b**）；其钢丝的公称强度不应低于现行国家标准《混凝土结构加固设计规范》GB **50367** 的规定值。

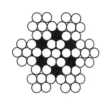 

(a) 6×7+IWS钢丝绳　　(b) 1×19钢绞线（单股钢丝绳）

图 4.2.6　钢丝绳的结构形式

钢丝绳网片进场时，应分别按现行国家标准《不锈钢丝绳》GB/T 9944 和行业标准《航空用钢丝绳》YB/T 5197 等的规定见证抽取试件作整绳破断拉力、弹性模量和伸长率检验。其质量必须符合上述标准和现行国家标准《混凝土结构加固设计规范》GB 50367 的规定。

检查数量：按进场批次和产品抽样检验方案确定。

检验方法：检查产品质量合格证、出厂检验报告和进场复验报告。

注：单股钢丝绳也称钢绞线（图 4.2.6b），但不得擅自将 6×7＋IWS 金属股芯不松散钢丝绳改称为钢绞线。若施工图上所写名称不符合本规范规定，应要求设计单位和生产厂书面更正，否则不得付诸

施工。

【技术要点说明】

就小直径（2.4mm～4.5mm）高强度不锈钢丝绳而言，迄今我国尚未制定结构加固用钢丝及钢丝绳网片的产品质量标准。在这种情况下，本规范参照现行国家军用标准《航空用不锈钢弹簧丝规范》GJB 3320、国家标准《不锈钢丝》GB/T 4240、国家标准《制绳用钢丝》GB/T 8919、国家标准《不锈钢丝绳》GB/T 9944 及行业标准《航空用钢丝绳》YB/T 5197 等的相关要求及国内外有关的试验资料，制定了其施工质量验收标准，与现行国家标准《混凝土结构加固设计规范》GB 50367 所给出的性能指标配合使用。这些标准系经专家论证和审查后才纳入本规范的，较为符合国情，并在安全上较有保证，因此，必须在这类结构加固工程中予以施行。

另外，由于同直径的钢丝绳与钢绞线，其性能（特别是粘结能力）有着显著差别，因此本条中的注，要求设计、施工单位不得错用术语，以免出现质量和安全安全问题。

【实施与检查】

1. 实施

安装钢丝绳网片前，应先在原构件混凝土表面画线标定安装位置，并按标定的尺寸在现场裁剪网片。裁剪作业及网片端部的固定方式应符合产品使用说明书的规定。

2. 检查

检查钢丝绳的出厂合格证明，并对钢丝网片制作安装的施工质量进行全数检查。

【专题】

钢丝绳与钢绞线的区别：

1. 执行标准不同。

2. 用途不同，前者用于吊装、安装、拖拽等属于工具，后者用来做建筑材料。

3. 编束的方法不同。前者是用很细的（直径 1mm 左右）钢丝，后者用粗钢丝（直径可 5mm 以上）绞索。钢丝绳可以配合麻绳使用，钢绞线则不能。

4. 钢丝绳用外径表达规格，钢绞线以强度、外径、编束等综合情况来表达规格。

5. 钢丝绳和钢绞线都是专业术语。但绝对不能混为一谈。

4.3.1 结构加固用的焊接材料，其品种、规格、型号和性能应符合现行国家产品标准和设计要求。焊接材料进场时应按现行国家标准《碳钢焊条》GB/T 5117、《低合金钢焊条》GB/T 5118 等的要求进行见证取样复验。复验不合格的焊接材料不得使用。

检查数量：应按产品复验抽样并符合本规范附录 D 的规定。

检查方法：检查产品合格证、中文标志及出厂检验报告和进场复验报告。

【技术要点说明】

结构加固用的焊接材料，虽然按照现行国家标准《碳钢焊条》GB/T 5117 和《低合金钢焊条》GB/T 5118 规定的检验规则，其成品焊条应由制造厂质量检验部门按批检验。但由于焊接材料对焊接质量的影响重大，兼之结构加固的工程量一般较小，所用焊接材料极易遇到来源不明或混批的情况。因此，进场时，必须进行见证取样复验。同时，尚应注意检查其外观质量。若包装已破损或批号及检验号已无法辨认时，不论有无产品合格证书及出厂检验报告，均应通过见证取样进行系统的复验。

另外，当设计单位有其他复验要求时，复验项目必须由设计单位决定，业主、监理和施工单位均不得以任何理由拒绝。

【实施与检查】

1. 实施

结构加固工程用的焊接材料，应按其工程用量一次进场到位。若加固用的焊接材料的量很大，确需分次进场时，必须经设计和监理单位特许，且必须逐次进行抽样复验。

结构加固用的焊接材料进场时，应按现行国家标准《碳钢焊条》GB/T 5117、《低合金钢焊条》GB/T 5118 等的要求进行见证取样复验。复验不合格的焊接材料不得使用。

对一次进场到位的焊接材料，应按下列规定进行见证抽样：

（1）当本规范条文中对检查数量有具体规定时，应按本规范的规定执行，不得以任何产品标准的规定替代。

（2）当本规范条文中未对检查数量作出规定，而国家现行有关标准已有具体规定时，可按该标准执行；但若是计数检验，应选用符合现行国家标准《孤立批计数抽样检验程序及抽样表》GB/T 15239 规定的方案。

（3）若所引用的标准仅对焊接材料出厂的检验数量作出规定，而未对进场复验的抽样数量作出规定时，应按下列情况确定复验抽样方案：

1）当一次进场到位的焊接材料数量大于该材料或产品出厂检验划分的批量时，应将进场的焊接材料数量按出厂检验批量划分为若干检验批，然后按出厂检验抽样方案或本规范有关的抽样规定执行；

2）当一次进场到位的焊接材料数量不大于该材料或产品出厂检验划分的批量时，应将进场的焊接材料视为一个检验批量，然后按出厂检验抽样方案或本规范有关的抽样规定执行；

3）对分次进场的焊接材料，除应逐次按上述规定进行抽样复验外，尚应由监理单位以事前不告知的方式进行复查或复验，且至少应进行一次；

4）结构加固用的焊接材料，其每一检验批取得的试样，应分成两等份。其中一份供进场复验使用；另一份应封存保管至工程验收通过后（或保管至该产品失效期），以备有关各方对工程质量有异议时供仲裁检验使用。

（4）在施工过程中，应及时进行见证抽样专项检验。专项检验每一项目的试件数量不应少于 15 个。

2. 检查

设计和监理单位应对焊接材料进行见证取样复验。设计和监理单位应注意检查焊接材料的外观质量，并严格检查焊接材料的产品合格证、中文标志及出厂检验报告和进场复验报告。复验不合格的焊接材料不得使用。

【实施细则】

焊接连接目前应用最广，出事故也较多，应检查其缺陷。焊缝的缺陷种类不少，有裂纹、气孔、夹渣、未熔透、虚焊、咬边、弧坑等。

加固工程中焊接材料要做到与母材匹配。不同母材焊接时的焊条选用，应采用就低不就高的原则。例如：钢梁 Q345，檩条 Q235，用 E43 型焊条，不用 E50 型焊条。主要出于如下原因的考虑：

1. 焊接材料强度远比母材高；

2. 焊材强度不能比母材高太多（不大于 50MPa）。

4.4.1 加固工程使用的结构胶粘剂，应按工程用量一次进场到位。结构胶粘剂进场时，施工单位应会同监理人员对其品种、级别、批号、包装、中文标志、产品合格证、出厂日期、出厂检验报告等进行检查；同时，应对其钢-钢拉伸抗剪强度、钢-混凝土正拉粘结强度和耐湿热老化性能等三项重要性能指标以及该胶粘剂不挥发物含量进行见证取样复验；对抗震设防烈度为 **7** 度及 **7** 度以上地区建筑加固用的粘钢和粘贴纤维复合材的结构胶粘剂，尚应进行抗冲击剥离能力的见证取样复验；所有复验结果均须符合现行国家标准《混凝土结构加固设计规范》**GB 50367** 及本规范的要求。

检验数量：按进场批次，每批号见证取样 **3** 件，每件每组分称取 **500g**，并按相同组分予以混匀后送独立检验机构复检。检验时，每一项目每批次的样品制作一组试件。

检验方法：在确认产品批号、包装及中文标志完整的前提下，检查产品合格证、出厂日期、出厂检验报告、进场见证复验报告，以及抗冲击剥离试件破坏后的残件。

【技术要点说明】

无。

【实施与检查】

1. 实施

在当前结构加固工程，随着结构胶粘剂的用量骤增，其良莠不齐的问题也愈见严重。进场接收时稍有失误，将直接危及加固结构的安全。为此，在结构胶粘剂的检查与复验工作中实施本条的规定时，必须掌握以下几个要点：

（1）凡品种、级别和安全性能不符合现行国家标准《混凝土结构加固设计规范》GB 50367 及设计规定的产品，施工单位不得擅自接收。

（2）要求胶粘剂应按工程用量一次进场到位，并建议监理单位应在检验合格的固化剂容器上作标记，以供识别。

（3）应检查进口产品的中文标志、产品合格证书、报关单和商检报告等文件。

2. 检查

检查时，施工单位应同监理人员对其品种、级别、批号、包装、中文标志、产品合格证、出厂日期、出厂检验报告等进行检查；对其钢-钢拉伸抗剪强度、钢-混凝土正拉粘结强度和耐湿热老化性能等三项重要性能指标以及该胶粘剂不挥发物含量进行见证取样复验，严格把关按工程用量控制一次进场。

【实施细则】

定位放线：首先按照设计图纸要求并根据现场实际情况，在图纸所示粘钢部位弹出粘贴钢板位置线。

混凝土表面处理：用角磨机对混凝土粘合面进行打磨，去掉 2～3mm 表层，用压缩空气除去粉尘，粘贴前用清洗剂擦拭干净。

钢板下料、打磨、钻孔：用等离子切割机将钢板裁成设计要求宽度，凡需螺栓固定的钢板，均需按照螺栓位置先钻孔，孔径及位置要符合设计要求。对于钢板交叉重叠部分，后粘钢板均需预先成型以保证粘贴钢板敷实、平整。钢板粘结面，须进行除锈和粗糙处理，可用角磨机打磨，打磨纹路应与钢板受力方向垂直。

螺栓：按设计图纸要求的数量和位置在加固的梁上安装化学螺栓，根据钢板上钻孔位置进行钻孔，钢板遇到钢筋时，适当调整钻孔位置.

钢板预贴：在涂胶、粘胶前，先将钢板进行试安装，钢板应与混凝土面和螺栓吻合；检查钢板粘贴位置及螺栓孔位是否对正，否则要进行调整。

涂胶、粘贴、加压：将钢板与混凝土基面用丙酮擦洗干净，用抹刀将配好的胶同时涂抹在已处理好的混凝土表面和钢板面上，厚度为1~3mm，中间厚边缘薄，然后将钢板贴于预定位置，用螺栓紧固，施压，并用手锤沿粘贴面轻轻敲击钢板，如无空洞声，表示已粘贴敷实，否则应剥下钢板，重新粘贴。对于重叠粘贴的钢板，应在第一层粘贴钢板达到强度后再进行第二层的粘贴。

固化养护：结构胶在常温下（5℃~20℃）可自然固化。夏季施工，1天后即可加载施工，3天后可以达到最大设计使用荷载。

4.4.5 加固工程中，严禁使用下列结构胶粘剂产品：

1 过期或出厂日期不明；

2 包装破损、批号涂毁或中文标志、产品使用说明书为复印件；

3 掺有挥发性溶剂或非反应性稀释剂；

4 固化剂主成分不明或固化剂主成分为乙二胺；

5 游离甲醛含量超标；

6 以"植筋-粘钢两用胶"命名。

注：过期胶粘剂不得以厂家出具的"质量保证书"为依据而擅自延长其使用期限。

【技术要点说明】

无。

【实施与检查】

加固工程中，结构胶粘剂进场时，施工单位应会同监理人员对结构胶粘剂的品种、级别、批号、包装、中文标志、产品合格证、出产日期、出产检验报告等进行检查，对于条文中所列情况的结构胶粘剂应杜绝使用。施工人员在施工过程中发现所用结构胶粘剂过期的，应立即停止使用，并对剩余的结构胶粘剂的生产日期及保质期进行检查，对过期材料进行更换。

【实施细则】

工程结构加固材料植筋胶通过拉拔试验确定其加固效果，拉拔实验的7个原则如下。

按国家标准《工程结构加固材料安全性鉴定技术规范》GB 50728-2011 的要求，凡通过工程结构加固材料安全性鉴定的企业所获得的检测报告有效期为四年，没有通过的企业，产品虽获得一年期检测报告，但在施工企业使用时必须检测所有指标。植筋检测方案以下程序完成后应进行现场随机检测，检测可由甲方代表随机指定一定数量的钢筋或按以下方法抽检：

1. 一般植筋72h后，可采用拉力计（千斤顶）对所植钢筋进行拉拔试验。为减少千斤顶对锚筋附近混凝土的约束，可用槽钢或支架架空，支点距离≥max（3d,

60mm）。然后匀速加载 2min～3min（或采用分级加载），直至破坏。破坏模式分为钢筋破坏（钢筋拉断）、胶筋截面破坏（钢筋沿结构胶、钢筋界面拔出）、混合破坏（上部混凝土锥体破坏，下部沿结构胶、混凝土界面拔出）3 种，结构构件植筋，破坏模式宜控制为钢筋拉断。

2. 当做非破坏性检验时，最大加载值可取为 $0.95A_s f_{yk}$。

3. 抽检数量可按每种钢筋植筋数量的 0.1% 确定，但不应少于 3 根

4. 对同一批号结构胶，每种型号钢筋随机抽取 3 根作为一组，同一批号的结构胶抽验应不小于两组（6 根），并作好现场记录。检测完成后由具有相应资质的单位出其检测报告。

5. 若有一根钢筋的锚固强度达不到钢筋设计强度，即认为该试件不合格，须以加倍数量试件重新试验。

6. 若重新试验的试件全部合格，则试验完成，该工程施工满足设计要求，并根据现场检测情况由设计、监理等有关各方确定是否对不合格试件进行补筋。

7. 若重新试验的试件中仍有一个不合格，则须对全部钢筋作现场检测，并做好记录。对不合格钢筋根据现场检测情况进行补筋。

4.5.1 碳纤维织物（碳纤维布）、碳纤维预成型板（以下简称板材）以及玻璃纤维织物（玻璃纤维布）应按工程用量一次进场到位。纤维材料进场时，施工单位应会同监理人员对其品种、级别、型号、规格、包装、中文标志、产品合格证和出厂检验报告等进行检查，同时尚应对下列重要性能和质量指标进行见证取样复验：

1 纤维复合材的抗拉强度标准值、弹性模量和极限伸长率；

2 纤维织物单位面积质量或预成型板的纤维体积含量；

3 碳纤维织物的 K 数。

若检验中发现该产品尚未与配套的胶粘剂进行过适配性试验，应见证取样送独立检测机构，按本规范附录 E 及附录 N 的要求进行补检。

检查、检验和复验结果必须符合现行国家标准《混凝土结构加固设计规范》GB 50367 的规定及设计要求。

检查数量：按进场批号，每批号见证取样 3 件，从每件中，按每一检验项目各裁取一组试样的用料。

检验方法：在确认产品包装及中文标志完整性的前提下，检查产品合格证、出厂检验报告和进场复验报告；对进口产品还应检查报关单及商检报告所列的批号和技术内容是否与进场检查结果相符。

注：1 纤维复合材抗拉强度应按现行国家标准《定向纤维增强塑料拉伸性能试验方法》GB/T 3354 测定，但其复验的试件数量不得少于 15 个，且应计算其试验结果的平均值、标准差和变异系数，供确定其强度标准值使用；

2 纤维织物单位面积质量应按现行国家标准《增强制品试验方法 第 3 部分：单位面积质量的测定》GB/T 9914.3 进行检测；碳纤维预成型板材的纤维体积含量应按现行国家标准《碳纤维增强塑料体积含量试验方法》GB/T 3366 进行检测；

3 碳纤维的 K 数应按本规范附录 M 判定。

【技术要点说明】

纤维材料在进入市场前，虽然多数已委托独立检验机构作过安全性能的验证性试验或安全性鉴定，但这只能作为设计和业主单位选材的依据，而不能用以取代进场检查和复验。同时，为了使检查与复验能够充分反映该批材料的实际性能和质量，还必须坚持要求碳纤维等重要加固产品，应按工程用量一次进场到位。

在一次进场到位的前提下，本规范规定了3项必须见证取样复验的项目，并且还为第3项的复验，配备了供设计和检验单位使用的简易而准确的检验识别方法（附录N）。

另外，应指出的是：本条规定的复验项目虽有五项，但由于前三项均属材料受拉性能的指标，而且是在同一试件的加荷过程中先后读取其测值。因此，增加不了多少试验工作量，但却能收到更准确判断材料性能的效果。

【实施与检查】

1. 实施

现场监理人员必须严肃对待本条纤维材料"应按工程用量一次进场到位"的规定，严把材料进场关。监理人员应对违反要求多次分批进场的纤维材料作出拒绝验收的回复。

应用碳纤维布粘贴加固结构时，碳纤维与被加固构件之间的粘结质量至关重要。碳纤维K数反应经纱密度，碳纤维K数不同，碳纤维布与被加固构件之间的粘结强度也不同。因此，必须保证一定的碳纤维K数。碳纤维织物进场检验时，施工单位质检人员及监理人员应按现行国家标准《建筑结构加固工程施工质量验收规范》GB 50550 相关规定判定碳纤维K数。

送检的纤维材料必须由第三方具有相应资质的检测机构进行力学性能检测，并提供相关检测报告。

对进口纤维材料，同样必须对其按我国相关现行规范测试相关性能和质量指标。

2. 检查

材料进场检查时，必须要有监理人员在场见证，各方必须以书面形式确认签字。

根据第三方具有相应资质的检测机构提供的材料力学性能报告，质检人员须核对进场材料是否满足规范及设计要求。

对不符合要求的材料，监理单位应上报业主坚决予以退货。

【示例】

下表摘录自《建筑结构加固工程施工质量验收规范》GB 50550－2010 附录 M 表 M.0.6。

表 M.0.6 经纱密度与 K 数对照表

碳纤维织物规格	经纱密度（根/10mm）	碳纤维 K 数
200g/m²	2.50～2.70	12
	2.00～2.10	15
	1.67～1.80	18
	1.25～1.35	24
	0.63～0.68	48

碳纤维织物规格	经纱密度（根/10mm）	碳纤维 K 数
300g/m²	3.75～3.85	12
	3.00～3.15	15
	2.50～2.70	18
	1.88～2.03	24
	0.95～1.02	48

由上表可以看出碳纤维 K 数不同，对应的经纱密度也是不同的，K 数越大经纱越稀，粘结质量也越来越差。因此，设计单位在进行碳纤维加固设计时，应对碳纤维材料 K 数予以明确。同时，施工单位和监理单位质检人员必须按规范要求对此项指标进行检查。

4.5.2 结构加固使用的碳纤维，严禁用玄武岩纤维、大丝束碳纤维等替代。结构加固使用的 S 玻璃纤维（高强玻璃纤维）、E 玻璃纤维（无碱玻璃纤维），严禁用 A 玻璃纤维或 C 玻璃纤维替代。

【技术要点说明】

由于玄武岩是由地球熔岩形成的，因此造成它的先天不足，就是其成分的波动，不仅不同矿床成分波动较大，就是同一矿点化学成分也有一定的波动范围。有实验表明，玄武岩成分的析晶上限温度与其拉丝成形温度非常接近，成纤温度范围窄，而且在温度梯度炉中的析晶温度测试进一步表明玄武岩的析晶温度点有较大的离散性。这样就大大降低了玄武岩熔体成纤工艺的稳定性，经常会出现断丝等现象。另外，有些厂家为了降低成本，提高成纤率，在玄武岩原料中，掺入一些助熔剂，如萤石，碎玻璃等，这些助熔剂如果没有经过科学论证，将劣化玄武岩纤维原有的性能，并且也不再是严格意义上的玄武岩纤维了。

大丝束碳纤维应用的主要技术问题是在制造预浸料时，因丝束较粗不宜展开，导致单层厚度增加，不利于设计调整铺层。此外，大丝束碳纤维有时粘连、有断丝现象，这样会使强度、刚度受影响，性能有所降低，性能的分散性也相应会较大。

A 玻璃纤维是一种典型的钠硅酸盐玻璃，耐水性很差，不应用于暴露于环境中的加固工程。C 玻璃纤维机械强度低于无碱玻璃纤维 10%～20%，因此，绝不能因为 C 玻璃纤维价格比无碱玻璃纤维便宜而擅自替换。

【实施与检查】

1. 实施

现场施工单位和监理单位质检人员须持证上岗。检人员应具有质量安全责任感，明确材料以次充好的严重后果。

建设单位、监理单位和施工单位应有完善的质量管理制度，并能将质量管理责任层层落实。国家质量监督管理部门对项目进行质量检查时也应重点检查强制性条文所规定的内容。

2. 检查

按照本强制性条文重点检查出厂报告与实际进场材料是否相符，施工时监理人员应在现场随机抽查，以检验所用材料是否符合要求。国家质量监督管理部门也应对项目现场进行抽查，有必要的话还可对隐蔽工程进行抽检。

4.7.1 配制结构加固用聚合物砂浆（包括以复合砂浆命名的聚合物砂浆）的原材料，应按工程用量一次进场到位。聚合物原材料进场时，施工单位应会同监理单位对其品种、型号、包装、中文标志、出厂日期、出厂检验合格报告等进行检查，同时尚应对聚合物砂浆体的劈裂抗拉强度、抗折强度及聚合物砂浆与钢粘结的拉伸抗剪强度进行见证取样复验。其检查和复验结果必须符合现行国家标准《混凝土结构加固设计规范》**GB 50367** 的规定。

检查数量：按进场批号，每批号见证抽样 **3** 件，每件每组分称取 500g，并按同组分予以混合后送独立检测机构复验。检验时，每一项目每批号的样品制作一组试件。

检验方法：在确认产品包装及中文标志完整性的前提下，检查产品合格证、出厂日期、出厂检验合格报告和进场复验报告。

注：聚合物砂浆体的劈裂抗拉强度、抗折强度及聚合物砂浆拉伸抗剪强度应分别按本规范附录 **P**、附录 **Q** 及附录 **R** 规定的方法进行测定。

【技术要点说明】

无。

【实施与检查】

1. 实施

质检员能熟悉掌握检验设备的操作，能够知道原材料的质量标准。在聚合物原材料进场时，施工单位应会同监理单位对其品种、型号、包装、中文标志、出厂日期、出厂检验合格报告等进行检查，同时尚应对聚合物砂浆体的劈裂抗拉强度、抗折强度及聚合物砂浆与钢粘结的拉伸抗剪强度进行见证取样复验。其检查和复验结果必须符合现行国家标准《混凝土结构加固设计规范》GB 50367 的规定。拥有良好的仓库环境，有足够的场地和空间放置、保护原材料。

2. 检查

按进场批号，每批号见证抽样 3 件，每件每组分称取 500g，并按同组分予以混合后送独立检测机构复验。检验时，每一项目每批号的样品制作一组试件。在确认产品包装及中文标志完整性的前提下，检查产品合格证、出厂日期、出厂检验合格报告和进场复验报告。

【示例】

表 17.1-1 聚合物砂浆原材料检验批质量验收记录表

工程名称		分项工程名称		验收部位	
施工单位		专业工长		项目经理	
分包单位		分包项目经理		施工班组长	
批号及批量				见证取样人员	
执行标准名称及标号	《建筑结构加固工程施工质量验收规范》GB 50550－2010				

	检测项目	质量验收规范的规定（条文号）	施工单位自查评定记录	监理（建设）单位验收记录
主控项目	配制结构加固用聚合物砂浆（包括以复合砂浆命名的聚合物砂浆）的原材料，应按工程用量一次进场到位。聚合物原材料进场时，施工单位应会同监理单位对其品种、型号、包装、中文标志、出厂日期、出厂检验合格报告等进行检查	第4.7.1条		
	当采用镀锌钢丝绳（或钢绞线）作为聚合物砂浆外加层的配筋时，除应将保护层厚度增大10mm并涂刷防碳化涂料外，尚应在聚合物砂浆中掺入阻锈剂，但不得掺入以亚硝酸盐等为主成分的阻锈剂或含有氯化物的外加剂	第4.7.2条		
一般项目	聚合物砂浆的用砂，应采用粒径不大于2.5mm的石英砂配制的细度模数不小于2.5的中砂。其使用的技术条件，应按设计强度等级经试配确定	第4.7.3条		
施工单位检查评定结果	项目专业质量检查员			年　月　日
监理（建设）单位验收结论	监理工程师 （建设单位项目专业技术负责人）			年　月　日

4.9.2 结构界面胶（剂）应一次进场到位。进场时，应对其品种、型号、批号、包装、中文标志、出厂日期、产品合格证、出厂检验报告等进行检查，并应对下列项目进行见证抽样复验：

　　1 与混凝土的正拉粘结强度及其破坏形式；

　　2 剪切粘结强度及其破坏形式；

　　3 耐湿热老化性能现场快速复验。

　　复验结果必须分别符合本规范附录E、附录S及附录J的规定。

　　注：结构界面胶（剂）耐湿热老化快速复验，应采用本规范附录S规定的剪切试件进行试验与评定。

　　检查数量：按进场批次，每批见证抽取3件；从每件中取出一定数量界面胶（剂）经混匀后，为每一复验项目制作5个试件进行复验。

检验方法：在确认产品包装及中文标志完整的前提下，检查产品合格证、出厂检验报告和进场复验报告。

【技术要点说明】

无。

【实施与检查】

1. 实施

（1）凿除旧构件中的蜂窝或空洞缺陷。

（2）对待旧构件的表面进行凿毛处理，保证清洁，不沾尘土，表面应坚固，密实，平整。如有钢筋外露应对钢筋进行除油、除锈和除尘处理。

（3）按比例配制新旧混凝土界面胶，用经过除油处理的毛刷将胶液均匀地涂刷在旧混凝土内和钢筋上，胶层厚度应不超过 1mm，同时应清除包裹在胶液中的气泡。

（4）在结构胶的适用期内，浇筑上新的混凝土群进行充分振捣。

2. 检查

对结构界面胶（剂）的新产品，在使用前，应进行现场试涂刷。其涂刷工艺（包括涂刷前对原构件粘合面的洁净处理）应按产品使用说明书及该工程施工图的规定及要求执行。

检查数量：对每项工程应至少试涂刷三个界面。

检验方法：通过观察其可操作性，检查其涂刷质量的均匀性，对该产品的工艺性能作出是否可以接受的评价。

4.11.1 结构加固用锚栓应采用自扩底锚栓、模扩底锚栓或特殊倒锥形锚栓，且应按工程用量一次进场到位。进场时，应对其品种、型号、规格、中文标志和包装、出厂检验合格报告等进行检查，并应对锚栓钢材受拉性能指标进行见证抽样复验，其复验结果必须符合现行国家标准《混凝土结构加固设计规范》GB 50367 的规定。

对地震设防区，除应按上述规定进行检查和复验外，尚应复查该批锚栓是否属地震区适用的锚栓。复查应符合下列要求：

1 对国内产品，应具有独立检验机构出具的符合行业标准《混凝土用膨胀型、扩孔型建筑锚栓》JG 160－2004 附录 F 规定的专项试验验证合格的证书；

2 对进口产品。应具有该国或国际认证机构检验结果出具的地震区适用的认证证书。

检查数量：按同一规格包装箱数为一检验批，随机抽取 3 箱（不足 3 箱应全取）的锚栓，经混合均匀后，从中见证抽取 5%，且不少于 5 个进行复验；若复验结果仅有一个不合格，允许加倍取样复验；若仍有不合格者，则该批产品应评为不合格产品。

检验方法：在确认锚栓产品包装及中文标志完整性的条件下，检查产品合格证、出厂检验报告和进场见证复验报告；对扩底刀具，还应检查其真伪；对地震设防区，尚应检查其认证或验证证书。

【技术要点说明】

无。

【实施与检查】

检查时结构加固用锚栓应采用自扩底锚栓、模扩底锚栓或特殊倒锥形锚栓，且应按工程用量一次进场到位。进场时，应对其品种、型号、规格、中文标志和包装、出厂检验合格报告等进行检查；钢锚板的钢种、规格、质量；锚栓外观表面应光洁、无锈、完整，栓体不得有裂纹或其他局部缺陷；螺纹不应有损伤。

【实施细则】

1. 使用锚栓安装的注意事项

在进行的过程中，对于锚固区的基材也有一定的要求，主要有以下几个方面的要求：① 混凝土的强度必须符合施工设计的要求，如果不能满足就要对锚固参数进行修改与确定；② 表面应该平整，牢固，不能存在起砂、起壳、蜂窝、麻面、油污等限制锚固稳定性的情况存在；③ 即使没有设计的说明，也要保证锚固区域的干燥清洁。

2. 使用膨胀型锚栓或扩孔型锚栓的注意事项

必须使用空压机或手动机械将锚孔内清理干净，不要有粉屑等物质；如果使用化学植筋，此时对于锚孔也要做相应的处理，将孔内部的碎屑与粉尘等处理干净，还要使用丙酮进行孔道的擦拭处理，要始终保证孔道清洁干燥。对于化学植筋进行焊接时，要避免植筋受到高温影响，防止造成胶质失效等，要采取科学合理的控制温度的方法与措施，离开基面的钢筋预留长度不小于 $20d$，且不小于 $200mm$。

3. 锚固施工的施工质量检查

检查相关施工文件材料、锚固胶的类型、规格是否按照设计要求选择和使用；选择锚固的位置是否正确得当；锚孔质量是否符合标准要求；固定的效果检查。

4. 锚孔的质量检查

锚孔所处位置、大小、深度以及垂直度要全面检查与确认，如果使用的是预扩孔型锚栓，对于扩孔部分的直径和深度也要做详细的检查；锚孔的清洁状况是否良好；锚孔周边混凝土是否有缺损情况；是否干燥处理；环境温度是否适宜施工标准与要求；钻孔是否触及和损伤钢筋构件。

5. 锚栓抗拔承载力现场检验

对于锚栓抗拔能力的检验，一般有两种常见的检测方法，一个是非破坏性检验，另一个是破坏性检验。对于一般结构及非结构构件，首选的是采用非破坏性检验；对于工程的重要位置以及关键施工部位和结构部分，最好不采用破坏性检验的方法。可以将规格与类型等情况相差不多的部位组成一个检验批次，按照相应的比例进行抽样检验。检验现场一般要有专业的检验工具与仪器设备，比如拉拔仪、记录仪、电子荷载位移测量仪等，上述仪器也要定期检查与性能核定。

17.2　施　工　质　量　检　验

《建筑结构加固工程施工质量验收规范》 GB 50550-2010

5.3.2 新增混凝土的强度等级必须符合设计要求。用于检查结构构件新增混凝土强度的试块，应在监理工程师见证下，在混凝土的浇筑地点随机抽取。取样与留置试块应符合下列规定：

1 每拌制 50 盘（不足 50 盘，按 50 盘计）同一配合比的混凝土，取样不得少于一次；

2 每次取样应至少留置一组标准养护试块；同条件养护试块的留置组数应根据混凝土工程量及其重要性确定，且不应少于 3 组。

检验方法：检查施工记录及试块强度试验报告。

【技术要点说明】

本条针对建筑结构加固工程一般工程量不大的特点，规定了用于检查结构构件新增截面混凝土强度的试块取样与留置要求。本条与现行国家标准《混凝土结构工程施工质量验收规范》GB 50204-2015 第 7.4.1 条虽然均为强制性条文。但本条的规定略为严格。这对施工条件较差的结构加固工程来说，还是有必要加以从严控制的。

【实施与检查】

1. 实施

（1）把构件表面的抹灰层铲除，对混凝土表面存在的缺陷清理至密实部分并将表面凿毛，要求打成麻坑或者沟槽，坑或者槽的深度不宜小于 6mm，麻坑每 100mm×100mm 的面积内不宜少于 5 个；沟槽间距不宜大于箍筋间距或者 200mm，采用三面或者四面外包加固梁或者柱的时候，应该将其棱角打掉。

（2）清除混凝土表面浮尘、碎渣、粉末，并用压力水或者空气泵冲刷干净，并等干燥。

（3）为了增加新旧混凝土的整体结合，浇筑混凝土前在原混凝土结合面上先刷一层高粘结性能的界面结合剂，如：高标号水泥，环氧树脂胶等。

（4）为了提高新、旧混凝土粘结强度，增加结合面的抗剪强度，必要时还可以在结合面凿小坑，植入 10mm 的短钢筋，其长度为 100mm～150mm，伸进、出坑面各一半，间距为 200mm～300mm，呈梅花状，插入短钢筋后灌入植筋胶等。

（5）在安装锚栓前，应清除混凝土表面的污物，用 5％的火碱溶液擦洗，并用清水冲洗干净。如锚栓的螺杆露出构件表面太短，可用些短角钢或铁件与原构件紧固，对于受弯构件，锚栓的直径和数量根据新、旧混凝土结合面的抗剪要求确定。

（6）加固钢筋和原来构件受力钢筋采用连接短钢筋焊接时，应凿出混凝土保护层并至少裸露出钢筋截面一半，对原有和新加受力钢筋都必须进行防锈处理，在受力钢筋上施焊前应采用卸荷载或者临时支撑措施。为了减少焊接造成的附加应力，施焊时应逐根分区、分段、分层和从中部向两端进行焊接，焊缝要饱满，尽可能减少或避免对受力钢筋的损伤，应由有相当专业水平的技术工人来操作。

（7）对于原有受力钢筋在施焊中由于电焊过烧可能对其截面面积的削弱，计算时宜考虑折减系数为 0.8～0.9。

（8）对于原有梁或者柱上箍筋焊接新加的 U 形或 [形箍筋或者原有板下的钢筋焊接加固，一般原有钢筋或箍筋和新加钢筋或箍筋的直径不应小于 8mm，同时在施焊时要求选择最小直径焊条和控制焊接电流，以减少和避免钢筋过烧而造成的钢筋截面面积的削弱。

（9）对于新加受力钢筋和原构件受力钢筋之间用短钢筋或扁钢连接时，一般采用水泥砂浆作为保护层，其施工要求如下：

1）在基层处理的基础上，先用 1∶1 水泥砂浆掺 10% 的结构胶薄抹一层，厚度约为 3mm，24h 后再进行抹灰。

2）抹灰前对基层浇水润湿，以免砂浆水分被基层吸走，产生空鼓。

3）抹灰分层、多遍成活，一般分为底层、中层、面层。各层所用的水泥砂浆的稠度控制如下：底层：100～120mm；中层：70～80mm；面层：100mm。

4）为减少收缩差，抹灰时每层砂浆厚度不宜过大，一般在 6mm～10mm 之间，每层抹灰应该在前层抹灰砂浆初凝之后进行，以免几层湿砂浆混合在一起，造成收缩率过大。

5）为了保护砂浆与基层粘结牢固，抹灰时可以在砂浆中掺入乳胶等材料。

6）抹灰完毕后应及时浇水养护，减少水泥砂浆的收缩量，一般养护不少于 3d。

（10）混凝土中的粗骨料宜用坚硬卵石或碎石，其最大粒径不宜大于 20mm，对于厚度小于 100mm 的混凝土，宜采用细石混凝土。

（11）为了新浇混凝土的强度和新、旧结合面的粘结，应控制新浇混凝土的水灰比和坍落度，一般坍落度以 40mm 到 60mm 为好。

（12）由于构件的加固层厚度都不大，加固钢筋也较密，采用一般支模，机械振捣浇筑混凝土都会带来困难，也难以确保质量，因此，要求施工仔细，振捣密实，必要时配备喇叭浇筑口，使用膨胀水泥等措施。在可能条件下，还可采用喷射混凝土浇筑工艺，施工简便、保证质量，同时也提高混凝土强度和新、旧混凝土的粘结强度。

（13）由于原混凝土收缩已经完成，后浇混凝土凝固收缩时容易造成界面开裂或板面后浇层龟裂。因此，在浇筑加固混凝土 12h 内就开始饱水养护，养护期为 14d，用两层麻袋覆盖，定期浇水。

2. 检查

浇筑混凝土前，应对下列项目按隐蔽工程要求进行验收：

（1）界面处理及涂刷结构界面胶（剂）的质量；

（2）新增钢筋（包括植筋）的品种、规格、数量和位置；

（3）新增钢筋或植筋与原构件钢筋的连接构造及焊接质量；

（4）植筋质量；

（5）预埋件的规格、位置。

【示例】

某混凝土拌搅站，生产 C30 商品混凝土。该站生产条件较长时间内能保持一致，且标准差保持稳定。前一个检验期（2011 年 6 月 5 日～8 月 4 日）做了 15 批（45 组）试件，强度代表值（MPa）分别是：

37.0，35.2，32.3，33.4，37.6，37.9，34.1，34.0，31.0，29.0，36.6，36.9，36.7，34.0，39.7，38.8，38.2，38.2，31.5，30.5，31.6，35.3，37.0，35.9，38.4，36.5，34.9，33.7，30.0，29.5，34.7，39.7，37.6，27.9，33.0，33.0，29.5，30.1，32.8，31.1，29.2，29.8，34.2，35.1，33.2。

从 8 月 5 日～8 月 8 日生产的 C30 混凝土做了三组试件，每组试件强度（MPa）如下：

f_1：34.5，37.8，33.1

f_2：30.0，36.4，33.0

f_3：26.8，32.3，28.9

1. 计算标准差得：$\sigma = 3.6$

2. 计算每组强度值（MPa）

f_1：中间值 34.5，中间值的 15% = 5.175 = 5.2，34.5 − 5.2 = 29.3，34.5 + 5.2 = 39.7，范围 29.3~39.7，均在此范围内，取平均值 35.1。

f_2：中间值 33，中间值的 15% = 4.95 = 5，范围 28~38，均在此范围内，取平均值 33.1。

f_3：中间值 = 29.3，中间值的 15% = 4.4，范围 24.9~33.7，均在此范围内，取平均值 29.3。

3. 以上三组试件为一批。计算此检验批的强度平均值为 32.5，最小值为 29.3。

4. 代入公式检验

$$mf_{cu} \geqslant f_{cu,k} + 0.7\sigma_0$$

左边 = 32.5，右边 = 30 + 0.7×3.6 = 32.5，满足。

$$f_{cu,min} \geqslant f_{cu,k} - 0.7\sigma_0$$

左边 = 29.3，右边 = 30 − 0.7×3.6 = 27.5，满足。

本例混凝土强度 C30，大于 C20，

$$f_{cu,min} \geqslant 0.9 f_{cu,k}$$

左边 = 29.3，右边 = 0.9×30 = 27，满足。

结论：混凝土强度合格。

5.4.2 新增混凝土的浇筑质量不应有严重缺陷及影响结构性能和使用功能的尺寸偏差。

对已经出现的严重缺陷及影响结构性能和使用功能的尺寸偏差，应由施工单位提出技术处理方案，经监理（业主）和设计单位共同认可后予以实施。对经处理的部位应重新检查、验收。

检查数量：全数检查。

检验方法：观察、测量或超声法检测，并检查技术处理方案和返修记录。

【技术要点说明】

混凝土浇筑质量的严重缺陷通常会影响到结构的性能、使用功能和耐久性。因此规定：现浇混凝土结构的外观质量不应有严重缺陷。对已经出现的严重缺陷，应由施工单位根据缺陷的具体情况提出技术处理方案，经监理（业主）和设计单位共同认可后进行处理，并重新检查验收。

【实施与检查】

1. 实施

新增混凝土的浇筑质量缺陷，应按表 17.2-1 进行检查和评定；其尺寸偏差应按设计单位在施工图上对重要部位尺寸所注的允许偏差进行检查与评定。

表 17.2-1　新增混凝土浇筑质量缺陷

名称	现　　象	严重缺陷	一般缺陷
漏筋	构件内钢筋未被混凝土包裹而外露	发生在纵向受力钢筋中	发生在其他钢筋中，且外露不多
蜂窝	混凝土表面缺少水泥砂浆致使石子外露	出现在构件主要受力部位	出现在其他部位，且范围小
孔洞	混凝土的孔洞深度和宽度均超过保护层厚度	发生在构件主要受力部位	发生在其他部位，且为小孔洞
夹杂异物	混凝土中夹有异物且深度超过保护层厚度	出现在构件主要受力部位	出现在其他部位
内部疏松或分离	混凝土局部不密实或新旧混凝土之间分离	发生在构件主要受力部位	发生在其他部位，且范围小
新浇混凝土出现裂缝	缝隙从新增混凝土表面延伸至其内部	构件主要受力部位有影响结构性能或使用功能的裂缝	其他部位有少量不影响结构性能或使用功能的裂缝
连接部位缺陷	构件连接处混凝土有缺陷，连接钢筋、连接件、后锚固件松动	连接部位有松动，或有影响结构传力性能的缺陷	连接部位有尚不影响结构传力性能的缺陷
表面缺陷	因材料或施工原因引起的构件表面起砂、掉皮	用刮板检查，其深度大于5mm	仅有深度不大于5mm的局部缺陷

注：1　当检查混凝土浇筑质量时，若发现有麻面、缺棱、掉角、棱角不直、翘曲不平等外形缺陷，应责令施工单位进行修补后，重新检查验收。

2　灌浆料与细石混凝土拌制的混合料，其浇灌质量缺陷也应按本表检查和评定。

2. 检查

(1) 新旧混凝土结合而粘结质量应良好。锤击或超声波检测判定为结合不良的测点数不应超过总测点数的10%，且不应集中出现在主要受力部位。

检验数量：每一界面，每隔100mm～300mm布置一个测点。

检验方法：锤击或超声波检测。

(2) 当设计对使用结构界面胶(剂)的新旧混凝土粘结强度有复验要求时，应在新增混凝土28d抗压强度达到设计要求的当日，进行新旧混凝土正拉粘结强度(f_t)的见证抽样检验。检验结果应符合$f_t \geq 1.5$MPa，且应为正常破坏(见本规范附录U第U.6.2条)。

检验数量：按本规范附录U抽样方案确定。

检验方法：按本规范附录U规定的方法进行。

（3）新增钢筋的保护层厚度抽样检验结果应合格。其抽样数量、检验方法以及验收合格标准应符合现行国家标准《混凝土结构工程施工质量验收规范》GB 50204 的规定，但对结构加固截面纵向钢筋保护层厚度的允许偏差，应改按下列规定执行：

① 对梁类构件，为＋10mm，－3mm；

② 对板类构件，仅允许有 8mm 的正偏差，无负偏差；

③ 对墙、柱类构件，底层仅允许有 10mm 的正偏差，无负偏差；其他楼层按梁类构件的要求执行。

（4）新增混凝土拆模后，应对构件的尺寸偏差进行检查。其检查数量、检验方法以及允许偏差值应按现行国家标准《混凝土结构工程施工质量验收规范》GB 50204 执行。

6.5.1 新置换混凝土的浇筑质量不应有严重缺陷及影响结构性能或使用功能的尺寸偏差。

对已经出现的严重缺陷和影响结构性能或使用功能的尺寸偏差，应由施工单位提出技术处理方案，经设计和监理单位认可后进行处理。处理后应重新检查验收。

检查数量：全数检查。

检验方法：观察、超声法检测、检查技术处理方案及返修记录。

【技术要点说明】

同本规范第 5.4.2 条的条文说明，但需要强调的是：在置换工程中，由于工作面小，浇筑难度大，要比新增截面工程更容易遇到现浇混凝土外观质量不良的情况。因此，应注意把严浇筑过程这一工序的关口，不能等出现了问题再采取措施补救。

【实施与检查】

1. 实施

由国家认证的检测公司对新浇筑的混凝土进行施工质量检测。检测包括混凝土质量检测、混凝土对结构影响的检测。浇筑混凝土质量缺陷包括：麻面、露筋、蜂窝、孔洞、裂缝、混凝土强度不足等。新浇筑的混凝土不能影响结构性能及使用功能的尺寸偏差。当新浇筑的混凝土存在质量缺陷时，应采取相应的处理方案，方案由施工单位提出。设计和监理单位对处理方案进行认定。三方同意后进行处理。

2. 检查

对新浇筑的混凝土的施工质量进行检测。观察新浇筑的混凝土表面质量，是否存在蜂窝、麻面、露筋，用超声波检测仪检测混凝土内部是否存在裂缝孔洞等。检查范围为所有的新置换的混凝土。

对新置换混凝土进行浇筑质量检查，检查结果记录在施工质量检验批质量验收记录表中。

表 17.2-2　施工质量检验批质量验收记录表

工程名称			分项工程名称			验收部位		
施工单位			专业工长			项目经理		
分包单位			分包项目经理			施工班组长		
批号及批量					见证取样人员			
执行标准名称及标号			《建筑结构加固工程施工质量验收规范》GB 50550-2010					

	检测项目	质量验收规范的规定（条文号）	施工单位自查评定记录	监理（建设）单位验收记录
主控项目	新置换混凝土的浇筑质量不应有严重缺陷及影响结构性能或使用功能的尺寸偏差	第6.5.1条		
	新旧混凝土结合面粘合质量应良好	第6.5.2条		
	当设计对使用界面胶（剂）的新旧混凝土结合面的粘结强度有复验要求时，应按本规范第5.4.4条的规定进行见证抽样检验和合格评定	第6.5.3条		
	钢筋保护层厚度的抽样检验结果应合格	第6.5.4条		
一般项目	新置换混凝土的浇筑质量不宜有一般缺陷	第6.5.5条		
	新置换混凝土拆模后的尺寸偏差符合现行国家标准《混凝土结构工程施工质量验收规范》GB 50204的规定	第6.5.6条		

施工单位检查评定结果	项目专业质量检查员　　　　　　　　　　　年　月　日
监理（建设）单位验收结论	监理工程师（建设单位项目专业技术负责人）　　　年　月　日

【案例】

新材料置换混凝土框架柱工程实例

1. 工程概况

某综合楼建于 2010 年 4 月，为 19 层框剪结构体系，采用泵送商品混凝土浇筑。在该建筑物主体结构封顶，大部分楼层砌块墙体砌筑完成后，发现 6 层一边柱，截面尺寸为 1000mm×700mm，混凝土设计强度为 C35，因在混凝土泵送浇筑时，施工单位为省事省钱未将导管内的润管砂浆清洗干净，将润管砂浆直接注入柱内，造成该柱有一段高度为

0.2m 的范围内为砂浆层。经相关单位检测，该区域抗压强度推定为 16.3MPa。需对该区域进行加固处理。

2. 加固方案选定

针对该工程框架柱混凝土强度不足问题，加固单位采用分期置换混凝土加固法，即分期将原来不合格的混凝土完全凿除，保留钢筋，用高于设计强度一个等级的自密实混凝土重新进行浇筑，可达到置换构件原承载力的要求。

3. 置换材料

本工程置换材料采用无收缩自密实水泥基高强浇筑料（简称灌浆料）。灌浆料是近年来国内外广泛运用于结构修补与加固的新型工程材料。

4. 施工技术要点

（1）置换混凝土加固施工工序

置换混凝土加固施工应按下列工序进行：确定加固区域 →设柱侧支撑 →剔除不合格混凝土并填设钢板 →界面处理 →外露钢筋修复配置 →安装模板 →浇筑置换材料、制作试块 →养护 →检测试块强度 →拆模 →重复下一区域至完成 →拆除柱侧支撑 →加固施工验收。

（2）设柱侧支撑

加固施工前，应尽量卸除被加固柱上部楼面的临时堆载或活载，除此之外，还应在柱侧设安全支撑。确保在卸载后被置换构件的相邻结构不产生裂缝、变形等损伤，不影响结构的安全性和耐久性。

（3）混凝土的拆除及浇筑

为减少对原结构混凝土的损伤，混凝土的拆除采用电动凿除机械进行施工。置换不合格混凝土前，在该柱新老混凝土交接处，涂刷一层与混凝土同性能的界面剂，随浇随涂，新旧混凝土界面粘结质量应符合有关规定。在柱模板顶部开孔从特制钢结构定型模板的浇筑口灌注高强灌浆料。浇筑应一次性完成，并使浇筑口高出置换界面 100mm，以保证浇筑密实。按要求及时养护，混凝土养护时间为 72h，以保证混凝土具有一定的温度和湿度。

8.2.1 预应力拉杆（或撑杆）制作和安装时，必须复查其品种、级别、规格、数量和安装位置。复查结果必须符合设计要求。

检查数量：全数检查。

检验方法：制作前按进场验收记录核对实物；检查安装位置和数量。

【技术要点说明】

预应力拉杆采用的钢筋或型钢，在制作和安装时，之所以需要复验其品种、规格和级别，且需要在安装时复验其数量和位置，是基于两个理由：一是因为其制作和安装的质量对保证混凝土结构构件加固后的受力性能和承载力十分重要；二是因为制作和安装分属两个工种，任何一方的过失均将留下严重的隐患，或造成工程返修。因此，必须各负其责，各自独立地进行复查。

【实施与检查】

1. 实施

对预应力拉杆（或撑杆）进行检查，分类记录，确定拉杆（或撑杆）的数量、级别、规格，安装时对号入座。预应力拉杆（或撑杆）必须符合设计要求。

2. 检查

对预应力拉杆（或撑杆）全部进行检查，首先检查预应力拉杆（或撑杆）的品种、级别、规格、数量。安装之后，检查预应力拉杆（或撑杆）的位置。确定预应力拉杆（或撑杆）是否符合设计要求。

表 17.2-3 预应力拉杆（撑杆）检查结果汇总记录表

工程名称			分项工程名称		验收部位	
施工单位			专业工长		项目经理	
分包单位			分包项目经理		施工班组长	
批号及批量					见证取样人员	
执行标准名称及标号			《建筑结构加固工程施工质量验收规范》GB 50550－2010			
检测项目				质量验收规范的规定（条文号）	施工单位自查评定记录	监理（建设）单位验收记录
主控项目	1	预应力拉杆（或撑杆）制作和安装时，必须复查其品种、级别、规格、数量和安装位置。复查结果必须符合设计要求		第8.2.1条		
	2	预应力杆件锚固区的钢托套、传力预埋件、挡板、撑棒以及其他锚具、紧固件等的制作和安装质量必须符合设计要求		第8.2.2条		
	3	施工过程中应避免电火花损伤预应力杆件或预应力筋；受损伤的预应力杆件或预应力筋应予以更换		第8.2.3条		
一般项目	1	预应力拉杆下料符合设计要求		第8.2.4条		
	2	钢绞线压花锚成型时，其表面应洁净、无油污；梨形头尺寸及直线段长度尺寸应符合设计要求		第8.2.5条		
	3	锚固区传力预埋件、挡板、承压板等的安装，其位置和方向应符合设计要求；其安装位置偏差不得大于5mm		第8.2.6条		
施工单位检查评定结果		项目专业质量检查员			年 月 日	
监理（建设）单位验收结论		监理工程师（建设单位项目专业技术负责人）			年 月 日	

10.4.2 加固材料（包括纤维复合材）与基材混凝土的正拉粘结强度，必须进行见证抽样检验。其检验结果应符合表10.4.2合格指标的要求。若不合格，应揭去重贴，并重新检查验收。

表 10.4.2 现场检验加固材料与混凝土正拉粘结强度的合格指标

检验项目	原构件实测混凝土强度等级	检验合格指标		检验方法
正拉粘结强度及其破坏形式	C15~C20	≥1.5MPa	且为混凝土内聚破坏	本规范附录 U
	≥C45	≥2.5MPa		

注：1 加固前应按本规范附录 T 的规定，对原构件混凝土强度等级进行现场检测与推定；

    2 若检测结果介于 C20~C45 之间，允许按换算的强度等级以线性插值法确定其合格指标；

    3 检查数量：应按本规范附录 U 的取样规则确定；

    4 本表给出的是单个试件的合格指标。检验批质量的合格评定，应按本规范附录 U 的合格评定标准进行。

【技术要点说明】

结构胶粘剂粘贴纤维复合材与基材混凝土的正拉粘结强度检验，主要是用以综合评估胶液的固化质量、胶液对纤维织物的湿润、浸渍程度以及纤维复合材与原构件混凝土的粘结强度，因此非常重要。然而，这是一种破坏性检验方法。在粘贴碳纤维织物加固工程中选择测点时，应避开受力的重要部位；在粘贴碳纤维预成型板加固工程中，应按照本规范10.3.3条的做法，在板端加长的150mm范围内选择测点。检验完毕后，应对纤维织物被切割处进行修补。修补时，其搭接长度应符合本规范第10.4.1条的要求。

【实施与检查】

1. 实施

结构加固工程现场使用的粘结强度检测仪，应坚固、耐用且携带和安装方便；其技术性能不应低于现行国家标准《数显式粘结强度检测仪》GB3056 的要求。检测仪应每年检定一次。

试件制备应符合下列要求：

基材表面处理：检测点的基材混凝土表面应清除污渍并保持干燥。

切割预切缝：从清理干净的表面向混凝土基材内部切割预切缝，切入混凝土深度为10mm~15mm，缝的宽度约2mm。预切缝形状为边长40mm的方形或直径50mm的圆形，视选用的切缝机械而定。切缝完毕后，应再次清理混凝土表面。

试验应在布点日期算起的第8d进行。试验时应按粘结强度测定仪的使用说明书正确安装仪器，并连接钢标准块。

检验结果的计算及分析应按本规范附录 U 中 U.6 和 U.7 执行。

2. 检查

适配性检验的正拉粘结性能合格评定，应符合下列规定：

（1）当不同气温条件下检验的各组均为检验合格组时，应评定该型号纤维织物与拟配套使用的胶粘剂，其适配性检验的正拉粘结性能合格；

（2）若本次检验中，有一组或一组以上检验不合格，应评定该型号纤维织物与拟配套使用的胶粘剂,其适配性检验的正拉粘结性能不合格。

(3) 当仅有一组,且组中仅有一个检测点不合格时,允许以加倍的检测点数重做一次检验。若检验结果全组合格,仍可评定为适配性检验的正拉粘结性能合格。

11.4.2 钢板与原构件混凝土间的正拉粘结强度应符合本规范第 **10.4.2** 条规定的合格指标的要求。若不合格,应揭去重贴,并重新检查验收。

检查数量及检验方法应按本规范附录 U 的规定执行。

【技术要点说明】

结构胶粘剂粘贴钢板与基材混凝土的正拉粘结强度检验,主要是用于综合评估胶液的固化质量、钢板粘合面处理效果、胶粘剂与钢板及基材混凝土的粘结强度,因而非常重要,必须按本规范附录 U 规定的方法与评定标准认真执行。同时,应指出的是:粘钢加固工程的这个检验项目,在一定程度上还属于间接的检验方法。因为它只能在加固部位的附近另贴钢板进行检验,而无法在受力钢板上直接抽样。在这种情况下,必须从打磨钢板、打毛混凝土、清理界面到涂刷胶液、加压养护整个过程都要做到检验用钢板与受力钢板同条件操作,不得改变检验用钢板的粘贴工艺,以避免检验失真。

【实施与检查】

1. 实施

在一定混凝土强度等级下,钢板与混凝土的粘结密实度越大,对应的钢板正拉粘结强度越高。基层混凝土强度的高低也直接影响了钢板与混凝土的正拉粘结强度。要考虑粘钢存在不密实区这种实际情况以及考虑到基层混凝土的强度。

2. 检查

先采用超声法、冲击回波法或红外测试法测试现场构件粘钢的密实度,并用钻芯法等方法测试构件混凝土强度,再测试现场构件上相同条件下所粘贴 100% 密实度的钢标准块的正拉粘结强度,用所测实际粘钢密实度及混凝土强度值来修正钢标准块的正拉粘结强度,得到粘钢构件的实际正拉粘结强度。

12.4.1 聚合物砂浆的强度等级必须符合设计要求。用于检查钢丝绳网片外加聚合物砂浆面层抗压强度的试块,应会同监理人员在拌制砂浆的出料口随机取样制作。其取样数量与试块留置应符合下列规定:

1　同一工程每一楼层(或单层),每喷抹 $500m^2$(不足 $500m^2$,按 $500m^2$ 计)砂浆面层所需的同一强度等级的砂浆,其取样次数应不少于一次。若搅拌机不止一台,应按台数分别确定每台取样次数。

2　每次取样应至少留置一组标准养护试块;与面层砂浆同条件养护的试块,其留置组数应根据实际需要确定。

检验方法:检查施工记录及试块强度的试验报告。

【技术要点说明】

本条从结构加固工程量一般不大的特点出发,规定了用于检查砂浆面层质量的砂浆强度试块的取样与留置要求。其要求虽较新建工程略严格,但却是十分必要的。因为结构加固工程有其特殊性,况且这是控制施工质量必不可少的检验项目,因而绝不可有任何疏漏。至于同条件养护试块所对应的结构构件或结构部位,应由监理(业主)与施工方共同选定。同条件养护试块拆模后，仍应放置在紧邻相应结构构件（或结构加固部位）的位置，待达到 28d 龄期时，立即进行试验。

【实施与检查】

1. 实施

（1）加固部位的定位放线按设计图纸要求的尺寸，进行楼板加固区的定位放线，加固区域各边多放出 100mm。

（2）对于裸露且已产生锈蚀的钢筋，用钢丝刷或装有钢丝刷头的角磨机清除钢筋表面的锈皮、锈斑，并涂刷阻锈剂；若原钢筋经检测，认为已处于有锈蚀可能的状态，但混凝土保护层尚未开裂时，采用喷涂型阻锈剂进行处理；用钢丝刷、笤帚和吹风机将混凝土基面的浮尘清理干净，然后用棉丝蘸酒精或丙酮擦洗剔凿后的混凝土基面和钢筋表面。

（3）依据定位放线的数据按钢丝绳网片的规格及受力方向使用切割机进行裁切。

（4）利用固定拉环在网片端部用专业夹具进行连接紧固；根据放线定位尺寸打孔，在网片的两端固定好角钢，对钢丝绳的一端进行固定；采用专用张紧器在网片的另一端端末逐一张紧钢丝绳，保证网片不出现松弛及下垂；网片的松紧程度以手捏纵向钢丝绳有弹性，且不出现弯曲和未绷紧状况。

（5）用 T 形固定销对网片的节点从开始至末端顺序逐段钻孔锚固，固定销间距不大于 300mm，呈梅花形布置。

（6）聚合物砂浆压抹收光后的 30min～4h 内应对施工面进行喷水养护，养护时间不得少于 7d，在此期间应防止加固部位受到硬物冲击。

2. 检查

（1）原结构基层必须进行凿毛处理，且要求施工面满凿，凿毛深度不小于 0.5cm。

（2）钢丝绳的张拉强度是加固成功的关键，张拉必须达到设计要求（一般为 3%）。

（3）混凝土基层处理、钢丝绳网片张拉完毕后，即进行界面剂的喷涂，必须保证界面剂在加固基层满涂，待其表面出现"凝固"时才能进行聚合物砂浆的施工。

（4）用小锤敲击，检查聚合物砂浆施工面是否有空鼓现象。用钢卷尺测定聚合物砂浆的厚度。养护期间定期观测、检查聚合物砂浆施工面。

12.5.1 聚合物砂浆面层的外观质量不应有严重缺陷及影响结构性能和使用功能的尺寸偏差。严重缺陷的检查与评定应按表 12.5.1 进行；尺寸偏差的检查与评定应按设计单位在施工图上对重要尺寸允许偏差所作的规定进行。

对已经出现的严重缺陷及影响结构性能和使用功能的尺寸偏差，应由施工单位提出技术处理方案，经业主（监理）和设计单位共同认可后予以实施。对经处理的部位应重新检查、验收。

检查数量：全数检查。

检验方法：观察，当检查缺陷的深度时应凿开检查或超声探测，并检查技术处理方案及返修记录。

表 12.5.1 聚合物砂浆面层外观质量缺陷

名　称	现　象	严 重 缺 陷	一 般 缺 陷
露绳（或露筋）	钢丝绳网片（或钢筋网）未被砂浆包裹而外露	受力钢丝绳（或受力钢筋）外露	按构造要求设置的钢丝绳（或钢筋）有少量外露
疏　松	砂浆局部不密实	构件主要受力部位有疏松	其他部位有少量疏松
夹杂异物	砂浆中夹有异物	构件主要受力部位夹有异物	其他部位夹有少量异物
孔　洞	砂浆中存在深度和长度均超过砂浆保护层厚度的孔洞	构件主要受力部位有孔洞	其他部位有少量孔洞
硬化（或固化）不良	水泥或聚合物失效，致使面层不硬化（或不固化）	任何部位不硬化（或不固化）	（不属一般缺陷）
裂缝	缝隙从砂浆表面延伸至内部	构件主要受力部位有影响结构性能或使用功能的裂缝	仅有表面细裂纹
连接部位缺陷	构件端部连接处砂浆层分离或锚固件与砂浆层之间松动、脱落	连接部位有影响结构传力性能的缺陷	连接部位有轻微影响或不影响传力性能的缺陷
表观缺陷	表面不平整、缺棱掉角、翘曲不齐、麻面、掉皮	有影响使用功能的缺陷	仅有影响观感的缺陷

注：复合水泥砂浆及普通水泥砂浆面层的喷抹质量缺陷也可按本表进行检查与评定。

【技术要点说明】

聚合物砂浆面层的喷抹质量，其检验标准应参照现行国家标准《砌体工程施工质量验收规范》GB 50203 有关水泥砂浆面层的施工缺陷检查规定进行制定较为合适。但遗憾的是该规范已不包含这方面内容，在此情况下，编制组只能在有关专家共同研究下制定了表12.5.1 的检查标准以备工程需要。

【实施与检查】

检查加固面层厚度；检查聚合物砂浆强度。

12.5.3 聚合物砂浆面层与原构件混凝土间的正拉粘结强度，应符合本规范表 10.4.2 规定的合格指标的要求。若不合格，应揭去重做，并重新检查、验收。

检查数量、检验方法及评定标准应按本规范附录 U 的规定执行。

【技术要点说明】

本规范表 10.4.2 虽然是为结构胶粘剂粘结纤维复合材与原构件混凝土的粘合质量检验而制定的，但对具有粘结性能的其他加固材料也是适用的。因为作为结构加固用的粘结材料，其粘结强度必须高于基材的内聚强度才能起到应有的作用，否则将会危及被加固构件的安全。为此，现行国家标准《混凝土结构加固设计规范》GB 50367 对结构加固用的聚合物砂浆作出了它与基材混凝土的正拉粘结强度应不小于混凝土抗拉强度，且应为混凝土内聚破坏的规定，而这一规定与结构胶粘剂以及所有其他粘结材料都是一致的。

【实施与检查】

1. 实施

在混凝土构件表面张紧钢丝绳网片，然后用膨胀螺栓固定在构件上，使其整体受力而共同工作，最后在其表面抹上渗透性聚合物砂浆作为保护层。

2. 检查

检查混凝土强度、界面粗糙度、抹灰龄期、修补方位。

13.3.6 砌体或混凝土构件外加钢筋网采用普通砂浆或复合砂浆面层时，其强度等级必须符合设计要求。用于检查砂浆强度的试块，应按本规范第 **12.4.1** 条的规定进行取样和留置，并应按该条规定的检查数量及检验方法执行。

【技术要点说明】

砌体或混凝土构件外加面层的砂浆，虽可采用人工抹灰或喷射方法施工。但不论采用哪种方法施工，其砂浆强度的检验结果均应符合本规范及设计的要求，否则将很难保证粘结的质量。

【实施与检查】

砂浆检验方法及标准

1. 复合砂浆中材料包括水泥、外加剂、纤维、骨料等的品种、规格、性能均应符合设计要求，其质量必须符合现行国标或行标的要求，检验方法为检查产品合格证、出厂检验报告和进场复验报告，并全数检查。

2. 配置复合砂浆的各组分材料的用量必须严格按设计要求及实验室配合比和施工配合比，检验方法为用磅秤量测各组分材料。

3. 复合砂浆的抗压强度等级按砌体结构设计规范中砂浆抗压强度等检验及验收。

4. 复合砂浆面层的外观质量不应有严重缺陷，对已经出现的严重缺陷，应由施工单位提出技术处理方案，经监理单位和设计单位认可后进行处理，对经过处理的部位应重新检查验收，检验方法为观察，检查施工技术方案并且全数检查。

5. 复合砂浆面层的尺寸偏差应符合下列规定：

面层厚度不允许有负偏差，表面平整度不应大于 5mm/m，检验方法为钢尺检查厚度，2m 靠尺和塞尺检查平整度，同时复合砂浆面层不应有影响加固构件性能和使用功能的尺寸偏差。

13.4.1 砌体或混凝土构件外加钢筋网的砂浆面层，其浇筑或喷抹的外观质量不应有严重缺陷。对硬化后砂浆面层的严重缺陷应按本规范表 **12.5.1** 进行检查和评定。对已出现者应由施工单位提出处理方案，经业主（监理单位）和设计单位共同认可后进行处理并应重新检查、验收。

查数量：全数检查。

检验方法：观察，检查技术处理方案及施工记录。

【技术要点说明】

参见本规范第 12.5.1 条。

【实施与检查】

参见本规范第12.5.1条。

13.4.3 砂浆面层与基材之间的正拉粘结强度，必须进行见证取样检验。其检验结果，对混凝土基材应符合本规范表10.4.2的要求；对砌体基材应符合本规范表13.4.3的要求。

表13.4.3 现场检验加固材料与砌体正拉粘结强度的合格指标

检验项目	烧结普通砖或混凝土砌块强度等级	28d检验合格指标		正常破坏形式	检验方法
		普通砂浆（≥M15）	聚合物砂浆或复合砂浆		
正拉粘结强度及其破坏形式	MU10～MU15	≥0.6MPa	≥1.0MPa	砖或砌块内聚破坏	本规范附录U
	≥MU20	≥1.0MPa	≥1.3MPa		

注：1 加固前应通过现场检测，对砖或砌块的强度等级予以确认；
   2 当为旧标号块材，且符合原规范规定时，仅要求检验结果为块材内聚破坏。

【技术要点说明】

粘结强度试验方法：对于新老混凝土粘结强度目前我国尚无标准的试验和评价指标，通常采用如下方法评定新老混凝土粘结强度：采用劈裂抗拉粘结试件形式评价抗拉粘结强度；采用Z型试件评价抗剪粘结强度；采用斜剪试件形式评价混凝土柱增大截面加固修补的新老混凝土粘结强度；采用"8"字试件形式评价新老砂浆的抗拉粘结强度；采用钻芯拉拔法评价现场测试的抗拉粘结强度。

粘结强度主要影响因素：新老混凝土界面粘结效果的优劣受许多因素影响，各因素对界面强度影响程度的大小依次为老混凝土表面粗糙度（取决于界面处理方法）、界面剂或修补方位、新混凝土种类及配比、粘结龄期。

一般而言，老混凝土界面粗糙度越大，新老混凝土的粘结性能也就越好，如赵志芳等人的研究表明处理后的粘结强度提高幅度可达77%～107%，但也有学者认为粗糙度不能过大。

在老混凝土界面涂刷界面胶粘剂可提高新老混凝土胶粘性能，研究成果表明通常提高幅度可达8%～60%，且界面剂的厚度不宜超过3mm，以0.5mm～1.5mm为宜。

修补方位对粘结效果也有影响，研究表明竖向修补的粘结效果明显优于水平修补，侧面和下部端斜粘结效果明显弱于顶面粘结。

新老混凝土的种类也会影响到新老混凝土粘结性能，现行国家标准《混凝土结构加固设计规范》GB 50367中提出在老混凝土界面上补浇的新混凝土应比老混凝土高一个强度等级，以减少新混凝土的收缩，保证新老混凝土的粘结性能。此外，在混凝土中掺加一些外加剂也可以很好地提升新老混凝土粘结性能，很多学者提出在新浇混凝土中加入碳纤维、钢纤维、尼龙纤维和聚合物，或采用预铺骨料混凝土等，均可不同程度地减小新混凝土的收缩，提高新老混凝土粘结性。

粘结强度同时还随粘结龄期的变化而变化，研究发现对于界面凿毛处理后的新老混凝土粘结面，其粘结强度随粘结龄期的增长而提高。

【实施与检查】

影响新旧混凝土粘结力的主要因素如下：

1. 旧混凝土的强度。如果旧混凝土强度较低，施工质量很差，存在酥松、脆弱的薄皮，就难以凿毛露出坚实的混凝土基层，这时破坏会发生在旧混凝土表面的一层。

2. 旧混凝土表面粗糙情况。任何物质的表面都具有吸附性，因此为了获得最佳的粘结效果，必须进行表面处理。一般来说，旧混凝土的表面粗糙比表面光滑更易被浸润，表面粗糙程度与粘结强度有一定关系。对结合面进行一定程度的粗糙处理，既可以除去表面附着的异物，又可使表面积增大，同时界面粗糙，将增大骨料间的机械咬合力。

3. 表面污染。为了使新老混凝土表面接触紧密，就不允许旧混凝土的表面有灰尘、油污或其他污染物。从表面张力角度来讲，旧混凝土表面清洁，就能保证它有较高的表面能，保证新老混凝土有良好的亲和力。

4. 旧混凝土表面预先湿润情况。对旧混凝土表面预先湿润是目前工程中普遍采用的方法。

5. 界面接缝方式。加固修补工作进行时，修补混凝土的浇筑方向对新旧混凝土的粘结也有重要影响。在其他条件相同的条件下，侧面和底面粘结强度明显低于顶面粘结。顶面粘结时，自重和振捣作用使新混凝土更紧密地与旧混凝土表面结合，使得接缝宽度变小，硬化后形成良好的"机械咬合"。

6. 龄期。一般说来，水泥水化在 28d 基本完成很大一部分，但水泥的活性不会在短时间内完全失去，水化随龄期的延长还会持续很长一段时间，所以混凝土的各种强度值会继续增加，同样龄期的增加对新旧混凝土的粘结是有利的。

7. 新混凝土（砂浆）的特性。若不使用界面剂，在其他条件相同而直接浇筑新混凝土的情况下，加固修补用新混凝土与旧混凝土的粘结强度就成为决定界面粘结强度的主要因素之一。

15.1.5 负荷状态下钢构件增大截面工程，应要求由具有相应技术等级资质的专业单位进行施工；其焊接作业必须由取得相应位置施焊的焊接合格证、且经过现场考核合格的焊工施焊。

【技术要点说明】

采用加大截面加固钢构件时，应尽量减少施工工作量，当原有结构钢材的可焊性较好时，根据具体情况首选焊接加固，并应减少焊接的工作量，以减少焊接应力的影响，避免焊接变形，还应避免仰焊。

在钢结构加固工程施工焊接过程中，焊工是特殊工种，其操作技能和资格对工程质量起到保证作用，必须予以充分重视。本条所指的焊工，包括手工操作焊工和机械操作焊工。从事钢结构加固工程焊接作业的焊工，应根据其所焊接的结构具体类型和位置等，按现行行业标准《建筑钢结构焊接技术规程》JGJ 81 的要求对施焊焊工进行考试并取得相应证书。

【实施与检查】

焊接是钢结构连接最重要的手段，焊接方法种类很多，按焊接的自动化程度一般分为手工焊接、半自动焊接及自动化焊接。焊接连接的优点是不削弱截面、节省材料、构造简单、连接方便、连接刚度大、密闭性好，尤其是可以保证等强连接或刚性连接。但焊接也可能带来以下缺陷：

1. 焊接材料不合格。手工焊采用的是焊条，自动焊采用的是焊丝和焊剂。实际工程中通常容易出现三个问题：一是焊接材料本身质量有问题；二是焊接材料与母材不匹配；三是不注意焊接材料的烘焙工作。

2. 焊接引起焊缝热影响区母材的塑性和韧性降低，使钢材硬化、变脆和开裂。

3. 因焊接产生较大的焊接残余变形。

4. 因焊接产生严重的残余应力或应力集中。

5. 焊缝存在的各种缺陷。如裂纹、焊瘤、边缘未熔合、未焊透、咬肉、夹杂和气孔等等。

连接强度不满足要求：钢结构焊接连接的强度主要取决于焊接材料的强度及其与母材的匹配、焊接工艺、焊缝质量和缺陷及其检查和控制、焊接对母材热影响区强度的影响等；螺栓连接强度的影响因素为：螺栓及其附件材料的质量以及热处理效果（高强度螺栓）、螺栓连接的施工技术、工艺的控制，特别是高强度螺栓预应力控制和摩擦面的处理、螺栓孔引起被连接截面的削弱和应力集中等。

15.4.1 在负荷下进行钢结构加固时，必须制定详细的施工技术方案，并采取有效的安全措施，防止被加固钢构件的结构性能受到焊接加热、补加钻孔、扩孔等作业的损害。

【技术要点说明】

在负荷下进行结构加固，常需进行焊接、开、扩螺孔，此时必须制定合理的施工工艺和安全措施，才能保证原构件在施工过程中有足够承载力，从而也才能防止加固工程施工事故的发生。对于加固后无法检查质量且易影响结构承载能力的部位，尚应作为隐蔽工程进行验收，并妥善保存其详细记录。

加固结构的施工方法有：负荷加固、卸荷加固和从原结构上拆下应加固或更新的部件进行加固。加固施工方法应根据用户要求和结构实际受力状态，在确保质量和安全的前提下，由设计人员和施工单位协商确定。

【实施与检查】

钢结构加固一般原则如下：

1. 加固应尽可能做到不停产或少停产，因停产的损失往往是加固费的几倍或几十倍。能否在负荷下不停产加固，取决于结构的应力应变状态。一般构件的内应力小于钢材设计强度的 80%，且构件损坏变形不是太严重时，可采用负荷不停产加固方法。

2. 结构的加固方案要便于制作、施工，便于检查。

3. 结构制造组装应尽量在生产区外进行。

4. 连接加固应尽可能采用高强螺栓或焊接。

采用高强螺栓加固时，应验算钻孔截面削弱后的承载力；采用焊接加固时，实际荷载产生的原有杆件应力最好在钢材设计强度 60% 以下，极限不得超过 80%，否则应采取相应的措施才能施焊。

15.5.1 设计要求全焊透的一、二级焊缝应采用超声波探伤进行内部缺陷的检验；超声波探伤不能对缺陷作出判断时，应采用射线探伤。探伤时，其内部缺陷分级应符合现行国家标准《钢焊缝手工超声波探伤方法和探伤结果分级》GB 11345 和《金属熔化焊焊接接头射线照相》GB/T 3323 的规定。

检查数量：全数检查。

检验方法：超声波探伤；必要时，采用射线探伤；检查探伤记录。

【技术要点说明】

根据结构承载情况的不同，现行国家标准《钢结构设计规范》GB 50017 将焊缝的质量分为三个质量等级，其内部缺陷的检测可用超声波探伤和射线探伤。射线探伤具有直观性、一致性好的优点，过去人们总认为射线探伤可靠、客观。但是射线探伤成本高、操作程序复杂、检测周期长，尤其是钢结构中大多为 T 形接头和角接头，射线检测的效果差，且射线探伤对裂纹、未熔合等危险性缺陷的检出率低。超声波探伤则正好相反，操作程序简单、快速，对各种接头形式的适应性好，对裂纹、未熔合的检测灵敏度高，因此世界上很多国家对钢结构内部质量的控制均采用超声波探伤，一般已很少采用射线探伤。

【实施与检查】

无。

16.1.5 对负荷状态下焊缝补强施焊的焊工要求，必须符合本规范第 15.1.5 的规定。

【技术要点说明】

钢结构加固工程施工中，焊工是特殊工种，其操作技能和资格对保证工程质量起到最关键作用。至于负荷状态下的焊缝补强焊接，更是高风险的作业。为确保工程和人身安全，除必须严格检查焊工的专门资格证书外，还应对焊工进行现场考试或考核。

【实施与检查】

负荷状态下，钢构件的截面增大和焊缝补强，对原结构使用影响较小，经济性较好，但工艺控制要求高，安全风险较大，需要制定合理的技术方案和施工工艺。实施前需对技术方案和施工工艺进行论证，方案充分论证通过后开始实施。检查主要针对通过技术方案和施工工艺进行监督和验收。

19.4.1 植筋的胶粘剂固化时间达到 7d 的当日，应抽样进行现场锚固承载力检验。其检验方法及质量合格评定标准必须符合本规范附录 W 的规定。

检查数量：按本规范附录 W 确定。

检验方法：监理人员应在场监督，并检查现场拉拔检验报告。

【技术要点说明】

由于在钢筋混凝土结构上植筋锚固已不必再进行大量的开凿挖洞，而只需在植筋部位钻孔后，利用化学锚固剂作为钢筋与混凝土的胶粘剂就能保证钢筋与混凝土的良好粘结，从而减轻对原有结构构件的损伤，也减少了加固改造工程的工程量；又因植筋胶对钢筋的锚固作用不是靠锚筋与基材的胀压与摩擦产生的力，而是利用其自身粘结材料的锚固力，使锚杆与基材有效地锚固在一起，产生的粘结强度与机械咬合力来承受受拉荷载，当植筋达到一定的锚固深度后，植入的钢筋就具有很强的抗拔力，从而保证锚固强度。

【实施与检查】

原构件的混凝土强度等级直接影响植筋与混凝土的粘结性能，特别是悬挑结构、构件更为敏感。为此，必须规定对原构件混凝土强度等级的最低要求。承重构件植筋部位的混凝土应坚实、无局部缺陷，且配有适量钢筋和箍筋，才能使植筋正常受力。不允许有局部缺陷存在于锚固部位；即使处于锚固部位以外，也应先加固后植筋，以保证安全和质量。锚固用胶粘剂粘结强度设计值，不仅取决于胶粘剂的基本力学性能，而且还取决于混凝土强度等级以及结构的构造条件。

20.3.1　锚栓安装、紧固或固化完毕后，应进行锚固承载力现场检验。其锚固质量必须符合本规范关于锚固承载力现场检验与评定的规定并符合附录 W 的规定。

　　检查数量：按本规范附录 W 确定。

　　检验方法：检查锚栓承载力现场检验报告。

【技术要点说明】

　　根据全国建筑物鉴定与加固标准技术委员会近 10 年来对各种锚栓所进行的安全性检测及其使用效果的观测结果，本规范编制组从中筛选了三种适合于承重结构使用的机械锚栓，即自扩底锚栓、模扩底锚栓和胶粘型模扩底锚栓纳入规范，之所以选择这三种锚栓，主要是因为它们嵌入基材混凝土后，能起到机械锁键作用，并产生类似预埋的效应，而这对承载的安全至关重要。至于胶粘型模扩底锚栓，由于增加了结构胶的粘结，还可以在增加安全储备的同时，起到防腐蚀的作用，宜在有这方面要求的场合应用。

　　对于化学锚栓，由于目前市场上鱼龙混杂，加之不少单位在设计概念和计算方法上还很混乱，因而不能任其在承重结构中滥用。为此，本规范此次修订做了两项工作：一是不再采用"化学锚栓"这个名称，而改名为"胶粘型锚栓"；二是在经过筛选后，仅纳入能适应开裂混凝土性能的"特殊倒锥形胶粘型锚栓"。因为目前能用于承重结构的胶粘型锚栓，均是经过特殊设计和验证性试验后才投入批量生产的，尽管有不同品牌，但其承载原理都是相同的，即：通过材料粘合和具有挤紧作用的嵌合来取得安全承载的效果，以达到提高锚固安全性之目的。

　　另外应指出，目前市售的混凝土自攻螺钉，因无机械锁紧效应，不属于本规范定义的锚栓体系。况且国内对自攻螺钉技术性能迄今未进行过系统试验和安全性鉴定，缺乏国家现行标准支持，故至少在现阶段，不得用于承重结构工程，也不得用于抗震设防区结构和长期疲劳荷载作用的结构，更不得按锚栓连接进行设计计算。在这一点上，设计单位必须严格执行本规范的规定。

【实施与检查】

　　锚栓是是由头部和螺杆两部分组成的一类紧固件，需与螺母配合使用，用于紧固连接两个带有通孔的零件，是将被连接件锚固到已硬化的混凝土基材上的锚固组件。建筑锚栓按其工作原理及构造可分为：膨胀锚栓、扩孔型锚栓和粘结型锚栓。

　　膨胀锚栓是利用膨胀锥与套筒的相对位移，促使套筒膨胀，与混凝土孔壁产生膨胀挤压力，并通过剪切摩擦作用产生抗拔力，实现对固定件的锚固。膨胀锚栓按套筒膨胀方式的不同可分为：扭矩控制式锚栓和位移控制式锚栓。

　　扩孔型锚栓是通过钻孔底部混凝土的扩孔，利用扩孔后形成的混凝土斜面与锚栓膨胀锥之间的机械互锁，实现对结构固定件的锚固。扩孔型锚栓锚固力的产生主要是膨胀锥与混凝土锥孔间的直接压力，而不单是间接膨胀摩擦力，因此，膨胀挤压力较小。扩孔型锚栓按扩孔方式的不同可分为：预扩孔普通锚栓和自扩孔专用锚栓。

　　粘结型锚栓是通过特制的化学胶粘剂，将螺杆及内螺纹管胶结固定于混凝土基材钻孔中，通过胶粘剂与锚栓及胶粘剂与混凝土孔壁间的粘结与锁键作用，实现对固定件的锚固。

　　轻质混凝土结构的锚栓锚固，应采用适应其材性的专用锚栓。目前市场上有不同品牌和功能的国内外产品可供选择。严重风化的混凝土结构不能作为锚栓锚固的基材，其道理是显而易见的，但若必须使用锚栓，应先对被锚固的构件进行混凝土置换，然后再植入锚栓，才能起到承载作用。

　　对基材混凝土的最低强度等级作出规定，主要是为了保证承载的安全。本规范的规定值之所以按重要构件和一般构件分别给出，除了考虑安全因素和失效后果的严重性外，还注意到迄今为止所总结的工程经验，其实际混凝土强度等级多在 C30～C50 之间，而我国使用新型锚栓的时间又不长，因此，对重要构件要求严一些较为稳妥。至于 C20 级作为一般构件的最低强度等级要求，与各国的规定是一致的。

　　对混凝土最小厚度 $h_{\min}$ 的规定，因考虑到本规范的锚栓设计仅适用于承重结构，且要求锚栓直径不得小于 12mm，故将 $h_{\min}$ 的取值调整为不应小于 100mm。

　　本规范推荐的锚栓品种仅有 4 种，且均属国内外验证性试验确认为有预埋效应的锚栓；其有效锚固深度的基本值又是以 6 度～8 度区为界限确定的。因此，在进一步限制其设防烈度最高为 8 度区 Ⅰ、Ⅱ、Ⅲ 类场地的情况下，规定的 h_{ef} 最小值是能够满足抗震构造要求的。锚栓的边距和间距，系参照 ETAG 标准制定的，但不分锚栓品种，统一取 $s_{\min}$ $=1.0h_{ef}$，有助于保证胶粘型锚栓的安全。

【示例】

倒锥形锚栓抗拉承载力计算与检验

1. 倒锥形锚栓抗拉承载力计算

某倒锥形锚栓安装在裂缝混凝土中，如图 17.2-1 所示，螺杆直径 M12，有效锚固深度 h_{ef} $=110mm$，混凝土强度 C30，基材温度 25℃，厚度＝300mm。安装于中心，无间边距影响。计算其抗拉承载力设计值。

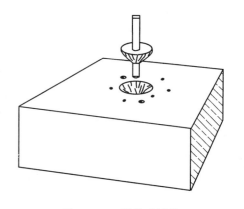

图 17.2-1　倒锥形锚栓

混凝土锥体破坏抗拉承载力设计值：

$$N_t^c = 2.4 \cdot \psi_b \cdot \psi_N \cdot \sqrt{f_{cu,k}} \, h_{ef}^{1.5}$$

$$\psi_N = \psi_{s,h} \psi_{e,N} A_{cN} / A_{c,N}^0$$

$$\psi_b = 0.9$$

$$f_{cu,k} = 30 \, N/mm^2$$

$$h_{ef} = 110mm$$

$$\psi_{s,h} = 0.95$$

由于无间边距影响，故：

$$A_{c,N}^0 = s_{cr,N}^2, \quad A_{c,N} = n A_{c,N}^0, \quad A_{c,N} / A_{c,N}^0 = 1$$

$$\psi_{e,N} = 1 / [1 + (2e_N / s_{cr,N})] = 1$$

$$\psi_N = \psi_{s,h} \psi_{e,N} A_{cN} / A_{c,N}^0 = 0.95 \times 1 \times 1 = 0.95$$

$$N_t^c = 2.4 \psi_b \psi_N \sqrt{f_{cu,k}} h_{ef}^{1.5} = 2.4 \times 0.9 \times 0.95 \times \sqrt{30} \times 110^{1.5} = 12966.6N$$

2. 锚栓抗拉力检验

（1）检测评定的依据和资料

《混凝土结构后锚固技术规程》JGJ 145－2004；

《混凝土结构加固设计规范》GB 50367－2013；

《建筑结构加固工程施工质量验收规范》GB 50550－2010；

委托方提供的设计文件及其他相关资料。

（2）主要检测仪器设备

ZY 型锚杆拉力计；

液压千斤顶；

钢卷尺。

（3）检测与评定结果

检测现场如图 17.2-2 所示。

依据现行行业标准《混凝土结构后锚固技术规程》JGJ 145，实验采用随机抽样办法选取了 6 根锚栓进行拉拔实验，其中锚栓 1-3 采用破坏性检验，锚栓 4-6 采用非破坏性检验，实验采用分级加载，以预计极限荷载的 10％为一级，逐级加荷，每级荷载保持 1min～2min，至设定荷载或锚固破坏。

非破坏性检验荷载下，以混凝土基材无裂缝、锚栓或植筋无滑移等宏观裂损现

图 17.2-2　现场情况

象，且 2min 持荷期间荷载降低不大于 5％时为合格；对于破坏性检验，该批锚栓的极限抗拔力满足下列规定为合格。

21.4.3 **新增灌浆料与细石混凝土的混合料，其强度等级必须符合设计要求，用于检查其强度的试块，应在监理工程师的见证下，按本规范第 5.3.2 条的规定进行取样、制作、养护和检验。**

注：试块尺寸应为 **100mm×100mm×100mm** 的立方体。其检验结果应换算为边长为 **150mm** 的标准立方体抗压强度，作为评定混合料强度等级的依据，换算系数应按现行国家标准《普通混凝土力学性能试验方法标准》**GB/T 50081** 的规定采用。

检查数量及检验方法按该条规定执行。

【技术要点说明】

水泥基灌浆料材料的适用范围较广，常用于：大型设备地脚螺栓锚固；设备基础或钢结构柱脚底板的灌浆；混凝土结构构件和砌体结构增大截面加固；后张预应力混凝土结构孔道灌浆等。

在结构加固工程中使用的水泥基灌浆料，不仅有其专门的安全性要求，而且有其专门的工艺要求。因此，规定的灌浆工程适用范围，也是以采用结构加固用水泥基灌浆料为前提确定的。之所以作这样严格的区分，是因为目前在结构加固工程中滥用灌浆料的情况较为严重。如果不加以限制，可能导致出现安全质量问题。

【实施与检查】

应对下列文件进行审查：

1. 灌浆料出厂检验报告和进场复验报告；
2. 拌制混合料现场取样作抗压强度检验的检验报告。

第 五 篇

维　护

18　概　述

18.1　总　体　情　况

维护篇分为概述和维护共两章，涉及 3 项标准、6 条强制性条文（表 18.1-1）。

表 18.1-1　维护篇涉及的标准及强条数汇总表

序号	标准名称	标准编号	强制性条文数量
1	《建筑变形测量规范》	JGJ 8－2016	2
2	《建筑外墙清洗维护技术规程》	JGJ 168－2009	2
3	《房地产登记技术规程》	JGJ 278－2012	2

18.2　主　要　内　容

《建筑变形测量规范》JGJ 8－2016 对必须进行变形测量的 6 类建筑以及关于异常情况处理作了具体规定，以保障建筑安全，积累信息和技术资料；《建筑外墙清洗维护技术规程》JGJ 168－2009 规定了保障施工安全的具体措施；《房地产登记技术规程》JGJ 278－2012 对房屋登记的程序和要求作出了具体的规定。

18.3　其　他　说　明

《建筑变形测量规范》JGJ 8－2016 于 2016 年 7 月 9 日发布，2016 年 12 月 1 日实施，故本书纳入的是经强条委审查的报批稿条文。

19　维　护

《建筑变形测量规范》JGJ 8-2016

3.1.1 下列建筑在施工期间和使用期间应进行变形测量：

1 地基基础设计等级为甲级的建筑。

2 软弱地基上的地基基础设计等级为乙级的建筑。

3 加层、扩建建筑或处理地基上的建筑。

4 受邻近施工影响或受场地地下水等环境因素变化影响的建筑。

5 采用新型基础或新型结构的建筑。

6 大型城市基础设施。

7 体型狭长且地基土变化明显的建筑。

【技术要点说明】

建筑变形测量的目的是获取建筑场地、地基、基础、上部结构及周边环境在建筑施工阶段和运营阶段的变形信息，为建筑施工、运营及质量安全管理等提供信息支持与服务，并为工程设计、管理及科研等积累和提供技术资料。根据国家标准《建筑地基基础设计规范》GB 50007-2002 和《岩土工程勘察规范》GB 50021-2001 的有关规定，本规范 2007版设置了该强制性条文，规定对 5 类建筑必须进行变形测量。规范实施以来，变形测量已经成为一项基本的测量活动，为建筑质量安全管理提供了有力支持，受到了各级政府工程建设监管部门及工程设计、施工、建设等单位的肯定和重视。从保障工程质量安全的角度出发，本次修订认为有必要继续设置该强制性条文。鉴于国家标准《建筑地基基础设计规范》GB 50007-2011、《岩土工程勘察规范》GB 50021-2001（2009 年版）对其原有相关条文进行了修订或局部修订，本规范对 2007 版条文中的第 1～5 款做了相应修改，成为目前的第 1～5 款。由于本规范除适用于建筑物外，也适用于市政基础设施等构筑物，根据国家市政基础设施安全监管相关规定精神和近年来的工程实践，本条增加了一款（第 6款），将大型市政基础设施列入其中。

本条中建筑地基基础设计等级按国家标准《建筑地基基础设计规范》GB 50007-2011 表 3.0.1 的规定执行。

【实施与检查】

1. 实施

（1）本条规定的 6 类建筑，在其工程主体结构验收和竣工验收时，应提交符合要求的建筑变形测量成果资料。具体资料内容及要求应符合本规范第 8 章的规定。

（2）本条规定的 6 类建筑，项目业主方（委托方）应在工程开始前与有资格进行变形测量工作的单位签订建筑变形测量合同。

2. 检查

对符合本条规定的 6 类建筑（含建筑物、构筑物），应检查：

（1）建设工程勘察、设计单位应在工程勘察报告或设计说明（结构说明）中明确地基基础类型，给出地基基础设计等级，提出应进行变形观测的要求。

（2）工程业主方应根据有关规范、工程勘察报告意见和建筑设计结构说明要求，委托具有相应资质的单位承担变形测量工作。

（3）承担建筑变形测量作业的单位应具有国家建设行政主管部门颁发的工程勘察资质（含工程测量专业）资质或国家测绘地理信息行政主管部门颁发的测绘资质（含变形形变与精密测量子项）。

3.1.6 建筑变形测量过程中发生下列情况之一时，应立即实施安全预案，同时应提高观测频率或增加观测内容：

1 变形量或变形速率出现异常变化。

2 变形量或变形速率达到或超出变形预警值。

3 开挖面或周边出现塌陷、滑坡。

4 建筑本身或其周边环境出现异常。

5 因地震、暴雨、冻融等自然灾害引起的其他变形异常情况。

【技术要点说明】

为保证建筑及其周边环境在施工和运营阶段的安全，当变形测量过程中出现异常情况时，必须立即报告变形测量项目委托方以便采取相应的安全处置措施。与此同时，应提高观测频率或增加其他观测内容，获取更多、更全面、更准确的变形信息，从而为采取安全处置措施提供信息支持服务。本条列出的5种情形均为必须立即报告的异常情形。本条第2款中的变形预警值，有的取变形允许值的60%、2/3或3/4，有的在工程设计时直接给定。对具体变形测量项目，应在变形测量技术设计中明确给出。计算变形预警值时，所需变形允许值按现行国家标准《建筑地基基础设计规范》GB 50007-2011 表5.3.4的规定执行。

【实施与检查】

1. 实施

建筑变形测量应根据本规范及项目技术方案确定的变形测量观测频率、观测周期和技术要求实施。每期观测时，与前一期测量结果比较可以获得两期间各监测点的变形量。对两期的变形量及多期的变形趋势应进行细致的分析。同时，在建筑变形测量过程中，特别是当发生暴雨、冻融和地震等自然灾害时，应对建筑及其周边环境状况进行巡视。当出现本条规定的情形之一时，首先必须立即报告项目委托方，同时应提高观测频率或增加观测内容。上述有关工作应形成相应的书面记录。

2. 检查

该条规定的情形只出现在发生变形异常情况时，通过检查建筑变形测量项目承担方的作业记录或技术报告、项目委托方的相关记录以及他们之间的信息往来记录，可以获得关于该条规定实施情况的资料。

《建筑外墙清洗维护技术规程》JGJ 168-2009

4.1.3 清洗维护不得采用pH值小于4或pH值大于10的清洗剂以及有毒有害化学品。

【技术要点说明】

外墙清洗维护材料品种多种多样，适用性各不相同，但这些材料基本上区分为中性、碱性和酸性。由于强酸、强碱对石材、烧结材料、玻璃与金属幕墙、涂料等做饰面的建筑外墙大多数都有腐蚀作用，因此规程限制使用的清洗剂其 pH 值不能小于 4，也不能大于 10。

同时外墙清洗材料不能使用有毒有害化学品，以免对施工操作人员造成伤害和环境污染。

【实施与检查】

外墙清洗维护中，施工单位选择清洗材料时应遵守下列基本要求：

1 清洗维护材料应能够清除饰面上的污垢，使饰面恢复原有的材质表观；

2 要优先选用环保型材料。

3 清洗维护材料应是合格产品，并在有效期内。

4 清洗维护材料的种类应根据不同建筑结构与墙面材质，针对污垢与物体表面结合力选用，具体要求见表 19-1。

表 19-1 清洗维护材料性能

序号	清洗维护材料种类	清洗维护材料的主要性能指标			适用范围
		外观	密度（g/m³）	pH 值	
1	清水	无色通明液体	1.00	7.0	适用于轻度污染的饰面
2	中性清洗维护材料	澄清液体	1.00～2.00	6.0～8.0	适用于中度污染、表面光滑的饰面。如金属幕墙和涂料的饰面
3	碱性清洗维护材料	澄清液体	1.25～1.40	8.0～10.0	适用于耐碱性且粘有油污或有机粘结材料的饰面
4	酸性清洗维护材料	澄清液体	1.02～1.10	4.0～6.0	适用于表面粗糙及硬度高的天然石材和烧结材料饰面
5	敷剂	粉状或膏状体	—	4.0～10.0	适用于污垢程度严重的饰面
6	石英砂或金刚砂	符合现行行业标准《普通混凝土用砂、石质量及检验方法标准》JGJ 52 的规定，且石英砂和金刚砂的粒径应当一致。			湿式砂洗适用于重度污染且表面粗糙及硬度较高的天然石材饰面

施工时，施工单位应对清洗维护材料的酸碱度进行现场测量，可用 pH 试纸或 pH 试笔测定。

工程验收时，应检查清洗维护材料的出厂产品合格证、质量保证书、性能检测报告及进场验收记录。验收文件和记录。必须做到真实、准确，不得有涂改和伪造。文件要有相关人员签字存档，以后有据可查。

工程质量监督机构应当对建筑外墙清洗维护工程施工、验收等阶段执行该强制性条文的情况实施监督。

5.5.5 清洗维护作业时，不得在同一垂直方向的上下面同时作业。

【技术要点说明】

清洗维护作业时，上下同时作业，一方面上面施工的污水和污渍等可能会重新污染下面清洗好的墙面，更严重的是，上面施工中的物件不慎掉落，可能导致在下面施工的人员安全受到威胁，因此本条设置为强制性条文。

【实施与检查】

1. 清洗维护施工人员基本要求

清洗维护施工人员应通过技术和安全教育培训，熟悉清洗操作规程，并掌握安全操作程序。登高作业人员必须有高空作业操作证书，处于健康状态的身体条件及心理素质。

2. 清洗维护工程施工组织设计的编制

施工单位应根据清洗维护作业的要求、基层条件、施工平台及清洗维护机械等编制清洗维护工程的施工组织设计，施工组织设计应包括：工程概况；基层处理；拟选用的清洗维护材料、施工设备及施工方法；劳动力配备及工期计划；施工平面布置图（包括临时用水、用电、消防设施等）；施工方案（施工工艺、施工程序等）；质量保证措施；安全技术措施；预防环境污染的措施。

3. 安全技术措施中应当明确不得在同一垂直方向上下同时清洗维护作业。

4. 建筑安全监督管理机构应当对建筑外墙清洗维护工程施工阶段执行该强条的情况实施监督。

【专题】

建筑物外墙清洗必须采取以下安全措施：

1. 施工人员应通过技术和安全教育培训，熟悉清洗操作规程，并掌握安全操作程序。登高作业人员必须有高空作业操作证书。

2. 施工人员必须身体健康，不能喝酒、过度疲劳和情绪异常时登高操作。

3. 必须制定《安全操作规程》并严格执行。

4. 必须制定《安全检查规程》并严格执行。

5. 设立安全检查员工，专职检查安全措施的落实情况，凡违反安全制度的，必须停止工作，经整改安全后，方可继续施工。

《房地产登记技术规程》JGJ 278－2012

4.5.7 记载于登记簿的时点应符合下列规定：

1 使用电子登记簿的，应以登记官将登记事项在登记簿上记载完毕并点击确认之时为准；

2 使用纸质登记簿的，应以登记官将登记事项在登记簿上记载完毕并签名（章）之时为准。

4.5.8 任何人不得擅自更改登记簿。当登记簿记载的事项有误时，应按更正登记程序进行更正。

【技术要点说明】

登记簿是指由房地产登记机构依法制作和管理，用于记载房地产自然状况、权利状况以及其他依法应登记事项的特定簿册，是房地产权利归属和内容的依据。

登记官是指通过全国房屋登记审核人员培训考核，从事房地产登记审核性质工作的专业人员。

　　房屋登记是城镇房屋权利归属的法定公示方法。在以房屋为标的物的交易活动中，以房屋为标的物的物权取得、设定、变动等，须经登记始发生物权法上的效力。所以，房屋所有权归属的确认须以登记簿上的记载为准。房产证作为一种证书，虽然可以证明房屋所有权归属于谁的法律事实，但其证明力的依据是其上记载与登记簿上的记载具有一致性。如果登记簿上未作变更，房产证自身任何单独的变更均不产生物权法上的效力。

　　由于登记簿宜采用电子介质形式，也可采用纸介质形式。两者具有同等的法律效力，且房地产登记工作中，具有审核性质的工作应由登记官承担，所以登记官负责填写登记簿，并应在电子登记簿上点击确认或在纸质登记簿上签名（章）确认。

　　《房屋登记办法》（建设部 168 号令）对房屋登记的程序和要求作出了具体的规定。

【实施与检查】

　　使用电子登记簿的，应以登记官将登记事项在登记簿上记载完毕并点击确认之时作为记载于登记簿的时点使用纸质登记簿的，应以登记官将登记事项在登记簿上记载完毕并签名（章）之时作为记载于登记簿的时点

　　登记簿是房地产权利归属和内容的依据，在登记和使用中，任何人不得擅自更改。当登记簿记载的事项有误时，应提出更正申请，并按更正登记程序进行更正。

房地产更正登记申请书

> 信息收集声明：本申请书信息系依法定职权收集，用于房地产登记和登记资料利用。

_____（房地产登记机构名称）：

申请人情况	申请人姓名（名称）			联系电话	
	证件类型		证件号码		
	代理人姓名（名称）			联系电话	
	证件类型		证件号码		
申请内容	房屋坐落			房地产权属证书号（登记证明号）	
	现依法申请上述房地产√更正登记　□异议登记（□设立 □注销）　□换证　□补证				
	更正事项	更正前： 更正后：			
	换证或补证事由				
	异议事项	提示：《物权法》第十九条规定，房地产登记机构予以异议登记的，申请人在异议登记之日起十五日内不起诉，异议登记失效。异议登记不当，造成权利人损害的，权利人可以向申请人请求损害赔偿。			
	备注：				
申请人承诺所提交的申请登记材料、申请信息真实、合法、有效，如有不实，由申请人承担一切法律责任。 　　特此承诺 　　　　　　　　　　　　　　　　　　　　申请人（代理人）： 　　　　　　　　　　　　　　　　　　　　（签章） 　　　　　　　　　　　　　　　　　　　　申请日期：					

重点检查内容

《建筑抗震鉴定标准》GB 50023－2009

条号	项　　目	重点检查内容
1.0.3	鉴定的设防标准	建筑抗震设防分类，设防烈度和主要构造要求
3.0.1	鉴定报告完整性	鉴定的项目、现场调查内容、鉴定结论
3.0.4	宏观控制和构造鉴定	不规则结构的薄弱部位、可能导致整个结构丧失承载力的构件
4.1.2	危险地段判定	提出专门研究报告或迁离
4.1.3	不利地段危害鉴定	7～9度时，不利地段对现有建筑的危害评估
4.1.4	倾斜液化面危害鉴定	判明土体滑动和开裂危险性
4.2.4	地基液化判别	判别方法
5.1.2	砌体结构检查重点	是否遗漏检查重点
5.1.4	砌体结构鉴定项目	检查的项目
5.1.5	砌体结构综合鉴定要求	综合抗震能力鉴定结论的依据
5.2.12	A类砌体第二级鉴定	计算综合抗震能力的影响系数
6.1.2	混凝土结构检查重点	是否按烈度区分检查重点
6.1.4	混凝土结构鉴定项目	检查的项目
6.1.5	混凝土结构综合鉴定	综合抗震能力鉴定结论的依据
6.2.10	A类混凝土第二级鉴定	典型平面框架的选择，计算综合抗震能力的影响系数
6.3.1	B类鉴定的抗震等级	检查内容和计算书的抗震等级
7.1.2	混合框架检查重点	是否按烈度区分检查重点
7.1.4	混合框架鉴定项目	检查的项目
7.1.5	混合框架综合鉴定	综合抗震能力鉴定结论的依据
9.1.2	空旷房屋检查重点	是否按烈度区分检查重点
9.1.5	空旷房屋综合鉴定	综合抗震能力鉴定结论的依据

《建筑抗震加固技术规程》JGJ 116－2009

条号	项　　目	重点检查内容
1.0.3	加固程序	检查先鉴定再加固的程序
1.0.4	设防类别和标准	设计总说明、主要构造
3.0.1	加固方案和布置	加固方案的可行性、合理性，新旧构件连接和非结构构件处理
3.0.3	加固验算	计算简图、所考虑的影响因素及验算结果
3.0.6	加固施工要求	结构加固总说明是否明确加固的特殊要求
5.3.1	面层加固技术要点	面层加固的构造说明和计算的影响系数
5.3.7	板墙加固技术要点	板墙基础、加固的构造说明和计算的影响系数
5.3.13	圈梁构造柱加固技术要点	圈梁、钢拉杆、外加构造柱的布置、基础和计算的影响系数
6.1.2	混凝土结构加固原则	加固方案的合理性
6.3.1	增设墙体加固要点	配筋、计算书的强度折减和影响系数
6.3.4	钢构套加固要点	角钢端部连接、缀板构造和材料强度折减

条号	项　目	重点检查内容
6.3.7	混凝土套加固要点	纵向钢筋的连接和材料强度折减
7.1.2	内框架结构加固原则	加固方案的合理性
7.3.1	增设壁柱加固要点	壁柱截面、配筋、连接和基础
7.3.3	楼板增设现浇层加固	厚度和配筋
9.3.1	面层组合柱加固要点	布置、配筋、基础，材料强度折减
9.3.4	组合壁柱加固要点	新增壁柱截面、配筋、连接和基础

《既有建筑地基基础加固技术规范》JGJ 123 - 2012

条号	项　目	重点检查内容
3.0.2	加固前的鉴定	加固设计和施工前应对既有建筑地基、基础进行鉴定。
3.0.4	加固设计	地基承载力、地基变形、地基稳定性、基础结构验算。
3.0.8	加固后的设计使用年限	满足加固后建筑物的设计使用年限。
3.0.9	施工监测	纠倾加固、移位加固、托换加固施工，必须进行监测。
3.0.11	建筑物沉降观测	施工期间和使用期间进行观测至稳定标准。
5.3.1	加固的变形控制标准	满足现行国家标准《建筑地基基础设计规范》GB 50007 的有关规定。

《古建筑木结构维护与加固技术规范》GB 50165 - 92

条号	项　目	重点检查内容
4.1.4	鉴定分类	鉴定报告的可靠性结论
4.1.7	木构架整体性检查	检查内容和残损点评定
4.1.18	木构架宏观评定	检查内容、承重构件和连接破损程度及残损点评定
4.1.19	承重体系安全评定	对木构架残损点和倾斜程度的描述及评定
4.2.1	古建筑抗震鉴定原则	鉴定报告内容，构造、承载力和变形验算内容
4.2.2	古建筑抗震构造鉴定	关键部位构造鉴定的内容和评定
4.2.3	古建筑抗震验算	计算书的计算参数，计算模型和主要计算结果
5.5.2	古建筑抗震加固方案	针对不合格情况判断加固对策的合理性
6.3.3	加固木构件的材质	修复和更换的木构件的材质
6.3.4	承重构件材料性能	木材的含水率
6.3.5	木构件胶粘剂性能	胶粘剂的强度、耐水性和耐久性
6.4.1	木构件加固验算	结构验算范围
6.4.2	木材强度设计取值	计算书中材料强度的折减
6.4.3	梁柱承载力验算	计算书中关键木构件的计算跨度、计算简图和构件计算截面
6.5.7	木构件整体加固原则	受力体系，新增构件的隐蔽和标示，连接件是否补齐，材料耐久性
6.6.3	柱受力裂缝的处理	验算内容和相应措施
6.7.3	梁枋过度变形的处理	处理方法
6.7.4	梁枋脱榫维修	发生脱榫的原因和修复方法

第 六 篇

附　　录

附录 1　建设工程质量管理条例

第一章　总　　则

第一条　为了加强对建设工程质量的管理，保证建设工程质量，保护人民生命和财产安全，根据《中华人民共和国建筑法》，制定本条例。

第二条　凡在中华人民共和国境内从事建设工程的新建、扩建、改建等有关活动及实施对建设工程质量监督管理的，必须遵守本条例。

本条例所称建设工程，是指土木工程、建筑工程、线路管道和设备安装工程及装修工程。

第三条　建设单位、勘察单位、设计单位、施工单位、工程监理单位依法对建设工程质量负责。

第四条　县级以上人民政府建设行政主管部门和其他有关部门应当加强对建设工程质量的监督管理。

第五条　从事建设工程活动，必须严格执行基本建设程序，坚持先勘察、后设计、再施工的原则。

县级以上人民政府及其有关部门不得超越权限审批建设项目或者擅自简化基本建设程序。

第六条　国家鼓励采用先进的科学技术和管理方法，提高建设工程质量。

第二章　建设单位的质量责任和义务

第七条　建设单位应当将工程发包给具有相应资质等级的单位。

建设单位不得将建设工程肢解发包。

第八条　建设单位应当依法对工程建设项目的勘察、设计、施工、监理以及与工程建设有关的重要设备、材料等的采购进行招标。

第九条　建设单位必须向有关的勘察、设计、施工、工程监理等单位提供与建设工程有关的原始资料。

原始资料必须真实、准确、齐全。

第十条　建设工程发包单位不得迫使承包方以低于成本的价格竞标，不得任意压缩合理工期。

建设单位不得明示或者暗示设计单位或者施工单位违反工程建设强制性标准，降低建设工程质量。

第十一条　建设单位应当将施工图设计文件报县级以上人民政府建设行政主管部门或

者其他有关部门审查。施工图设计文件审查的具体办法，由国务院建设行政主管部门会同国务院其他有关部门制定。

施工图设计文件未经审查批准的，不得使用。

第十二条　实行监理的建设工程，建设单位应当委托具有相应资质等级的工程监理单位进行监理，也可以委托具有工程监理相应资质等级并与被监理工程的施工承包单位没有隶属关系或者其他利害关系的该工程的设计单位进行监理。

下列建设工程必须实行监理：

（一）国家重点建设工程；

（二）大中型公用事业工程；

（三）成片开发建设的住宅小区工程；

（四）利用外国政府或者国际组织贷款、援助资金的工程；

（五）国家规定必须实行监理的其他工程。

第十三条　建设单位在领取施工许可证或者开工报告前，应当按照国家有关规定办理工程质量监督手续。

第十四条　按照合同约定，由建设单位采购建筑材料、建筑构配件和设备的，建设单位应当保证建筑材料、建筑构配件和设备符合设计文件和合同要求。

建设单位不得明示或者暗示施工单位使用不合格的建筑材料、建筑构配件和设备。

第十五条　涉及建筑主体和承重结构变动的装修工程，建设单位应当在施工前委托原设计单位或者具有相应资质等级的设计单位提出设计方案；没有设计方案的，不得施工。

房屋建筑使用者在装修过程中，不得擅自变动房屋建筑主体和承重结构。

第十六条　建设单位收到建设工程竣工报告后，应当组织设计、施工、工程监理等有关单位进行竣工验收。

建设工程竣工验收应当具备下列条件：

（一）完成建设工程设计和合同约定的各项内容；

（二）有完整的技术档案和施工管理资料；

（三）有工程使用的主要建筑材料、建筑构配件和设备的进场试验报告；

（四）有勘察、设计、施工、工程监理等单位分别签署的质量合格文件；

（五）有施工单位签署的工程保修书。

建设工程经验收合格的，方可交付使用。

第十七条　建设单位应当严格按照国家有关档案管理的规定，及时收集、整理建设项目各环节的文件资料，建立、健全建设项目档案，并在建设工程竣工验收后，及时向建设行政主管部门或者其他有关部门移交建设项目档案。

第三章　勘察、设计单位的质量责任和义务

第十八条　从事建设工程勘察、设计的单位应当依法取得相应等级的资质证书，并在其资质等级许可的范围内承揽工程。

禁止勘察、设计单位超越其资质等级许可的范围或者以其他勘察、设计单位的名义承

揽工程。禁止勘察、设计单位允许其他单位或者个人以本单位的名义承揽工程。

勘察、设计单位不得转包或者违法分包所承揽的工程。

第十九条 勘察、设计单位必须按照工程建设强制性标准进行勘察、设计，并对其勘察、设计的质量负责。

注册建筑师、注册结构工程师等注册执业人员应当在设计文件上签字，对设计文件负责。

第二十条 勘察单位提供的地质、测量、水文等勘察成果必须真实、准确。

第二十一条 设计单位应当根据勘察成果文件进行建设工程设计。

设计文件应当符合国家规定的设计深度要求，注明工程合理使用年限。

第二十二条 设计单位在设计文件中选用的建筑材料、建筑构配件和设备，应当注明规格、型号、性能等技术指标，其质量要求必须符合国家规定的标准。

除有特殊要求的建筑材料、专用设备、工艺生产线等外，设计单位不得指定生产厂、供应商。

第二十三条 设计单位应当就审查合格的施工图设计文件向施工单位作出详细说明。

第二十四条 设计单位应当参与建设工程质量事故分析，并对因设计造成的质量事故，提出相应的技术处理方案。

第四章　施工单位的质量责任和义务

第二十五条 施工单位应当依法取得相应等级的资质证书，并在其资质等级许可的范围内承揽工程。

禁止施工单位超越本单位资质等级许可的业务范围或者以其他施工单位的名义承揽工程。禁止施工单位允许其他单位或者个人以本单位的名义承揽工程。

施工单位不得转包或者违法分包工程。

第二十六条 施工单位对建设工程的施工质量负责。

施工单位应当建立质量责任制，确定工程项目的项目经理、技术负责人和施工管理负责人。

建设工程实行总承包的，总承包单位应当对全部建设工程质量负责；建设工程勘察、设计、施工、设备采购的一项或者多项实行总承包的，总承包单位应当对其承包的建设工程或者采购的设备的质量负责。

第二十七条 总承包单位依法将建设工程分包给其他单位的，分包单位应当按照分包合同的约定对其分包工程的质量向总承包单位负责，总承包单位与分包单位对分包工程的质量承担连带责任。

第二十八条 施工单位必须按照工程设计图纸和施工技术标准施工，不得擅自修改工程设计，不得偷工减料。

施工单位在施工过程中发现设计文件和图纸有差错的，应当及时提出意见和建议。

第二十九条 施工单位必须按照工程设计要求、施工技术标准和合同约定，对建筑材料、建筑构配件、设备和商品混凝土进行检验，检验应当有书面记录和专人签字；未经检验或者检验不合格的，不得使用。

第三十条　施工单位必须建立、健全施工质量的检验制度，严格工序管理，作好隐蔽工程的质量检查和记录。隐蔽工程在隐蔽前，施工单位应当通知建设单位和建设工程质量监督机构。

第三十一条　施工人员对涉及结构安全的试件、试件以及有关材料，应当在建设单位或者工程监理单位监督下现场取样，并送具有相应资质等级的质量检测单位进行检测。

第三十二条　施工单位对施工中出现质量问题的建设工程或者竣工验收不合格的建设工程，应当负责返修。

第三十三条　施工单位应当建立、健全教育培训制度，加强对职工的教育培训；未经教育培训或者考核不合格的人员，不得上岗作业。

第五章　工程监理单位的质量责任和义务

第三十四条　工程监理单位应当依法取得相应等级的资质证书，并在其资质等级许可的范围内承担工程监理业务。

禁止工程监理单位超越本单位资质等级许可的范围或者以其他工程监理单位的名义承担工程监理业务。禁止工程监理单位允许其他单位或者个人以本单位的名义承担工程监理业务。

工程监理单位不得转让工程监理业务。

第三十五条　工程监理单位与被监理工程的施工承包单位以及建筑材料、建筑构配件和设备供应单位有隶属关系或者其他利害关系的，不得承担该项建设工程的监理业务。

第三十六条　工程监理单位应当依照法律、法规以及有关技术标准、设计文件和建设工程承包合同，代表建设单位对施工质量实施监理，并对施工质量承担监理责任。

第三十七条　工程监理单位应当选派具备相应资格的总监理工程师和监理工程师进驻施工现场。

未经监理工程师签字，建筑材料、建筑构配件和设备不得在工程上使用或者安装，施工单位不得进行下一道工序的施工。未经总监理工程师签字，建设单位不拨付工程款，不进行竣工验收。

第三十八条　监理工程师应当按照工程监理规范的要求，采取旁站、巡视和平行检验等形式，对建设工程实施监理。

第六章　建设工程质量保修

第三十九条　建设工程实行质量保修制度。

建设工程承包单位在向建设单位提交工程竣工验收报告时，应当向建设单位出具质量保修书。质量保修书中应当明确建设工程的保修范围、保修期限和保修责任等。

第四十条　在正常使用条件下，建设工程的最低保修期限为：

（一）基础设施工程、房屋建筑的地基基础工程和主体结构工程，为设计文件规定的该工程的合理使用年限；

（二）屋面防水工程、有防水要求的卫生间、房间和外墙面的防渗漏，为5年；

（三）供热与供冷系统，为2个采暖期、供冷期；

（四）电气管线、给排水管道、设备安装和装修工程，为2年。

其他项目的保修期限由发包方与承包方约定。

建设工程的保修期，自竣工验收合格之日起计算。

第四十一条　建设工程在保修范围和保修期限内发生质量问题的，施工单位应当履行保修义务，并对造成的损失承担赔偿责任。

第四十二条　建设工程在超过合理使用年限后需要继续使用的，产权所有人应当委托具有相应资质等级的勘察、设计单位鉴定，并根据鉴定结果采取加固、维修等措施，重新界定使用期。

第七章　监　督　管　理

第四十三条　国家实行建设工程质量监督管理制度。

国务院建设行政主管部门对全国的建设工程质量实施统一监督管理。国务院铁路、交通、水利等有关部门按照国务院规定的职责分工，负责对全国的有关专业建设工程质量的监督管理。

县级以上地方人民政府建设行政主管部门对本行政区域内的建设工程质量实施监督管理。县级以上地方人民政府交通、水利等有关部门在各自的职责范围内，负责对本行政区域内的专业建设工程质量的监督管理。

第四十四条　国务院建设行政主管部门和国务院铁路、交通、水利等有关部门应当加强对有关建设工程质量的法律、法规和强制性标准执行情况的监督检查。

第四十五条　国务院发展计划部门按照国务院规定的职责，组织稽察特派员，对国家出资的重大建设项目实施监督检查。

国务院经济贸易主管部门按照国务院规定的职责，对国家重大技术改造项目实施监督检查。

第四十六条　建设工程质量监督管理，可以由建设行政主管部门或者其他有关部门委托的建设工程质量监督机构具体实施。

从事房屋建筑工程和市政基础设施工程质量监督的机构，必须按照国家有关规定经国务院建设行政主管部门或者省、自治区、直辖市人民政府建设行政主管部门考核；从事专业建设工程质量监督的机构，必须按照国家有关规定经国务院有关部门或者省、自治区、直辖市人民政府有关部门考核。经考核合格后，方可实施质量监督。

第四十七条　县级以上地方人民政府建设行政主管部门和其他有关部门应当加强对有关建设工程质量的法律、法规和强制性标准执行情况的监督检查。

第四十八条　县级以上人民政府建设行政主管部门和其他有关部门履行监督检查职责时，有权采取下列措施：

（一）要求被检查的单位提供有关工程质量的文件和资料；

（二）进入被检查单位的施工现场进行检查；

（三）发现有影响工程质量的问题时，责令改正。

第四十九条 建设单位应当自建设工程竣工验收合格之日起 15 日内，将建设工程竣工验收报告和规划、公安消防、环保等部门出具的认可文件或者准许使用文件报建设行政主管部门或者其他有关部门备案。

建设行政主管部门或者其他有关部门发现建设单位在竣工验收过程中有违反国家有关建设工程质量管理规定行为的，责令停止使用，重新组织竣工验收。

第五十条 有关单位和个人对县级以上人民政府建设行政主管部门和其他有关部门进行的监督检查应当支持与配合，不得拒绝或者阻碍建设工程质量监督检查人员依法执行职务。

第五十一条 供水、供电、供气、公安消防等部门或者单位不得明示或者暗示建设单位、施工单位购买其指定的生产供应单位的建筑材料、建筑构配件和设备。

第五十二条 建设工程发生质量事故，有关单位应当在 24 小时内向当地建设行政主管部门和其他有关部门报告。对重大质量事故，事故发生地的建设行政主管部门和其他有关部门应当按照事故类别和等级向当地人民政府和上级建设行政主管部门和其他有关部门报告。

特别重大质量事故的调查程序按照国务院有关规定办理。

第五十三条 任何单位和个人对建设工程的质量事故、质量缺陷都有权检举、控告、投诉。

第八章 罚 则

第五十四条 违反本条例规定，建设单位将建设工程发包给不具有相应资质等级的勘察、设计、施工单位或者委托给不具有相应资质等级的工程监理单位的，责令改正，处 50 万元以上 100 万元以下的罚款。

第五十五条 违反本条例规定，建设单位将建设工程肢解发包的，责令改正，处工程合同价款百分之零点五以上百分之一以下的罚款；对全部或者部分使用国有资金的项目，并可以暂停项目执行或者暂停资金拨付。

第五十六条 违反本条例规定，建设单位有下列行为之一的，责令改正，处 20 万元以上 50 万元以下的罚款：

（一）迫使承包方以低于成本的价格竞标的；

（二）任意压缩合理工期的；

（三）明示或者暗示设计单位或者施工单位违反工程建设强制性标准，降低工程质量的；

（四）施工图设计文件未经审查或者审查不合格，擅自施工的；

（五）建设项目必须实行工程监理而未实行工程监理的；

（六）未按照国家规定办理工程质量监督手续的；

（七）明示或者暗示施工单位使用不合格的建筑材料、建筑构配件和设备的；

（八）未按照国家规定将竣工验收报告、有关认可文件或者准许使用文件报送备案的。

第五十七条　违反本条例规定，建设单位未取得施工许可证或者开工报告未经批准，擅自施工的，责令停止施工，限期改正，处工程合同价款百分之一以上百分之二以下的罚款。

第五十八条　违反本条例规定，建设单位有下列行为之一的，责令改正，处工程合同价款百分之二以上百分之四以下的罚款；造成损失的，依法承担赔偿责任：

（一）未组织竣工验收，擅自交付使用的；

（二）验收不合格，擅自交付使用的；

（三）对不合格的建设工程按照合格工程验收的。

第五十九条　违反本条例规定，建设工程竣工验收后，建设单位未向建设行政主管部门或者其他有关部门移交建设项目档案的，责令改正，处 1 万元以上 10 万元以下的罚款。

第六十条　违反本条例规定，勘察、设计、施工、工程监理单位超越本单位资质等级承揽工程的，责令停止违法行为，对勘察、设计单位或者工程监理单位处合同约定的勘察费、设计费或者监理酬金 1 倍以上 2 倍以下的罚款；对施工单位处工程合同价款百分之二以上百分之四以下的罚款，可以责令停业整顿，降低资质等级；情节严重的，吊销资质证书；有违法所得的，予以没收。

未取得资质证书承揽工程的，予以取缔，依照前款规定处以罚款；有违法所得的，予以没收。

以欺骗手段取得资质证书承揽工程的，吊销资质证书，依照本条第一款规定处以罚款；有违法所得的，予以没收。

第六十一条　违反本条例规定，勘察、设计、施工、工程监理单位允许其他单位或者个人以本单位名义承揽工程的，责令改正，没收违法所得，对勘察、设计单位和工程监理单位处合同约定的勘察费、设计费和监理酬金 1 倍以上 2 倍以下的罚款；对施工单位处工程合同价款百分之二以上百分之四以下的罚款；可以责令停业整顿，降低资质等级；情节严重的，吊销资质证书。

第六十二条　违反本条例规定，承包单位将承包的工程转包或者违法分包的，责令改正，没收违法所得，对勘察、设计单位处合同约定的勘察费、设计费百分之二十五以上百分之五十以下的罚款；对施工单位处工程合同价款百分之零点五以上百分之一以下的罚款；可以责令停业整顿，降低资质等级；情节严重的，吊销资质证书。

工程监理单位转让工程监理业务的，责令改正，没收违法所得，处合同约定的监理酬金百分之二十五以上百分之五十以下的罚款；可以责令停业整顿，降低资质等级；情节严重的，吊销资质证书。

第六十三条　违反本条例规定，有下列行为之一的，责令改正，处 10 万元以上 30 万元以下的罚款：

（一）勘察单位未按照工程建设强制性标准进行勘察的；

（二）设计单位未根据勘察成果文件进行工程设计的；

（三）设计单位指定建筑材料、建筑构配件的生产厂、供应商的；

（四）设计单位未按照工程建设强制性标准进行设计的。

有前款所列行为，造成工程质量事故的，责令停业整顿，降低资质等级；情节严重的，吊销资质证书；造成损失的，依法承担赔偿责任。

第六十四条　违反本条例规定，施工单位在施工中偷工减料的，使用不合格的建筑材料、建筑构配件和设备的，或者有不按照工程设计图纸或者施工技术标准施工的其他行为的，责令改正，处工程合同价款百分之二以上百分之四以下的罚款；造成建设工程质量不符合规定的质量标准的，负责返工、修理，并赔偿因此造成的损失；情节严重的，责令停业整顿，降低资质等级或者吊销资质证书。

第六十五条　违反本条例规定，施工单位未对建筑材料、建筑构配件、设备和商品混凝土进行检验，或者未对涉及结构安全的试件、试件以及有关材料取样检测的，责令改正，处 10 万元以上 20 万元以下的罚款；情节严重的，责令停业整顿，降低资质等级或者吊销资质证书；造成损失的，依法承担赔偿责任。

第六十六条　违反本条例规定，施工单位不履行保修义务或者拖延履行保修义务的，责令改正，处 10 万元以上 20 万元以下的罚款，并对在保修期内因质量缺陷造成的损失承担赔偿责任。

第六十七条　工程监理单位有下列行为之一的，责令改正，处 50 万元以上 100 万元以下的罚款，降低资质等级或者吊销资质证书；有违法所得的，予以没收；造成损失的，承担连带赔偿责任：

（一）与建设单位或者施工单位串通，弄虚作假、降低工程质量的；

（二）将不合格的建设工程、建筑材料、建筑构配件和设备按照合格签字的。

第六十八条　违反本条例规定，工程监理单位与被监理工程的施工承包单位以及建筑材料、建筑构配件和设备供应单位有隶属关系或者其他利害关系承担该项建设工程的监理业务的，责令改正，处 5 万元以上 10 万元以下的罚款，降低资质等级或者吊销资质证书；有违法所得的，予以没收。

第六十九条　违反本条例规定，涉及建筑主体或者承重结构变动的装修工程，没有设计方案擅自施工的，责令改正，处 50 万元以上 100 万元以下的罚款；房屋建筑使用者在装修过程中擅自变动房屋建筑主体和承重结构的，责令改正，处 5 万元以上 10 万元以下的罚款。

有前款所列行为，造成损失的，依法承担赔偿责任。

第七十条　发生重大工程质量事故隐瞒不报、谎报或者拖延报告期限的，对直接负责的主管人员和其他责任人员依法给予行政处分。

第七十一条　违反本条例规定，供水、供电、供气、公安消防等部门或者单位明示或者暗示建设单位或者施工单位购买其指定的生产供应单位的建筑材料、建筑构配件和设备的，责令改正。

第七十二条　违反本条例规定，注册建筑师、注册结构工程师、监理工程师等注册执业人员因过错造成质量事故的，责令停止执业 1 年；造成重大质量事故的，吊销执业资格证书，5 年以内不予注册；情节特别恶劣的，终身不予注册。

第七十三条　依照本条例规定，给予单位罚款处罚的，对单位直接负责的主管人员和其他直接责任人员处单位罚款数额百分之五以上百分之十以下的罚款。

第七十四条　建设单位、设计单位、施工单位、工程监理单位违反国家规定，降低工程质量标准，造成重大安全事故，构成犯罪的，对直接责任人员依法追究刑事责任。

第七十五条　本条例规定的责令停业整顿，降低资质等级和吊销资质证书的行政处罚，由颁发资质证书的机关决定；其他行政处罚，由建设行政主管部门或者其他有关部门依照法定职权决定。

依照本条例规定被吊销资质证书的，由工商行政管理部门吊销其营业执照。

第七十六条　国家机关工作人员在建设工程质量监督管理工作中玩忽职守、滥用职权、徇私舞弊，构成犯罪的，依法追究刑事责任；尚不构成犯罪的，依法给予行政处分。

第七十七条　建设、勘察、设计、施工、工程监理单位的工作人员因调动工作、退休等原因离开该单位后，被发现在该单位工作期间违反国家有关建设工程质量管理规定，造成重大工程质量事故的，仍应当依法追究法律责任。

第九章　附　　则

第七十八条　本条例所称肢解发包，是指建设单位将应当由一个承包单位完成的建设工程分解成若干部分发包给不同的承包单位的行为。

本条例所称违法分包，是指下列行为：

（一）总承包单位将建设工程分包给不具备相应资质条件的单位的；

（二）建设工程总承包合同中未有约定，又未经建设单位认可，承包单位将其承包的部分建设工程交由其他单位完成的；

（三）施工总承包单位将建设工程主体结构的施工分包给其他单位的；

（四）分包单位将其承包的建设工程再分包的。

本条例所称转包，是指承包单位承包建设工程后，不履行合同约定的责任和义务，将其承包的全部建设工程转给他人或者将其承包的全部建设工程肢解以后以分包的名义分别转给其他单位承包的行为。

第七十九条　本条例规定的罚款和没收的违法所得，必须全部上缴国库。

第八十条　抢险救灾及其他临时性房屋建筑和农民自建低层住宅的建设活动，不适用本条例。

第八十一条　军事建设工程的管理，按照中央军事委员会的有关规定执行。

第八十二条　本条例自发布之日起施行。

附：刑法有关条款

第一百三十七条　建设单位、设计单位、施工单位、工程监理单位违反国家规定，降低工程质量标准，造成重大安全事故的，对直接责任人员处五年以下有期徒刑或者拘役，并处罚金；后果特别严重的，处五年以上十年以下有期徒刑，并处罚金。

附录2　实施工程建设强制性标准监督规定

第一条　为加强工程建设强制性标准实施的监督工作，保证建设工程质量，保障人民的生命、财产安全，维护社会公共利益，根据《中华人民共和国标准化法》、《中华人民共和国标准化法实施条例》和《建设工程质量管理条例》，制定本规定。

第二条　在中华人民共和国境内从事新建、扩建、改建等工程建设活动，必须执行工程建设强制性标准。

第三条　本规定所称工程建设强制性标准是指直接涉及工程质量、安全、卫生及环境保护等方面的工程建设标准强制性条文。

国家工程建设标准强制性条文由国务院建设行政主管部门会同国务院有关行政主管部门确定。

第四条　国务院建设行政主管部门负责全国实施工程建设强制性标准的监督管理工作。

国务院有关行政主管部门按照国务院的职能分工负责实施工程建设强制性标准的监督管理工作。

县级以上地方人民政府建设行政主管部门负责本行政区域内实施工程建设强制性标准的监督管理工作。

第五条　工程建设中拟采用的新技术、新工艺、新材料，不符合现行强制性标准规定的，应当由拟采用单位提请建设单位组织专题技术论证，报批准标准的建设行政主管部门或者国务院有关主管部门审定。

工程建设中采用国际标准或者国外标准，现行强制性标准未作规定的，建设单位应当向国务院建设行政主管部门或者国务院有关行政主管部门备案。

第六条　建设项目规划审查机关应当对工程建设规划阶段执行强制性标准的情况实施监督。

施工图设计文件审查单位应当对工程建设勘察、设计阶段执行强制性标准的情况实施监督。

建筑安全监督管理机构应当对工程建设施工阶段执行施工安全强制性标准的情况实施监督。

工程质量监督机构应当对工程建设施工、监理、验收等阶段执行强制性标准的情况实施监督。

第七条　建设项目规划审查机关、施工图设计文件审查单位、建筑安全监督管理机构、工程质量监督机构的技术人员必须熟悉、掌握工程建设强制性标准。

第八条　工程建设标准批准部门应当定期对建设项目规划审查机关、施工图设计文件审查单位、建筑安全监督管理机构、工程质量监督机构实施强制性标准的监督进行检查，对监督不力的单位和个人，给予通报批评，建议有关部门处理。

第九条　工程建设标准批准部门应当对工程项目执行强制性标准情况进行监督检查。监督检查可以采取重点检查、抽查和专项检查的方式。

第十条　强制性标准监督检查的内容包括：

（一）有关工程技术人员是否熟悉、掌握强制性标准；

（二）工程项目的规划、勘察、设计、施工、验收等是否符合强制性标准的规定；

（三）工程项目采用的材料、设备是否符合强制性标准的规定；

（四）工程项目的安全、质量是否符合强制性标准的规定；

（五）工程中采用的导则、指南、手册、计算机软件的内容是否符合强制性标准的规定。

第十一条　工程建设标准批准部门应当将强制性标准监督检查结果在一定范围内公告。

第十二条　工程建设强制性标准的解释由工程建设标准批准部门负责。

有关标准具体技术内容的解释，工程建设标准批准部门可以委托该标准的编制管理单位负责。

第十三条　工程技术人员应当参加有关工程建设强制性标准的培训，并可以计入继续教育学时。

第十四条　建设行政主管部门或者有关行政主管部门在处理重大工程事故时，应当有工程建设标准方面的专家参加；工程事故报告应当包括是否符合工程建设强制性标准的意见。

第十五条　任何单位和个人对违反工程建设强制性标准的行为有权向建设行政主管部门或者有关部门检举、控告、投诉。

第十六条　建设单位有下列行为之一的，责令改正，并处以20万元以上50万元以下的罚款：

（一）明示或者暗示施工单位使用不合格的建筑材料、建筑构配件和设备的；

（二）明示或者暗示设计单位或者施工单位违反工程建设强制性标准，降低工程质量的。

第十七条　勘察、设计单位违反工程建设强制性标准进行勘察、设计的，责令改正，并处以10万元以上30万元以下的罚款。

有前款行为，造成工程质量事故的，责令停业整顿，降低资质等级；情节严重的，吊销资质证书；造成损失的，依法承担赔偿责任。

第十八条　施工单位违反工程建设强制性标准的，责令改正，处工程合同价款2%以上4%以下的罚款；造成建设工程质量不符合规定的质量标准的，负责返工、修理，并赔偿因此造成的损失；情节严重的，责令停业整顿，降低资质等级或者吊销资质证书。

第十九条　工程监理单位违反强制性标准规定，将不合格的建设工程以及建筑材料、建筑构配件和设备按照合格签字的，责令改正，处50万元以上100万元以下的罚款，降低资质等级或者吊销资质证书；有违法所得的，予以没收；造成损失的，承担连带赔偿责任。

第二十条　违反工程建设强制性标准造成工程质量、安全隐患或者工程事故的，按照

《建设工程质量管理条例》有关规定，对事故责任单位和责任人进行处罚。

第二十一条　有关责令停业整顿、降低资质等级和吊销资质证书的行政处罚，由颁发资质证书的机关决定；其他行政处罚，由建设行政主管部门或者有关部门依照法定职权决定。

第二十二条　建设行政主管部门和有关行政主管部门工作人员，玩忽职守、滥用职权、徇私舞弊的，给予行政处分；构成犯罪的，依法追究刑事责任。

第二十三条　本规定由国务院建设行政主管部门负责解释。

第二十四条　本规定自发布之日起施行。

附录 3　建筑工程施工许可管理办法

第一条　为了加强对建筑活动的监督管理，维护建筑市场秩序，保证建筑工程的质量和安全，根据《中华人民共和国建筑法》，制定本办法。

第二条　在中华人民共和国境内从事各类房屋建筑及其附属设施的建造、装修装饰和与其配套的线路、管道、设备的安装，以及城镇市政基础设施工程的施工，建设单位在开工前应当依照本办法的规定，向工程所在地的县级以上地方人民政府住房城乡建设主管部门（以下简称发证机关）申请领取施工许可证。

工程投资额在 30 万元以下或者建筑面积在 300 平方米以下的建筑工程，可以不申请办理施工许可证。省、自治区、直辖市人民政府住房城乡建设主管部门可以根据当地的实际情况，对限额进行调整，并报国务院住房城乡建设主管部门备案。

按照国务院规定的权限和程序批准开工报告的建筑工程，不再领取施工许可证。

第三条　本办法规定应当申请领取施工许可证的建筑工程未取得施工许可证的，一律不得开工。

任何单位和个人不得将应当申请领取施工许可证的工程项目分解为若干限额以下的工程项目，规避申请领取施工许可证。

第四条　建设单位申请领取施工许可证，应当具备下列条件，并提交相应的证明文件：

（一）依法应当办理用地批准手续的，已经办理该建筑工程用地批准手续。

（二）在城市、镇规划区的建筑工程，已经取得建设工程规划许可证。

（三）施工场地已经基本具备施工条件，需要征收房屋的，其进度符合施工要求。

（四）已经确定施工企业。按照规定应当招标的工程没有招标，应当公开招标的工程没有公开招标，或者肢解发包工程，以及将工程发包给不具备相应资质条件的企业的，所确定的施工企业无效。

（五）有满足施工需要的技术资料，施工图设计文件已按规定审查合格。

（六）有保证工程质量和安全的具体措施。施工企业编制的施工组织设计中有根据建筑工程特点制定的相应质量、安全技术措施。建立工程质量安全责任制并落实到人。专业性较强的工程项目编制了专项质量、安全施工组织设计，并按照规定办理了工程质量、安全监督手续。

（七）按照规定应当委托监理的工程已委托监理。

（八）建设资金已经落实。建设工期不足一年的，到位资金原则上不得少于工程合同价的 50%，建设工期超过一年的，到位资金原则上不得少于工程合同价的 30%。建设单位应当提供本单位截至申请之日无拖欠工程款情形的承诺书或者能够表明其无拖欠工程款情形的其他材料，以及银行出具的到位资金证明，有条件的可以实行银行付款保函或者其他第三方担保。

（九）法律、行政法规规定的其他条件。

县级以上地方人民政府住房城乡建设主管部门不得违反法律法规规定，增设办理施工许可证的其他条件。

第五条　申请办理施工许可证，应当按照下列程序进行：

（一）建设单位向发证机关领取《建筑工程施工许可证申请表》。

（二）建设单位持加盖单位及法定代表人印鉴的《建筑工程施工许可证申请表》，并附本办法第四条规定的证明文件，向发证机关提出申请。

（三）发证机关在收到建设单位报送的《建筑工程施工许可证申请表》和所附证明文件后，对于符合条件的，应当自收到申请之日起十五日内颁发施工许可证；对于证明文件不齐全或者失效的，应当当场或者五日内一次告知建设单位需要补正的全部内容，审批时间可以自证明文件补正齐全后作相应顺延；对于不符合条件的，应当自收到申请之日起十五日内书面通知建设单位，并说明理由。

建筑工程在施工过程中，建设单位或者施工单位发生变更的，应当重新申请领取施工许可证。

第六条　建设单位申请领取施工许可证的工程名称、地点、规模，应当符合依法签订的施工承包合同。

施工许可证应当放置在施工现场备查，并按规定在施工现场公开。

第七条　施工许可证不得伪造和涂改。

第八条　建设单位应当自领取施工许可证之日起三个月内开工。因故不能按期开工的，应当在期满前向发证机关申请延期，并说明理由；延期以两次为限，每次不超过三个月。既不开工又不申请延期或者超过延期次数、时限的，施工许可证自行废止。

第九条　在建的建筑工程因故中止施工的，建设单位应当自中止施工之日起一个月内向发证机关报告，报告内容包括中止施工的时间、原因、在施部位、维修管理措施等，并按照规定做好建筑工程的维护管理工作。

建筑工程恢复施工时，应当向发证机关报告；中止施工满一年的工程恢复施工前，建设单位应当报发证机关核验施工许可证。

第十条　发证机关应当将办理施工许可证的依据、条件、程序、期限以及需要提交的全部材料和申请表示范文本等，在办公场所和有关网站予以公示。

发证机关作出的施工许可决定，应当予以公开，公众有权查阅。

第十一条　发证机关应当建立颁发施工许可证后的监督检查制度，对取得施工许可证后条件发生变化、延期开工、中止施工等行为进行监督检查，发现违法违规行为及时处理。

第十二条　对于未取得施工许可证或者为规避办理施工许可证将工程项目分解后擅自施工的，由有管辖权的发证机关责令停止施工，限期改正，对建设单位处工程合同价款1％以上2％以下罚款；对施工单位处3万元以下罚款。

第十三条　建设单位采用欺骗、贿赂等不正当手段取得施工许可证的，由原发证机关撤销施工许可证，责令停止施工，并处1万元以上3万元以下罚款；构成犯罪的，依法追究刑事责任。

第十四条　建设单位隐瞒有关情况或者提供虚假材料申请施工许可证的，发证机关不予受理或者不予许可，并处 1 万元以上 3 万元以下罚款；构成犯罪的，依法追究刑事责任。

建设单位伪造或者涂改施工许可证的，由发证机关责令停止施工，并处 1 万元以上 3 万元以下罚款；构成犯罪的，依法追究刑事责任。

第十五条　依照本办法规定，给予单位罚款处罚的，对单位直接负责的主管人员和其他直接责任人员处单位罚款数额 5% 以上 10% 以下罚款。

单位及相关责任人受到处罚的，作为不良行为记录予以通报。

第十六条　发证机关及其工作人员，违反本办法，有下列情形之一的，由其上级行政机关或者监察机关责令改正；情节严重的，对直接负责的主管人员和其他直接责任人员，依法给予行政处分：

（一）对不符合条件的申请人准予施工许可的；

（二）对符合条件的申请人不予施工许可或者未在法定期限内作出准予许可决定的；

（三）对符合条件的申请不予受理的；

（四）利用职务上的便利，收受他人财物或者谋取其他利益的；

（五）不依法履行监督职责或者监督不力，造成严重后果的。

第十七条　建筑工程施工许可证由国务院住房城乡建设主管部门制定格式，由各省、自治区、直辖市人民政府住房城乡建设主管部门统一印制。

施工许可证分为正本和副本，正本和副本具有同等法律效力。复印的施工许可证无效。

第十八条　本办法关于施工许可管理的规定适用于其他专业建筑工程。有关法律、行政法规有明确规定的，从其规定。

《建筑法》第八十三条第三款规定的建筑活动，不适用本办法。

军事房屋建筑工程施工许可的管理，按国务院、中央军事委员会制定的办法执行。

第十九条　省、自治区、直辖市人民政府住房城乡建设主管部门可以根据本办法制定实施细则。

第二十条　本办法自 2014 年 10 月 25 日起施行。1999 年 10 月 15 日建设部令第 71 号发布、2001 年 7 月 4 日建设部令第 91 号修正的《建筑工程施工许可管理办法》同时废止。

附录 4　建筑施工企业主要负责人、项目负责人和专职安全生产管理人员安全生产管理规定

第一章　总　　则

第一条　为了加强房屋建筑和市政基础设施工程施工安全监督管理，提高建筑施工企业主要负责人、项目负责人和专职安全生产管理人员（以下合称"安管人员"）的安全生产管理能力，根据《中华人民共和国安全生产法》、《建设工程安全生产管理条例》等法律法规，制定本规定。

第二条　在中华人民共和国境内从事房屋建筑和市政基础设施工程施工活动的建筑施工企业的"安管人员"，参加安全生产考核，履行安全生产责任，以及对其实施安全生产监督管理，应当符合本规定。

第三条　企业主要负责人，是指对本企业生产经营活动和安全生产工作具有决策权的领导人员。

项目负责人，是指取得相应注册执业资格，由企业法定代表人授权，负责具体工程项目管理的人员。

专职安全生产管理人员，是指在企业专职从事安全生产管理工作的人员，包括企业安全生产管理机构的人员和工程项目专职从事安全生产管理工作的人员。

第四条　国务院住房城乡建设主管部门负责对全国"安管人员"安全生产工作进行监督管理。

县级以上地方人民政府住房城乡建设主管部门负责对本行政区域内"安管人员"安全生产工作进行监督管理。

第二章　考　核　发　证

第五条　"安管人员"应当通过其受聘企业，向企业工商注册地的省、自治区、直辖市人民政府住房城乡建设主管部门（以下简称考核机关）申请安全生产考核，并取得安全生产考核合格证书。安全生产考核不得收费。

第六条　申请参加安全生产考核的"安管人员"，应当具备相应文化程度、专业技术职称和一定安全生产工作经历，与企业确立劳动关系，并经企业年度安全生产教育培训合格。

第七条　安全生产考核包括安全生产知识考核和管理能力考核。

安全生产知识考核内容包括：建筑施工安全的法律法规、规章制度、标准规范，建筑施工安全管理基本理论等。

安全生产管理能力考核内容包括：建立和落实安全生产管理制度、辨识和监控危险性较大的分部分项工程、发现和消除安全事故隐患、报告和处置生产安全事故等方面的能力。

第八条　对安全生产考核合格的，考核机关应当在 20 个工作日内核发安全生产考核合格证书，并予以公告；对不合格的，应当通过"安管人员"所在企业通知本人并说明理由。

第九条　安全生产考核合格证书有效期为 3 年，证书在全国范围内有效。

证书式样由国务院住房城乡建设主管部门统一规定。

第十条　安全生产考核合格证书有效期届满需要延续的，"安管人员"应当在有效期届满前 3 个月内，由本人通过受聘企业向原考核机关申请证书延续。准予证书延续的，证书有效期延续 3 年。

对证书有效期内未因生产安全事故或者违反本规定受到行政处罚，信用档案中无不良行为记录，且已按规定参加企业和县级以上人民政府住房城乡建设主管部门组织的安全生产教育培训的，考核机关应当在受理延续申请之日起 20 个工作日内，准予证书延续。

第十一条　"安管人员"变更受聘企业的，应当与原聘用企业解除劳动关系，并通过新聘用企业到考核机关申请办理证书变更手续。考核机关应当在受理变更申请之日起 5 个工作日内办理完毕。

第十二条　"安管人员"遗失安全生产考核合格证书的，应当在公共媒体上声明作废，通过其受聘企业向原考核机关申请补办。考核机关应当在受理申请之日起 5 个工作日内办理完毕。

第十三条　"安管人员"不得涂改、倒卖、出租、出借或者以其他形式非法转让安全生产考核合格证书。

第三章　安　全　责　任

第十四条　主要负责人对本企业安全生产工作全面负责，应当建立健全企业安全生产管理体系，设置安全生产管理机构，配备专职安全生产管理人员，保证安全生产投入，督促检查本企业安全生产工作，及时消除安全事故隐患，落实安全生产责任。

第十五条　主要负责人应当与项目负责人签订安全生产责任书，确定项目安全生产考核目标、奖惩措施，以及企业为项目提供的安全管理和技术保障措施。

工程项目实行总承包的，总承包企业应当与分包企业签订安全生产协议，明确双方安全生产责任。

第十六条　主要负责人应当按规定检查企业所承担的工程项目，考核项目负责人安全生产管理能力。发现项目负责人履职不到位的，应当责令其改正；必要时，调整项目负责人。检查情况应当记入企业和项目安全管理档案。

第十七条　项目负责人对本项目安全生产管理全面负责，应当建立项目安全生产管理体系，明确项目管理人员安全职责，落实安全生产管理制度，确保项目安全生产费用有效使用。

第十八条 项目负责人应当按规定实施项目安全生产管理，监控危险性较大分部分项工程，及时排查处理施工现场安全事故隐患，隐患排查处理情况应当记入项目安全管理档案；发生事故时，应当按规定及时报告并开展现场救援。

工程项目实行总承包的，总承包企业项目负责人应当定期考核分包企业安全生产管理情况。

第十九条 企业安全生产管理机构专职安全生产管理人员应当检查在建项目安全生产管理情况，重点检查项目负责人、项目专职安全生产管理人员履责情况，处理在建项目违规违章行为，并记入企业安全管理档案。

第二十条 项目专职安全生产管理人员应当每天在施工现场开展安全检查，现场监督危险性较大的分部分项工程安全专项施工方案实施。对检查中发现的安全事故隐患，应当立即处理；不能处理的，应当及时报告项目负责人和企业安全生产管理机构。项目负责人应当及时处理。检查及处理情况应当记入项目安全管理档案。

第二十一条 建筑施工企业应当建立安全生产教育培训制度，制定年度培训计划，每年对"安管人员"进行培训和考核，考核不合格的，不得上岗。培训情况应当记入企业安全生产教育培训档案。

第二十二条 建筑施工企业安全生产管理机构和工程项目应当按规定配备相应数量和相关专业的专职安全生产管理人员。危险性较大的分部分项工程施工时，应当安排专职安全生产管理人员现场监督。

第四章 监 督 管 理

第二十三条 县级以上人民政府住房城乡建设主管部门应当依照有关法律法规和本规定，对"安管人员"持证上岗、教育培训和履行职责等情况进行监督检查。

第二十四条 县级以上人民政府住房城乡建设主管部门在实施监督检查时，应当有两名以上监督检查人员参加，不得妨碍企业正常的生产经营活动，不得索取或者收受企业的财物，不得谋取其他利益。

有关企业和个人对依法进行的监督检查应当协助与配合，不得拒绝或者阻挠。

第二十五条 县级以上人民政府住房城乡建设主管部门依法进行监督检查时，发现"安管人员"有违反本规定行为的，应当依法查处并将违法事实、处理结果或者处理建议告知考核机关。

第二十六条 考核机关应当建立本行政区域内"安管人员"的信用档案。违法违规行为、被投诉举报处理、行政处罚等情况应当作为不良行为记入信用档案，并按规定向社会公开。

"安管人员"及其受聘企业应当按规定向考核机关提供相关信息。

第五章 法 律 责 任

第二十七条 "安管人员"隐瞒有关情况或者提供虚假材料申请安全生产考核的，考核机关不予考核，并给予警告；"安管人员"管年内不得再次申请考核。

"安管人员"以欺骗、贿赂等不正当手段取得安全生产考核合格证书的，由原考核机关撤销安全生产考核合格证书；"安管人员"管年内不得再次申请考核。

第二十八条　"安管人员"涂改、倒卖、出租、出借或者以其他形式非法转让安全生产考核合格证书的，由县级以上地方人民政府住房城乡建设主管部门给予警告，并处1000元以上5000元以下的罚款。

第二十九条　建筑施工企业未按规定开展"安管人员"安全生产教育培训考核，或者未按规定如实将考核情况记入安全生产教育培训档案的，由县级以上地方人民政府住房城乡建设主管部门责令限期改正，并处2万元以下的罚款。

第三十条　建筑施工企业有下列行为之一的，由县级以上人民政府住房城乡建设主管部门责令限期改正；逾期未改正的，责令停业整顿，并处2万元以下的罚款；导致不具备《安全生产许可证条例》规定的安全生产条件的，应当依法暂扣或者吊销安全生产许可证：

（一）未按规定设立安全生产管理机构的；

（二）未按规定配备专职安全生产管理人员的；

（三）危险性较大的分部分项工程施工时未安排专职安全生产管理人员现场监督的；

（四）"安管人员"未取得安全生产考核合格证书的。

第三十一条　"安管人员"未按规定办理证书变更的，由县级以上地方人民政府住房城乡建设主管部门责令限期改正，并处1000元以上5000元以下的罚款。

第三十二条　主要负责人、项目负责人未按规定履行安全生产管理职责的，由县级以上人民政府住房城乡建设主管部门责令限期改正；逾期未改正的，责令建筑施工企业停业整顿；造成生产安全事故或者其他严重后果的，按照《生产安全事故报告和调查处理条例》的有关规定，依法暂扣或者吊销安全生产考核合格证书；构成犯罪的，依法追究刑事责任。

主要负责人、项目负责人有前款违法行为，尚不够刑事处罚的，处2万元以上20万元以下的罚款或者按照管理权限给予撤职处分；自刑罚执行完毕或者受处分之日起，5年内不得担任建筑施工企业的主要负责人、项目负责人。

第三十三条　专职安全生产管理人员未按规定履行安全生产管理职责的，由县级以上地方人民政府住房城乡建设主管部门责令限期改正，并处1000元以上5000元以下的罚款；造成生产安全事故或者其他严重后果的，按照《生产安全事故报告和调查处理条例》的有关规定，依法暂扣或者吊销安全生产考核合格证书；构成犯罪的，依法追究刑事责任。

第三十四条　县级以上人民政府住房城乡建设主管部门及其工作人员，有下列情形之一的，由其上级行政机关或者监察机关责令改正，对直接负责的主管人员和其他直接责任人员依法给予处分；构成犯罪的，依法追究刑事责任：

（一）向不具备法定条件的"安管人员"核发安全生产考核合格证书的；

（二）对符合法定条件的"安管人员"不予核发或者不在法定期限内核发安全生产考核合格证书的；

（三）对符合法定条件的申请不予受理或者未在法定期限内办理完毕的；

（四）利用职务上的便利，索取或者收受他人财物或者谋取其他利益的；

（五）不依法履行监督管理职责，造成严重后果的。

第六章   附   则

第三十五条   本规定自 2014 年 9 月 1 日起施行。

附录5 房屋建筑和市政基础设施工程 质量监督管理规定

第一条 为了加强房屋建筑和市政基础设施工程质量的监督，保护人民生命和财产安全，规范住房和城乡建设主管部门及工程质量监督机构（以下简称主管部门）的质量监督行为，根据《中华人民共和国建筑法》、《建设工程质量管理条例》等有关法律、行政法规，制定本规定。

第二条 在中华人民共和国境内主管部门实施对新建、扩建、改建房屋建筑和市政基础设施工程质量监督管理的，适用本规定。

第三条 国务院住房和城乡建设主管部门负责全国房屋建筑和市政基础设施工程（以下简称工程）质量监督管理工作。

县级以上地方人民政府建设主管部门负责本行政区域内工程质量监督管理工作。

工程质量监督管理的具体工作可以由县级以上地方人民政府建设主管部门委托所属的工程质量监督机构（以下简称监督机构）实施。

第四条 本规定所称工程质量监督管理，是指主管部门依据有关法律法规和工程建设强制性标准，对工程实体质量和工程建设、勘察、设计、施工、监理单位（以下简称工程质量责任主体）和质量检测等单位的工程质量行为实施监督。

本规定所称工程实体质量监督，是指主管部门对涉及工程主体结构安全、主要使用功能的工程实体质量情况实施监督。

本规定所称工程质量行为监督，是指主管部门对工程质量责任主体和质量检测等单位履行法定质量责任和义务的情况实施监督。

第五条 工程质量监督管理应当包括下列内容：

（一）执行法律法规和工程建设强制性标准的情况；

（二）抽查涉及工程主体结构安全和主要使用功能的工程实体质量；

（三）抽查工程质量责任主体和质量检测等单位的工程质量行为；

（四）抽查主要建筑材料、建筑构配件的质量；

（五）对工程竣工验收进行监督；

（六）组织或者参与工程质量事故的调查处理；

（七）定期对本地区工程质量状况进行统计分析；

（八）依法对违法违规行为实施处罚。

第六条 对工程项目实施质量监督，应当依照下列程序进行：

（一）受理建设单位办理质量监督手续；

（二）制订工作计划并组织实施；

（三）对工程实体质量、工程质量责任主体和质量检测等单位的工程质量行为进行抽查、抽测；

（四）监督工程竣工验收，重点对验收的组织形式、程序等是否符合有关规定进行监督；

（五）形成工程质量监督报告；

（六）建立工程质量监督档案。

第七条　工程竣工验收合格后，建设单位应当在建筑物明显部位设置永久性标牌，载明建设、勘察、设计、施工、监理单位等工程质量责任主体的名称和主要责任人姓名。

第八条　主管部门实施监督检查时，有权采取下列措施：

（一）要求被检查单位提供有关工程质量的文件和资料；

（二）进入被检查单位的施工现场进行检查；

（三）发现有影响工程质量的问题时，责令改正。

第九条　县级以上地方人民政府建设主管部门应当根据本地区的工程质量状况，逐步建立工程质量信用档案。

第十条　县级以上地方人民政府建设主管部门应当将工程质量监督中发现的涉及主体结构安全和主要使用功能的工程质量问题及整改情况，及时向社会公布。

第十一条　省、自治区、直辖市人民政府建设主管部门应当按照国家有关规定，对本行政区域内监督机构每三年进行一次考核。

监督机构经考核合格后，方可依法对工程实施质量监督，并对工程质量监督承担监督责任。

第十二条　监督机构应当具备下列条件：

（一）具有符合本规定第十三条规定的监督人员。人员数量由县级以上地方人民政府建设主管部门根据实际需要确定。监督人员应当占监督机构总人数的 75％以上；

（二）有固定的工作场所和满足工程质量监督检查工作需要的仪器、设备和工具等；

（三）有健全的质量监督工作制度，具备与质量监督工作相适应的信息化管理条件。

第十三条　监督人员应当具备下列条件：

（一）具有工程类专业大学专科以上学历或者工程类执业注册资格；

（二）具有三年以上工程质量管理或者设计、施工、监理等工作经历；

（三）熟悉掌握相关法律法规和工程建设强制性标准；

（四）具有一定的组织协调能力和良好职业道德。

监督人员符合上述条件经考核合格后，方可从事工程质量监督工作。

第十四条　监督机构可以聘请中级职称以上的工程类专业技术人员协助实施工程质量监督。

第十五条　省、自治区、直辖市人民政府建设主管部门应当每两年对监督人员进行一次岗位考核，每年进行一次法律法规、业务知识培训，并适时组织开展继续教育培训。

第十六条　国务院住房和城乡建设主管部门对监督机构和监督人员的考核情况进行监督抽查。

第十七条　主管部门工作人员玩忽职守、滥用职权、徇私舞弊，构成犯罪的，依法追究刑事责任；尚不构成犯罪的，依法给予行政处分。

第十八条　抢险救灾工程、临时性房屋建筑工程和农民自建低层住宅工程，不适用本规定。

　　第十九条　省、自治区、直辖市人民政府建设主管部门可以根据本规定制定具体实施办法。

　　第二十条　本规定自 2010 年 9 月 1 日起施行。

附录6 房屋建筑和市政基础设施工程施工图设计文件审查管理办法

第一条 为了加强对房屋建筑工程、市政基础设施工程施工图设计文件审查的管理，提高工程勘察设计质量，根据《建设工程质量管理条例》、《建设工程勘察设计管理条例》等行政法规，制定本办法。

第二条 在中华人民共和国境内从事房屋建筑工程、市政基础设施工程施工图设计文件审查和实施监督管理的，应当遵守本办法。

第三条 国家实施施工图设计文件（含勘察文件，以下简称施工图）审查制度。

本办法所称施工图审查，是指施工图审查机构（以下简称审查机构）按照有关法律、法规，对施工图涉及公共利益、公众安全和工程建设强制性标准的内容进行的审查。施工图审查应当坚持先勘察、后设计的原则。

施工图未经审查合格的，不得使用。从事房屋建筑工程、市政基础设施工程施工、监理等活动，以及实施对房屋建筑和市政基础设施工程质量安全监督管理，应当以审查合格的施工图为依据。

第四条 国务院住房城乡建设主管部门负责对全国的施工图审查工作实施指导、监督。

县级以上地方人民政府住房城乡建设主管部门负责对本行政区域内的施工图审查工作实施监督管理。

第五条 省、自治区、直辖市人民政府住房城乡建设主管部门应当按照本办法规定的审查机构条件，结合本行政区域内的建设规模，确定相应数量的审查机构。具体办法由国务院住房城乡建设主管部门另行规定。

审查机构是专门从事施工图审查业务，不以营利为目的的独立法人。

省、自治区、直辖市人民政府住房城乡建设主管部门应当将审查机构名录报国务院住房城乡建设主管部门备案，并向社会公布。

第六条 审查机构按承接业务范围分两类，一类机构承接房屋建筑、市政基础设施工程施工图审查业务范围不受限制；二类机构可以承接中型及以下房屋建筑、市政基础设施工程的施工图审查。

房屋建筑、市政基础设施工程的规模划分，按照国务院住房城乡建设主管部门的有关规定执行。

第七条 一类审查机构应当具备下列条件：

（一）有健全的技术管理和质量保证体系。

（二）审查人员应当有良好的职业道德；有15年以上所需专业勘察、设计工作经历；主持过不少于5项大型房屋建筑工程、市政基础设施工程相应专业的设计或者甲级工程勘察项目相应专业的勘察；已实行执业注册制度的专业，审查人员应当具有一级注册建筑师、一级注册结构工程师或者勘察设计注册工程师资格，并在本审查机构注册；未实行执业注册制度的专业，审查人员应当具有高级工程师职称；近 5 年内未因违反工程建设法律法规和强制性标准受到行政处罚。

（三）在本审查机构专职工作的审查人员数量：从事房屋建筑工程施工图审查的，结构专业审查人员不少于 7 人，建筑专业不少于 3 人，电气、暖通、给排水、勘察等专业审查人员各不少于 2 人；从事市政基础设施工程施工图审查的，所需专业的审查人员不少于 7 人，其他必须配套的专业审查人员各不少于 2 人；专门从事勘察文件审查的，勘察专业审查人员不少于 7 人。

承担超限高层建筑工程施工图审查的，还应当具有主持过超限高层建筑工程或者 100 米以上建筑工程结构专业设计的审查人员不少于 3 人。

（四）60 岁以上审查人员不超过该专业审查人员规定数的 1/2。

（五）注册资金不少于 300 万元。

第八条 二类审查机构应当具备下列条件：

（一）有健全的技术管理和质量保证体系。

（二）审查人员应当有良好的职业道德；有 10 年以上所需专业勘察、设计工作经历；主持过不少于 5 项中型以上房屋建筑工程、市政基础设施工程相应专业的设计或者乙级以上工程勘察项目相应专业的勘察；已实行执业注册制度的专业，审查人员应当具有一级注册建筑师、一级注册结构工程师或者勘察设计注册工程师资格，并在本审查机构注册；未实行执业注册制度的专业，审查人员应当具有高级工程师职称；近 5 年内未因违反工程建设法律法规和强制性标准受到行政处罚。

（三）在本审查机构专职工作的审查人员数量：从事房屋建筑工程施工图审查的，结构专业审查人员不少于 3 人，建筑、电气、暖通、给排水、勘察等专业审查人员各不少于 2 人；从事市政基础设施工程施工图审查的，所需专业的审查人员不少于 4 人，其他必须配套的专业审查人员各不少于 2 人；专门从事勘察文件审查的，勘察专业审查人员不少于 4 人。

（四）60 岁以上审查人员不超过该专业审查人员规定数的 1/2。

（五）注册资金不少于 100 万元。

第九条 建设单位应当将施工图送审查机构审查，但审查机构不得与所审查项目的建设单位、勘察设计企业有隶属关系或者其他利害关系。送审管理的具体办法由省、自治区、直辖市人民政府住房城乡建设主管部门按照"公开、公平、公正"的原则规定。

建设单位不得明示或者暗示审查机构违反法律法规和工程建设强制性标准进行施工图审查，不得压缩合理审查周期、压低合理审查费用。

第十条 建设单位应当向审查机构提供下列资料并对所提供资料的真实性负责：

（一）作为勘察、设计依据的政府有关部门的批准文件及附件；

（二）全套施工图；

（三）其他应当提交的材料。

第十一条 审查机构应当对施工图审查下列内容：

（一）是否符合工程建设强制性标准；

（二）地基基础和主体结构的安全性；

（三）是否符合民用建筑节能强制性标准，对执行绿色建筑标准的项目，还应当审查是否符合绿色建筑标准；

（四）勘察设计企业和注册执业人员以及相关人员是否按规定在施工图上加盖相应的图章和签字；

（五）法律、法规、规章规定必须审查的其他内容。

第十二条　施工图审查原则上不超过下列时限：

（一）大型房屋建筑工程、市政基础设施工程为15个工作日，中型及以下房屋建筑工程、市政基础设施工程为10个工作日。

（二）工程勘察文件，甲级项目为7个工作日，乙级及以下项目为5个工作日。

以上时限不包括施工图修改时间和审查机构的复审时间。

第十三条　审查机构对施工图进行审查后，应当根据下列情况分别作出处理：

（一）审查合格的，审查机构应当向建设单位出具审查合格书，并在全套施工图上加盖审查专用章。审查合格书应当有各专业的审查人员签字，经法定代表人签发，并加盖审查机构公章。审查机构应当在出具审查合格书后5个工作日内，将审查情况报工程所在地县级以上地方人民政府住房城乡建设主管部门备案。

（二）审查不合格的，审查机构应当将施工图退建设单位并出具审查意见告知书，说明不合格原因。同时，应当将审查意见告知书及审查中发现的建设单位、勘察设计企业和注册执业人员违反法律、法规和工程建设强制性标准的问题，报工程所在地县级以上地方人民政府住房城乡建设主管部门。

施工图退建设单位后，建设单位应当要求原勘察设计企业进行修改，并将修改后的施工图送原审查机构复审。

第十四条　任何单位或者个人不得擅自修改审查合格的施工图；确需修改的，凡涉及本办法第十一条规定内容的，建设单位应当将修改后的施工图送原审查机构审查。

第十五条　勘察设计企业应当依法进行建设工程勘察、设计，严格执行工程建设强制性标准，并对建设工程勘察、设计的质量负责。

审查机构对施工图审查工作负责，承担审查责任。施工图经审查合格后，仍有违反法律、法规和工程建设强制性标准的问题，给建设单位造成损失的，审查机构依法承担相应的赔偿责任。

第十六条　审查机构应当建立、健全内部管理制度。施工图审查应当有经各专业审查人员签字的审查记录。审查记录、审查合格书、审查意见告知书等有关资料应当归档保存。

第十七条　已实行执业注册制度的专业，审查人员应当按规定参加执业注册继续教育。

未实行执业注册制度的专业，审查人员应当参加省、自治区、直辖市人民政府住房城乡建设主管部门组织的有关法律、法规和技术标准的培训，每年培训时间不少于40学时。

第十八条　按规定应当进行审查的施工图，未经审查合格的，住房城乡建设主管部门不得颁发施工许可证。

第十九条 县级以上人民政府住房城乡建设主管部门应当加强对审查机构的监督检查，主要检查下列内容：

（一）是否符合规定的条件；

（二）是否超出范围从事施工图审查；

（三）是否使用不符合条件的审查人员；

（四）是否按规定的内容进行审查；

（五）是否按规定上报审查过程中发现的违法违规行为；

（六）是否按规定填写审查意见告知书；

（七）是否按规定在审查合格书和施工图上签字盖章；

（八）是否建立健全审查机构内部管理制度；

（九）审查人员是否按规定参加继续教育。

县级以上人民政府住房城乡建设主管部门实施监督检查时，有权要求被检查的审查机构提供有关施工图审查的文件和资料，并将监督检查结果向社会公布。

第二十条 审查机构应当向县级以上地方人民政府住房城乡建设主管部门报审查情况统计信息。

县级以上地方人民政府住房城乡建设主管部门应当定期对施工图审查情况进行统计，并将统计信息报上级住房城乡建设主管部门。

第二十一条 县级以上人民政府住房城乡建设主管部门应当及时受理对施工图审查工作中违法、违规行为的检举、控告和投诉。

第二十二条 县级以上人民政府住房城乡建设主管部门对审查机构报告的建设单位、勘察设计企业、注册执业人员的违法违规行为，应当依法进行查处。

第二十三条 审查机构列入名录后不再符合规定条件的，省、自治区、直辖市人民政府住房城乡建设主管部门应当责令其限期改正；逾期不改的，不再将其列入审查机构名录。

第二十四条 审查机构违反本办法规定，有下列行为之一的，由县级以上地方人民政府住房城乡建设主管部门责令改正，处3万元罚款，并记入信用档案；情节严重的，省、自治区、直辖市人民政府住房城乡建设主管部门不再将其列入审查机构名录：

（一）超出范围从事施工图审查的；

（二）使用不符合条件审查人员的；

（三）未按规定的内容进行审查的；

（四）未按规定上报审查过程中发现的违法违规行为的；

（五）未按规定填写审查意见告知书的；

（六）未按规定在审查合格书和施工图上签字盖章的；

（七）已出具审查合格书的施工图，仍有违反法律、法规和工程建设强制性标准的。

第二十五条 审查机构出具虚假审查合格书的，审查合格书无效，县级以上地方人民政府住房城乡建设主管部门处3万元罚款，省、自治区、直辖市人民政府住房城乡建设主管部门不再将其列入审查机构名录。

审查人员在虚假审查合格书上签字的，终身不得再担任审查人员；对于已实行执业注册制度的专业的审查人员，还应当依照《建设工程质量管理条例》第七十二条、《建设工程安全生产管理条例》第五十八条规定予以处罚。

第二十六条 建设单位违反本办法规定，有下列行为之一的，由县级以上地方人民政府住房城乡建设主管部门责令改正，处3万元罚款；情节严重的，予以通报：

（一）压缩合理审查周期的；

（二）提供不真实送审资料的；

（三）对审查机构提出不符合法律、法规和工程建设强制性标准要求的。

建设单位为房地产开发企业的，还应当依照《房地产开发企业资质管理规定》进行处理。

第二十七条 依照本办法规定，给予审查机构罚款处罚的，对机构的法定代表人和其他直接责任人员处机构罚款数额5%以上10%以下的罚款，并记入信用档案。

第二十八条 省、自治区、直辖市人民政府住房城乡建设主管部门未按照本办法规定确定审查机构的，国务院住房城乡建设主管部门责令改正。

第二十九条 国家机关工作人员在施工图审查监督管理工作中玩忽职守、滥用职权、徇私舞弊，构成犯罪的，依法追究刑事责任；尚不构成犯罪的，依法给予行政处分。

第三十条 省、自治区、直辖市人民政府住房城乡建设主管部门可以根据本办法，制订实施细则。

第三十一条 本办法自2013年8月1日起施行。原建设部2004年8月23日发布的《房屋建筑和市政基础设施工程施工图设计文件审查管理办法》（建设部令第134号）同时废止。

附录 7　房屋建筑工程抗震设防管理规定

第一条　为了加强对房屋建筑工程抗震设防的监督管理，保护人民生命和财产安全，根据《中华人民共和国防震减灾法》、《中华人民共和国建筑法》、《建设工程质量管理条例》、《建设工程勘察设计管理条例》等法律、行政法规，制定本规定。

第二条　在抗震设防区从事房屋建筑工程抗震设防的有关活动，实施对房屋建筑工程抗震设防的监督管理，适用本规定。

第三条　房屋建筑工程的抗震设防，坚持预防为主的方针。

第四条　国务院建设主管部门负责全国房屋建筑工程抗震设防的监督管理工作。

县级以上地方人民政府建设主管部门负责本行政区域内房屋建筑工程抗震设防的监督管理工作。

第五条　国家鼓励采用先进的科学技术进行房屋建筑工程的抗震设防。

制定、修订工程建设标准时，应当及时将先进适用的抗震新技术、新材料和新结构体系纳入标准、规范，在房屋建筑工程中推广使用。

第六条　新建、扩建、改建的房屋建筑工程，应当按照国家有关规定和工程建设强制性标准进行抗震设防。

任何单位和个人不得降低抗震设防标准。

第七条　建设单位、勘察单位、设计单位、施工单位、工程监理单位，应当遵守有关房屋建筑工程抗震设防的法律、法规和工程建设强制性标准的规定，保证房屋建筑工程的抗震设防质量，依法承担相应责任。

第八条　城市房屋建筑工程的选址，应当符合城市总体规划中城市抗震防灾专业规划的要求；村庄、集镇建设的工程选址，应当符合村庄与集镇防灾专项规划和村庄与集镇建设规划中有关抗震防灾的要求。

第九条　采用可能影响房屋建筑工程抗震安全，又没有国家技术标准的新技术、新材料的，应当按照有关规定申请核准。申请时，应当说明是否适用于抗震设防区以及适用的抗震设防烈度范围。

第十条　《建筑工程抗震设防分类标准》中甲类和乙类建筑工程的初步设计文件应当有抗震设防专项内容。

超限高层建筑工程应当在初步设计阶段进行抗震设防专项审查。

新建、扩建、改建房屋建筑工程的抗震设计应当作为施工图审查的重要内容。

第十一条　产权人和使用人不得擅自变动或者破坏房屋建筑抗震构件、隔震装置、减震部件或者地震反应观测系统等抗震设施。

第十二条　已建成的下列房屋建筑工程，未采取抗震设防措施且未列入近期拆除改造计划的，应当委托具有相应设计资质的单位按现行抗震鉴定标准进行抗震鉴定：

（一）《建筑工程抗震设防分类标准》中甲类和乙类建筑工程；

（二）有重大文物价值和纪念意义的房屋建筑工程；

（三）地震重点监视防御区的房屋建筑工程。

鼓励其他未采取抗震设防措施且未列入近期拆除改造计划的房屋建筑工程产权人，委托具有相应设计资质的单位按现行抗震鉴定标准进行抗震鉴定。

经鉴定需加固的房屋建筑工程，应当在县级以上地方人民政府建设主管部门确定的限期内采取必要的抗震加固措施；未加固前应当限制使用。

第十三条　从事抗震鉴定的单位，应当遵守有关房屋建筑工程抗震设防的法律、法规和工程建设强制性标准的规定，保证房屋建筑工程的抗震鉴定质量，依法承担相应责任。

第十四条　对经鉴定需抗震加固的房屋建筑工程，产权人应当委托具有相应资质的设计、施工单位进行抗震加固设计与施工，并按国家规定办理相关手续。

抗震加固应当与城市近期建设规划、产权人的房屋维修计划相结合。经鉴定需抗震加固的房屋建筑工程在进行装修改造时，应当同时进行抗震加固。

有重大文物价值和纪念意义的房屋建筑工程的抗震加固，应当注意保持其原有风貌。

第十五条　房屋建筑工程的抗震鉴定、抗震加固费用，由产权人承担。

第十六条　已按工程建设标准进行抗震设计或抗震加固的房屋建筑工程在合理使用年限内，因各种人为因素使房屋建筑工程抗震能力受损的，或者因改变原设计使用性质，导致荷载增加或需提高抗震设防类别的，产权人应当委托有相应资质的单位进行抗震验算、修复或加固。需要进行工程检测的，应由委托具有相应资质的单位进行检测。

第十七条　破坏性地震发生后，当地人民政府建设主管部门应当组织对受损房屋建筑工程抗震性能的应急评估，并提出恢复重建方案。

第十八条　震后经应急评估需进行抗震鉴定的房屋建筑工程，应当按照抗震鉴定标准进行鉴定。经鉴定需修复或者抗震加固的，应当按照工程建设强制性标准进行修复或者抗震加固。需易地重建的，应当按照国家有关法律、法规的规定进行规划和建设。

第十九条　当发生地震的实际烈度大于现行地震动参数区划图对应的地震基本烈度时，震后修复或者建设的房屋建筑工程，应当以国家地震部门审定、发布的地震动参数复核结果，作为抗震设防的依据。

第二十条　县级以上地方人民政府建设主管部门应当加强对房屋建筑工程抗震设防质量的监督管理，并对本行政区域内房屋建筑工程执行抗震设防的法律、法规和工程建设强制性标准情况，定期进行监督检查。

县级以上地方人民政府建设主管部门应当对村镇建设抗震设防进行指导和监督。

第二十一条　县级以上地方人民政府建设主管部门应当对农民自建低层住宅抗震设防进行技术指导和技术服务，鼓励和指导其采取经济、合理、可靠的抗震措施。

地震重点监视防御区级以上地方人民政府建设主管部门应当通过拍摄科普教育宣传片、发送农房抗震图集、建设抗震样板房、技术培训等多种方式，积极指导农民自建低层住宅进行抗震设防。

第二十二条　县级以上地方人民政府建设主管部门有权组织抗震设防检查，并采取下列措施：

（一）要求被检查的单位提供有关房屋建筑工程抗震的文件和资料；

（二）发现有影响房屋建筑工程抗震设防质量的问题时，责令改正。

第二十三条　地震发生后，县级以上地方人民政府建设主管部门应当组织专家，对破坏程度超出工程建设强制性标准允许范围的房屋建筑工程的破坏原因进行调查，并依法追究有关责任人的责任。

国务院建设主管部门应当根据地震调查情况，及时组织力量开展房屋建筑工程抗震科学研究，并对相关工程建设标准进行修订。

第二十四条　任何单位和个人对房屋建筑工程的抗震设防质量问题都有权检举和投诉。

第二十五条　违反本规定，擅自使用没有国家技术标准又未经审定通过的新技术、新材料，或者将不适用于抗震设防区的新技术、新材料用于抗震设防区，或者超出经审定的抗震烈度范围的，由县级以上地方人民政府建设主管部门责令限期改正，并处以 1 万元以上 3 万元以下罚款。

第二十六条　违反本规定，擅自变动或者破坏房屋建筑抗震构件、隔震装置、减震部件或者地震反应观测系统等抗震设施的，由县级以上地方人民政府建设主管部门责令限期改正，并对个人处以 1000 元以下罚款，对单位处以 1 万元以上 3 万元以下罚款。

第二十七条　违反本规定，未对抗震能力受损、荷载增加或者需提高抗震设防类别的房屋建筑工程，进行抗震验算、修复和加固的，由县级以上地方人民政府建设主管部门责令限期改正，逾期不改的，处以 1 万元以下罚款。

第二十八条　违反本规定，经鉴定需抗震加固的房屋建筑工程在进行装修改造时未进行抗震加固的，由县级以上地方人民政府建设主管部门责令限期改正，逾期不改的，处以 1 万元以下罚款。

第二十九条　本规定所称抗震设防区，是指地震基本烈度六度及六度以上地区（地震动峰值加速度≥0.05g 的地区）。

本规定所称超限高层建筑工程，是指超出国家现行规范、规程所规定的适用高度和适用结构类型的高层建筑工程，体型特别不规则的高层建筑工程，以及有关规范、规程规定应当进行抗震专项审查的高层建筑工程。

第三十条　本规定自 2006 年 4 月 1 日起施行。

附录 8　超限高层建筑工程抗震设防管理规定

第一条　为了加强超限高层建筑工程的抗震设防管理，提高超限高层建筑工程抗震设计的可靠性和安全性，保证超限高层建筑工程抗震设防的质量，根据《中华人民共和国建筑法》、《中华人民共和国防震减灾法》、《建设工程质量管理条例》、《建设工程勘察设计管理条例》等法律、法规，制定本规定。

第二条　本规定适用于抗震设防区内超限高层建筑工程的抗震设防管理。

本规定所称超限高层建筑工程，是指超出国家现行规范、规程所规定的适用高度和适用结构类型的高层建筑工程，体型特别不规则的高层建筑工程，以及有关规范、规程规定应当进行抗震专项审查的高层建筑工程。

第三条　国务院建设行政主管部门负责全国超限高层建筑工程抗震设防的管理工作。

省、自治区、直辖市人民政府建设行政主管部门负责本行政区内超限高层建筑工程抗震设防的管理工作。

第四条　超限高层建筑工程的抗震设防应当采取有效的抗震措施，确保超限高层建筑工程达到规范规定的抗震设防目标。

第五条　在抗震设防区内进行超限高层建筑工程的建设时，建设单位应当在初步设计阶段向工程所在地的省、自治区、直辖市人民政府建设行政主管部门提出专项报告。

第六条　超限高层建筑工程所在地的省、自治区、直辖市人民政府建设行政主管部门，负责组织省、自治区、直辖市超限高层建筑工程抗震设防专家委员会对超限高层建筑工程进行抗震设防专项审查。

审查难度大或审查意见难以统一的，工程所在地的省、自治区、直辖市人民政府建设行政主管部门可请全国超限高层建筑工程抗震设防专家委员会提出专项审查意见，并报国务院建设行政主管部门备案。

第七条　全国和省、自治区、直辖市的超限高层建筑工程抗震设防审查专家委员会委员分别由国务院建设行政主管部门和省、自治区、直辖市人民政府建设行政主管部门聘任。

超限高层建筑工程抗震设防专家委员会应当由长期从事并精通高层建筑工程抗震的勘察、设计、科研、教学和管理专家组成，并对抗震设防专项审查意见承担相应的审查责任。

第八条　超限高层建筑工程的抗震设防专项审查内容包括：建筑的抗震设防分类、抗震设防烈度（或者设计地震动参数）、场地抗震性能评价、抗震概念设计、主要结构布置、建筑与结构的协调、使用的计算程序、结构计算结果、地基基础和上部结构抗震性能评估等。

第九条　建设单位申报超限高层建筑工程的抗震设防专项审查时，应当提供以下材料：

（一）超限高层建筑工程抗震设防专项审查表；

（二）设计的主要内容、技术依据、可行性论证及主要抗震措施；

（三）工程勘察报告；

（四）结构设计计算的主要结果；

（五）结构抗震薄弱部位的分析和相应措施；

（六）初步设计文件；

（七）设计时参照使用的国外有关抗震设计标准、工程和震害资料及计算机程序；

（八）对要求进行模型抗震性能试验研究的，应当提供抗震试验研究报告。

第十条　建设行政主管部门应当自接到抗震设防专项审查全部申报材料之日起 25 日内，组织专家委员会提出书面审查意见，并将审查结果通知建设单位。

第十一条　超限高层建筑工程抗震设防专项审查费用由建设单位承担。

第十二条　超限高层建筑工程的勘察、设计、施工、监理，应当由具备甲级（一级及以上）资质的勘察、设计、施工和工程监理单位承担，其中建筑设计和结构设计应当分别由具有高层建筑设计经验的一级注册建筑师和一级注册结构工程师承担。

第十三条　建设单位、勘察单位、设计单位应当严格按照抗震设防专项审查意见进行超限高层建筑工程的勘察、设计。

第十四条　未经超限高层建筑工程抗震设防专项审查，建设行政主管部门和其他有关部门不得对超限高层建筑工程施工图设计文件进行审查。

超限高层建筑工程的施工图设计文件审查应当由经国务院建设行政主管部门认定的具有超限高层建筑工程审查资格的施工图设计文件审查机构承担。

施工图设计文件审查时应当检查设计图纸是否执行了抗震设防专项审查意见；未执行专项审查意见的，施工图设计文件审查不能通过。

第十五条　建设单位、施工单位、工程监理单位应当严格按照经抗震设防专项审查和施工图设计文件审查的勘察设计文件进行超限高层建筑工程的抗震设防和采取抗震措施。

第十六条　对国家现行规范要求设置建筑结构地震反应观测系统的超限高层建筑工程，建设单位应当按照规范要求设置地震反应观测系统。

第十七条　建设单位违反本规定，施工图设计文件未经审查或者审查不合格，擅自施工的，责令改正，处以 20 万元以上 50 万元以下的罚款。

第十八条　勘察、设计单位违反本规定，未按照抗震设防专项审查意见进行超限高层建筑工程勘察、设计的，责令改正，处以 1 万元以上 3 万元以下的罚款；造成损失的，依法承担赔偿责任。

第十九条　国家机关工作人员在超限高层建筑工程抗震设防管理工作中玩忽职守，滥用职权，徇私舞弊，构成犯罪的，依法追究刑事责任；尚不构成犯罪的，依法给予行政处分。

第二十条　省、自治区、直辖市人民政府建设行政主管部门，可结合本地区的具体情况制定实施细则，并报国务院建设行政主管部门备案。

第二十一条　本规定自 2002 年 9 月 1 日起施行。1997 年 12 月 23 日建设部颁布的《超限高层建筑工程抗震设防管理暂行规定》（建设部令第 59 号）同时废止。

附录9　建设工程质量检测管理办法

第一条　为了加强对建设工程质量检测的管理，根据《中华人民共和国建筑法》、《建设工程质量管理条例》，制定本办法。

第二条　申请从事对涉及建筑物、构筑物结构安全的试件、试件以及有关材料检测的工程质量检测机构资质，实施对建设工程质量检测活动的监督管理，应当遵守本办法。

本办法所称建设工程质量检测（以下简称质量检测），是指工程质量检测机构（以下简称检测机构）接受委托，依据国家有关法律、法规和工程建设强制性标准，对涉及结构安全项目的抽样检测和对进入施工现场的建筑材料、构配件的见证取样检测。

第三条　国务院建设主管部门负责对全国质量检测活动实施监督管理，并负责制定检测机构资质标准。

省、自治区、直辖市人民政府建设主管部门负责对本行政区域内的质量检测活动实施监督管理，并负责检测机构的资质审批。

市、县人民政府建设主管部门负责对本行政区域内的质量检测活动实施监督管理。

第四条　检测机构是具有独立法人资格的中介机构。检测机构从事本办法附件一规定的质量检测业务，应当依据本办法取得相应的资质证书。

检测机构资质按照其承担的检测业务内容分为专项检测机构资质和见证取样检测机构资质。检测机构资质标准由附件二规定。

检测机构未取得相应的资质证书，不得承担本办法规定的质量检测业务。

第五条　申请检测资质的机构应当向省、自治区、直辖市人民政府建设主管部门提交下列申请材料：

（一）《检测机构资质申请表》一式三份；

（二）工商营业执照原件及复印件；

（三）与所申请检测资质范围相对应的计量认证证书原件及复印件；

（四）主要检测仪器、设备清单；

（五）技术人员的职称证书、身份证和社会保险合同的原件及复印件；

（六）检测机构管理制度及质量控制措施。

《检测机构资质申请表》由国务院建设主管部门制定式样。

第六条　省、自治区、直辖市人民政府建设主管部门在收到申请人的申请材料后，应当即时作出是否受理的决定，并向申请人出具书面凭证；申请材料不齐全或者不符合法定形式的，应当在5日内一次性告知申请人需要补正的全部内容。逾期不告知的，自收到申请材料之日起即为受理。

省、自治区、直辖市建设主管部门受理资质申请后，应当对申报材料进行审查，自受理之日起20个工作日内审批完毕并作出书面决定。对符合资质标准的，自作出决定之日起10个工作日内颁发《检测机构资质证书》，并报国务院建设主管部门备案。

第七条　《检测机构资质证书》应当注明检测业务范围，分为正本和副本，由国务院建设主管部门制定式样，正、副本具有同等法律效力。

第八条　检测机构资质证书有效期为 3 年。资质证书有效期满需要延期的，检测机构应当在资质证书有效期满 30 个工作日前申请办理延期手续。

检测机构在资质证书有效期内没有下列行为的，资质证书有效期届满时，经原审批机关同意，不再审查，资质证书有效期延期 3 年，由原审批机关在其资质证书副本上加盖延期专用章；检测机构在资质证书有效期内有下列行为之一的，原审批机关不予延期：

（一）超出资质范围从事检测活动的；

（二）转包检测业务的；

（三）涂改、倒卖、出租、出借或者以其他形式非法转让资质证书的；

（四）未按照国家有关工程建设强制性标准进行检测，造成质量安全事故或致使事故损失扩大的；

（五）伪造检测数据，出具虚假检测报告或者鉴定结论的。

第九条　检测机构取得检测机构资质后，不再符合相应资质标准的，省、自治区、直辖市人民政府建设主管部门根据利害关系人的请求或者依据职权，可以责令其限期改正；逾期不改的，可以撤回相应的资质证书。

第十条　任何单位和个人不得涂改、倒卖、出租、出借或者以其他形式非法转让资质证书。

第十一条　检测机构变更名称、地址、法定代表人、技术负责人，应当在 3 个月内到原审批机关办理变更手续。

第十二条　本办法规定的质量检测业务，由工程项目建设单位委托具有相应资质的检测机构进行检测。委托方与被委托方应当签订书面合同。

检测结果利害关系人对检测结果发生争议的，由双方共同认可的检测机构复检，复检结果由提出复检方报当地建设主管部门备案。

第十三条　质量检测试样的取样应当严格执行有关工程建设标准和国家有关规定，在建设单位或者工程监理单位监督下现场取样。提供质量检测试样的单位和个人，应当对试样的真实性负责。

第十四条　检测机构完成检测业务后，应当及时出具检测报告。检测报告经检测人员签字、检测机构法定代表人或者其授权的签字人签署，并加盖检测机构公章或者检测专用章后方可生效。检测报告经建设单位或者工程监理单位确认后，由施工单位归档。

见证取样检测的检测报告中应当注明见证人单位及姓名。

第十五条　任何单位和个人不得明示或者暗示检测机构出具虚假检测报告，不得篡改或者伪造检测报告。

第十六条　检测人员不得同时受聘于两个或者两个以上的检测机构。

检测机构和检测人员不得推荐或者监制建筑材料、构配件和设备。

检测机构不得与行政机关，法律、法规授权的具有管理公共事务职能的组织以及所检测工程项目相关的设计单位、施工单位、监理单位有隶属关系或者其他利害关系。

第十七条　检测机构不得转包检测业务。

检测机构跨省、自治区、直辖市承担检测业务的，应当向工程所在地的省、自治区、直辖市人民政府建设主管部门备案。

第十八条　检测机构应当对其检测数据和检测报告的真实性和准确性负责。

检测机构违反法律、法规和工程建设强制性标准，给他人造成损失的，应当依法承担相应的赔偿责任。

第十九条　检测机构应当将检测过程中发现的建设单位、监理单位、施工单位违反有关法律、法规和工程建设强制性标准的情况，以及涉及结构安全检测结果的不合格情况，及时报告工程所在地建设主管部门。

第二十条　检测机构应当建立档案管理制度。检测合同、委托单、原始记录、检测报告应当按年度统一编号，编号应当连续，不得随意抽撤、涂改。

检测机构应当单独建立检测结果不合格项目台账。

第二十一条　县级以上地方人民政府建设主管部门应当加强对检测机构的监督检查，主要检查下列内容：

（一）是否符合本办法规定的资质标准；

（二）是否超出资质范围从事质量检测活动；

（三）是否有涂改、倒卖、出租、出借或者以其他形式非法转让资质证书的行为；

（四）是否按规定在检测报告上签字盖章，检测报告是否真实；

（五）检测机构是否按有关技术标准和规定进行检测；

（六）仪器设备及环境条件是否符合计量认证要求；

（七）法律、法规规定的其他事项。

第二十二条　建设主管部门实施监督检查时，有权采取下列措施：

（一）要求检测机构或者委托方提供相关的文件和资料；

（二）进入检测机构的工作场地（包括施工现场）进行抽查；

（三）组织进行比对试验以验证检测机构的检测能力；

（四）发现有不符合国家有关法律、法规和工程建设标准要求的检测行为时，责令改正。

第二十三条　建设主管部门在监督检查中为收集证据的需要，可以对有关试样和检测资料采取抽样取证的方法；在证据可能灭失或者以后难以取得的情况下，经部门负责人批准，可以先行登记保存有关试样和检测资料，并应当在7日内及时作出处理决定，在此期间，当事人或者有关人员不得销毁或者转移有关试样和检测资料。

第二十四条　县级以上地方人民政府建设主管部门，对监督检查中发现的问题应当按规定权限进行处理，并及时报告资质审批机关。

第二十五条　建设主管部门应当建立投诉受理和处理制度，公开投诉电话号码、通讯地址和电子邮件信箱。

检测机构违反国家有关法律、法规和工程建设标准规定进行检测的，任何单位和个人都有权向建设主管部门投诉。建设主管部门收到投诉后，应当及时核实并依据本办法对检测机构作出相应的处理决定，于30日内将处理意见答复投诉人。

第二十六条　违反本办法规定，未取得相应的资质，擅自承担本办法规定的检测业务的，其检测报告无效，由县级以上地方人民政府建设主管部门责令改正，并处 1 万元以上 3 万元以下的罚款。

第二十七条　检测机构隐瞒有关情况或者提供虚假材料申请资质的，省、自治区、直辖市人民政府建设主管部门不予受理或者不予行政许可，并给予警告，1 年之内不得再次申请资质。

第二十八条　以欺骗、贿赂等不正当手段取得资质证书的，由省、自治区、直辖市人民政府建设主管部门撤销其资质证书，3 年内不得再次申请资质证书；并由县级以上地方人民政府建设主管部门处以 1 万元以上 3 万元以下的罚款；构成犯罪的，依法追究刑事责任。

第二十九条　检测机构违反本办法规定，有下列行为之一的，由县级以上地方人民政府建设主管部门责令改正，可并处 1 万元以上 3 万元以下的罚款；构成犯罪的，依法追究刑事责任：

（一）超出资质范围从事检测活动的；

（二）涂改、倒卖、出租、出借、转让资质证书的；

（三）使用不符合条件的检测人员的；

（四）未按规定上报发现的违法违规行为和检测不合格事项的；

（五）未按规定在检测报告上签字盖章的；

（六）未按照国家有关工程建设强制性标准进行检测的；

（七）档案资料管理混乱，造成检测数据无法追溯的；

（八）转包检测业务的。

第三十条　检测机构伪造检测数据，出具虚假检测报告或者鉴定结论的，县级以上地方人民政府建设主管部门给予警告，并处 3 万元罚款；给他人造成损失的，依法承担赔偿责任；构成犯罪的，依法追究其刑事责任。

第三十一条　违反本办法规定，委托方有下列行为之一的，由县级以上地方人民政府建设主管部门责令改正，处 1 万元以上 3 万元以下的罚款：

（一）委托未取得相应资质的检测机构进行检测的；

（二）明示或暗示检测机构出具虚假检测报告，篡改或伪造检测报告的；

（三）弄虚作假送检试样的。

第三十二条　依照本办法规定，给予检测机构罚款处罚的，对检测机构的法定代表人和其他直接责任人员处罚款数额 5% 以上 10% 以下的罚款。

第三十三条　县级以上人民政府建设主管部门工作人员在质量检测管理工作中，有下列情形之一的，依法给予行政处分；构成犯罪的，依法追究刑事责任：

（一）对不符合法定条件的申请人颁发资质证书的；

（二）对符合法定条件的申请人不予颁发资质证书的；

（三）对符合法定条件的申请人未在法定期限内颁发资质证书的；

（四）利用职务上的便利，收受他人财物或者其他好处的；

（五）不依法履行监督管理职责，或者发现违法行为不予查处的。

第三十四条　检测机构和委托方应当按照有关规定收取、支付检测费用。没有收费标准的项目由双方协商收取费用。

　　第三十五条　水利工程、铁道工程、公路工程等工程中涉及结构安全的试件、试件及有关材料的检测按照有关规定，可以参照本办法执行。节能检测按照国家有关规定执行。

　　第三十六条　本规定自 2005 年 11 月 1 日起施行。

附录 10　房屋建筑工程质量保修办法

第一条　为保护建设单位、施工单位、房屋建筑所有人和使用人的合法权益，维护公共安全和公众利益，根据《中华人民共和国建筑法》和《建设工程质量管理条例》，制订本办法。

第二条　在中华人民共和国境内新建、扩建、改建各类房屋建筑工程（包括装修工程）的质量保修，适用本办法。

第三条　本办法所称房屋建筑工程质量保修，是指对房屋建筑工程竣工验收后在保修期限内出现的质量缺陷，予以修复。

本办法所称质量缺陷，是指房屋建筑工程的质量不符合工程建设强制性标准以及合同的约定。

第四条　房屋建筑工程在保修范围和保修期限内出现质量缺陷，施工单位应当履行保修义务。

第五条　国务院建设行政主管部门负责全国房屋建筑工程质量保修的监督管理。

县级以上地方人民政府建设行政主管部门负责本行政区域内房屋建筑工程质量保修的监督管理。

第六条　建设单位和施工单位应当在工程质量保修书中约定保修范围、保修期限和保修责任等，双方约定的保修范围、保修期限必须符合国家有关规定。

第七条　在正常使用下，房屋建筑工程的最低保修期限为：

（一）地基基础工程和主体结构工程，为设计文件规定的该工程的合理使用年限；

（二）屋面防水工程、有防水要求的卫生间、房间和外墙面的防渗漏，为 5 年；

（三）供热与供冷系统，为 2 个采暖期、供冷期；

（四）电气管线、给排水管道、设备安装为 2 年；

（五）装修工程为 2 年。

其他项目的保修期限由建设单位和施工单位约定。

第八条　房屋建筑工程保修期从工程竣工验收合格之日起计算。

第九条　房屋建筑工程在保修期限内出现质量缺陷，建设单位或者房屋建筑所有人应当向施工单位发出保修通知。施工单位接到保修通知后，应当到现场核查情 况，在保修书约定的时间内予以保修。发生涉及结构安全或者严重影响使用功能的紧急抢修事故，施工单位接到保修通知后，应当立即到达现场抢修。

第十条　发生涉及结构安全的质量缺陷，建设单位或者房屋建筑所有人应当立即向当地建设行政主管部门报告，采取安全防范措施；由原设计单位或者具有相应资质等级的设计单位提出保修方案，施工单位实施保修，原工程质量监督机构负责监督。

第十一条　保修完成后，由建设单位或者房屋建筑所有人组织验收。涉及结构安全的，应当报当地建设行政主管部门备案。

第十二条　施工单位不按工程质量保修书约定保修的，建设单位可以另行委托其他单位保修，由原施工单位承担相应责任。

第十三条　保修费用由质量缺陷的责任方承担。

第十四条　在保修期内，因房屋建筑工程质量缺陷造成房屋所有人、使用人或者第三方人身、财产损害的，房屋所有人、使用人或者第三方可以向建设单位提出赔偿要求。建设单位向造成房屋建筑工程质量缺陷的责任方追偿。

第十五条　因保修不及时造成新的人身、财产损害，由造成拖延的责任方承担赔偿责任。

第十六条　房地产开发企业售出的商品房保修，还应当执行《城市房地产开发经营管理条例》和其他有关规定。

第十七条　下列情况不属于本办法规定的保修范围：

（一）因使用不当或者第三方造成的质量缺陷；

（二）不可抗力造成的质量缺陷。

第十八条　施工单位有下列行为之一的，由建设行政主管部门责令改正，并处 1 万元以上 3 万元以下的罚款。

（一）工程竣工验收后，不向建设单位出具质量保修书的；

（二）质量保修的内容、期限违反本办法规定的。

第十九条　施工单位不履行保修义务或者拖延履行保修义务的，由建设行政主管部门责令改正，处 10 万元以上 20 万元以下的罚款。

第二十条　军事建设工程的管理，按照中央军事委员会的有关规定执行。

第二十一条　本办法由国务院建设行政主管部门负责解释。

第二十二条　本办法自发布之日起施行。

附录 11　工程建设标准解释管理办法

第一条　为加强工程建设标准实施管理，规范工程建设标准解释工作，根据《标准化法》、《标准化法实施条例》和《实施工程建设强制性标准监督规定》（建设部令第 81 号）等有关规定，制定本办法。

第二条　工程建设标准解释（以下简称标准解释）是指具有标准解释权的部门（单位）按照解释权限和工作程序，对标准规定的依据、涵义以及适用条件等所作的书面说明。

第三条　本办法适用于工程建设国家标准、行业标准和地方标准的解释工作。

第四条　国务院住房城乡建设主管部门负责全国标准解释的管理工作，国务院有关主管部门负责本行业标准解释的管理工作，省级住房城乡建设主管部门负责本行政区域标准解释的管理工作。

第五条　标准解释应按照"谁批准、谁解释"的原则，做到科学、准确、公正、规范。

第六条　标准解释由标准批准部门负责。

对涉及强制性条文的，标准批准部门可指定有关单位出具意见，并做出标准解释。

对涉及标准具体技术内容的，可由标准主编单位或技术依托单位出具解释意见。当申请人对解释意见有异议时，可提请标准批准部门作出标准解释。

第七条　申请标准解释应以书面形式提出，申请人应提供真实身份、姓名和联系方式。

第八条　符合本办法第七条规定的标准解释申请应予受理，但下列情况除外：

（一）不属于标准规定的内容；

（二）执行标准的符合性判定；

（三）尚未发布的标准。

第九条　标准解释申请受理后，应在 15 个工作日内给予答复。对于情况复杂或需要技术论证，在规定期限内不能答复的，应及时告知申请人延期理由和答复时间。

第十条　标准解释应以标准条文规定为准，不得扩展或延伸标准条文的规定，如有必要可组织专题论证。办理答复前，应听取标准主编单位或主要起草人员的意见和建议。

第十一条　标准解释应加盖负责部门（单位）的公章。

第十二条　标准解释过程中的全部资料和记录，应由负责解释的部门（单位）存档。对申请人提出的问题及答复情况应定期进行分析、整理和汇总。

第十三条　对标准解释中的共性问题及答复内容，经标准批准部门同意，可在相关专业期刊、官方网站上予以公布。

第十四条　标准修订后，原已作出的标准解释不适用于新标准。

第十五条　本办法由住房城乡建设部负责解释。

第十六条　本办法自印发之日起实施。

附录 12 住房和城乡建设部强制性条文协调委员会简介

住房和城乡建设部强制性条文协调委员会（以下简称"强条委"）是由住房和城乡建设部批准成立，以原《工程建设标准强制性条文》（房屋建筑部分）咨询委员会为基础重新组建，开展城乡规划、城乡建设和房屋建筑领域工程建设标准强制性条文管理工作的标准化技术支撑机构，于 2012 年成立。

强条委第一届强条委由 59 名委员组成。田国民任主任委员，黄强任常务副主任委员，徐文龙、王凯、李铮任副主任委员，王果英任秘书长，程志军任常务副秘书长，王磐岩、鹿勤、林常青任副秘书长。秘书处承担单位为中国建筑科学研究院。

主要工作任务：

1. 负责对住房和城乡建设领域工程建设标准强制性条文进行审查。

2. 协助住房和城乡建设部对强制性条文进行日常管理和对强制性条文技术内容进行解释。

3. 协助住房和城乡建设部开展强制性条文实施的监督检查；组织开展强制性条文复审工作。

4. 组织开展强制性条文的宣贯培训工作。

5. 组织开展强制性条文的发展研究工作等。

秘书处联系方式：

地　　址：北京市北三环东路 30 号，中国建筑科学研究院标准规范处（100013）

网　　址：http://www.actr.org.cn/

E-mail：qtw@cabr.com.cn

附录 13　住房和城乡建设部强制性条文 协调委员会章程

第一章　总　　则

第一条　根据《住房和城乡建设部专业标准化技术委员会工作准则》的有关规定，结合住房城乡建设领域工程建设标准强制性条文工作的具体情况，制定本章程。

第二条　住房和城乡建设部强制性条文协调委员会（简称"强条委"）是经住房和城乡建设部批准成立并开展城乡规划、城乡建设和房屋建筑领域工程建设标准强制性条文管理工作的标准化技术支撑机构。

第二章　工　作　任　务

第三条　负责对住房和城乡建设部各专业标准化技术委员会提交的工程建设国家标准、行业标准，以及各地方建设行政主管部门或其委托机构报请备案的地方标准中的强制性条文进行审查。

第四条　协助住房和城乡建设部对强制性条文进行日常管理和对强制性条文技术内容进行解释。

第五条　协助住房和城乡建设部开展强制性条文实施的监督检查。

第六条　根据工作需要，派员参加相关国家标准、行业标准的送审稿审查会议。

第七条　组织开展强制性条文复审工作。

第八条　组织开展强制性条文的宣贯培训工作。

第九条　组织开展强制性条文的发展研究工作。

第十条　承担住房和城乡建设部标准定额司委托的其他工作。

第三章　组　织　机　构

第十一条　强条委由具有较高理论水平和丰富实践经验，熟悉和热心标准化工作的工程技术人员、研究人员和管理人员等组成。

第十二条　强条委设主任委员 1 人，常务副主任委员 1 人，副主任委员若干人，秘书长 1 人，常务副秘书长 1 人，副秘书长若干人，委员若干人。协调委员会每届任期四年，委员由住房和城乡建设部聘任。

第十三条　强条委设秘书处，负责日常工作和印章管理。秘书处承担单位应委派工作人员承担秘书处具体工作，并为秘书处提供必要的工作条件和经费。秘书处工作应纳入秘书处承担单位的工作计划。

第十四条　强条委新增委员可由强条委秘书处提出推荐人选，经主任委员审核后，报住房和城乡建设部批准并聘任。

第十五条　根据工作需要，强条委秘书处可临时聘请相关社会团体、单位的代表和专家参与强制性条文具体工作。

第十六条　根据工作需要，强条委可成立专业工作组，承担各专业领域强制性条文的有关具体工作。

第四章　工　作　制　度

第十七条　强条委制订年度工作计划并组织实施。

第十八条　强条委实行工作会议制度。强条委工作会议，原则上每年召开一次，讨论强条委工作中的重大事项，对上一年度工作进行总结并对下一年度工作做出计划安排。

第十九条　根据工作需要，强条委可决定临时召开全体委员或部分委员会议。强条委会议可由主任委员、副主任委员、秘书长或副秘书长主持，会议议题由主任委员或副主任委员决定。

第二十条　强制性条文审查可采取函审或会议审查方式。

第二十一条　强条委与住房和城乡建设部有关专业标准化技术委员会建立并实行联络员制度。

第五章　委员的权利和义务

第二十二条　强条委委员在委员会内拥有建议权、表决权和获得委员会有关文件和资料的权利。

第二十三条　强条委委员有遵守委员会章程、执行委员会决议、参加委员会活动的义务。

第二十四条　强条委委员应承担委员会分配的工作，积极参加各项活动。对不履行职责，或每届任期内两次不参加活动，或因其他原因不适宜继续担任委员者，秘书处可向强条委主任委员提出调整或解聘的建议，经主任委员审核后，报住房和城乡建设部批准。

第二十五条　强条委委员应向所在单位报告强制性条文有关工作，所在单位应支持委员的工作，提供必要的工作条件和经费。

第六章　工　作　经　费

第二十六条　强条委的工作经费主要由以下几方面提供：

（一）主管部门为强条委提供的支持经费；

（二）强条委秘书处承担单位提供的工作经费；

（三）强条委委员所在单位提供的支持经费；

（四）强条委开展咨询、培训和服务等工作的收入。

第二十七条　强条委的工作经费按照专款专用的原则筹集和开支。

第二十八条　强条委工作经费的主要用途为：

（一）强条委会议等活动经费；

（二）向委员提供文件、资料所需费用；

（三）强制性条文审查费用；

（四）出版物编辑、国际标准文件翻译等稿酬和人员劳务费等；

（五）参与国际、国内标准化活动所需费用；

（六）秘书处日常工作费用等。

第二十九条　强条委工作经费的管理与使用，应严格遵守国家有关财务制度和财经纪律，并接受主管部门和秘书处承担单位的审计和监督。

第七章　附　　则

第三十条　强条委依据本章程制定强制性条文审查等事项的工作程序和管理办法。

第三十一条　本章程由强条委秘书处负责解释。

第三十二条　本章程经强条委第一次全体会议（2012 年 4 月 5 日，北京）讨论通过，自印发之日起施行。

附录 14　住房和城乡建设部强制性条文协调委员会强制性条文解释工作办法

第一章　总　　则

第一条　为协助主管部门做好强制性条文的解释工作，更好地发挥住房和城乡建设部强制性条文协调委员会（以下简称强条委）的技术支撑作用，根据《住房和城乡建设部强制性条文协调委员会章程》等文件，制定本工作办法。

第二条　本工作办法适用于城乡规划、城乡建设和房屋建筑工程建设标准强制性条文的解释。

本工作办法所称工程建设标准包括工程建设国家标准和行业标准；工程建设标准强制性条文（以下简称强制性条文）包括全文强制标准的条文和非全文强制标准中的强制性条文。

第二章　任 务 和 执 行

第三条　强条委秘书处负责组织执行主管部门下达的强制性条文解释任务。对强制性条文解释任务，主管部门应出具书面文件。

第四条　对有关部门、强制性条文实施单位提出的强制性条文解释要求，应转请主管部门提出解释要求，由强条委秘书处组织执行。

第五条　强条委秘书处负责组织相关人员或成立专题工作组开展相关强制性条文具体技术内容的解释。相关人员或专题工作组成员包括强条委委员、相关标准化技术委员会委员、相关标准主要起草人和有关专家。

第六条　对强制性条文的解释，应出具强制性条文解释函。起草强制性条文解释函时，应当深入调查研究，对主要技术内容做出具体解释，并进行论证。

第七条　强制性条文解释函的解释内容应以条文规定为依据，不得扩展或延伸条文规定，并应做到措辞准确、逻辑严密，与相关强制性条文协调统一。

第八条　强制性条文解释函应加盖强条委公章后报送主管部门；经主管部门同意或授权，也可直接回复给提出强制性条文解释要求的部门或单位。

第九条　强制性条文解释过程中的全部资料和记录由强条委秘书处存档。

第十条　强条委委员和秘书处成员不得以强条委或个人名义对强制性条文进行解释。

第三章　附　　则

第十一条　本工作办法由强条委秘书处负责解释。

第十二条　本工作办法由强条委全体委员讨论通过，自印发之日起施行。